A.E.U.G
ANTI EARTH UNION GROUP
MASTER ARCHIVE
MOBILE SUIT
MSZ-006
Z GUNDAM

U0072787

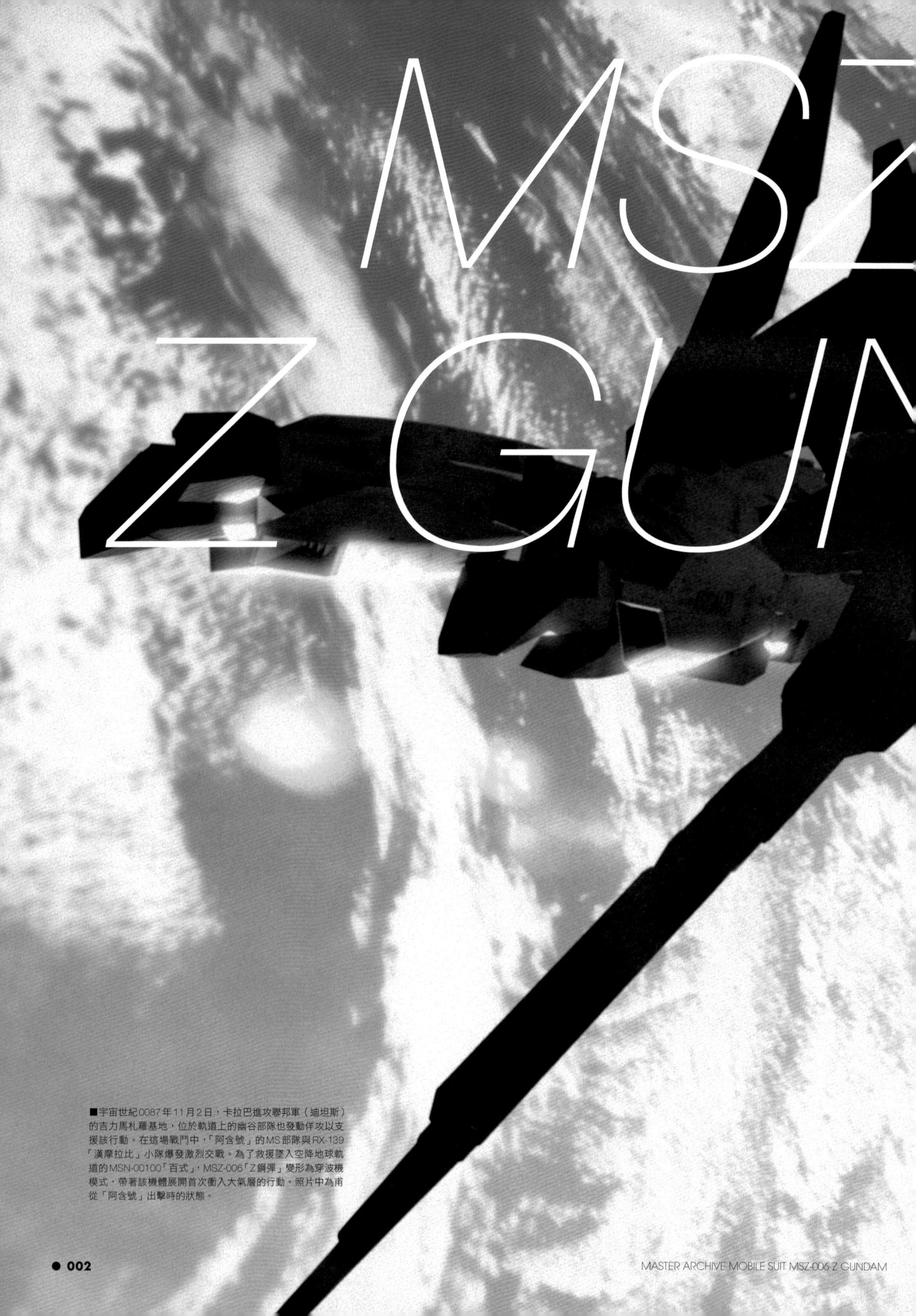

■宇宙世紀0087年11月2日，卡拉巴進攻聯邦軍（迪坦斯）的吉力馬札羅基地，位於軌道上的幽谷部隊也發動佯攻以支援該行動。在這場戰鬥中，「阿含號」的MS部隊與RX-139「漢摩拉比」小隊爆發激烈交戰。為了救援墜入空降地球軌道的MSN-00100「百式」，MSZ-006「Z鋼彈」變形為穿波機模式，帶著該機體展開首次衝入大氣層的行動。照片中為甫從「阿含號」出擊時的狀態。

CONTENTS

012 Z計畫～Z鋼彈研發史～
PROJECT Z -Z GUNDAM Development History-

046 Z鋼彈的構造
Z Architecture

088 Z鋼彈的運用實績
Z GUNDAM WORKS

094 作為飛機的Z
WAVERIDER

114 突擊巡洋艦阿含號
ASSAULT CRUISER "ARGAMA"

■TEXT
大脇千尋（p012-043）
石井 誠（p086-087）
二宮茂幸（p094-111）
大里 元（p046-084）
巻島顎人（p112-124）
橋村 空（p088-093 & captions）

■「Z鋼彈」在配色上據信能發揮類似折線迷彩的效果。這種迷彩是以零組件為單位塗裝相異顏色，雖然乍看之下很簡單，
不過位在一定程度的距離外時，該迷彩模式和機體本身複雜立體架構產生的陰影，就會發揮出難以從外形和配色模式來辨識目標的效果。

ARGAMA
ARGAMA

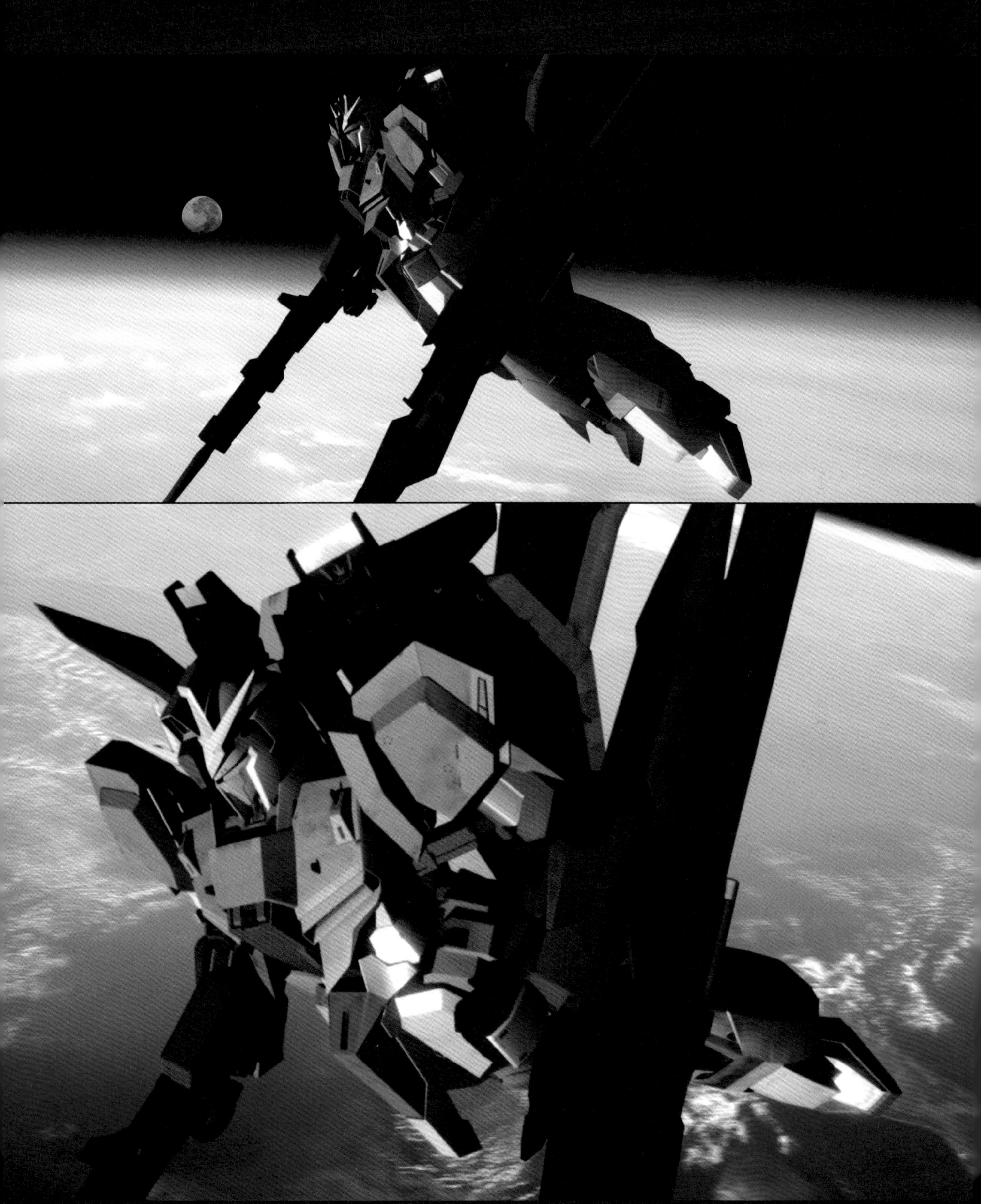

■相較於同時代的MS，Z鋼彈在所謂的「機動性」方面具有極大優勢。AMBAC在姿勢控制上確實是很優秀的系統，卻不足以發揮在座標上移動的效果。
由於Z鋼彈在全身各處設有強勁的姿勢控制引擎，因此就算是持拿超絕MEGA巨砲這類具有龐大質量的兵器，亦足以抵銷運用時產生的轉動慣量，得以在不扼殺其敏捷機動力的條件下進行戰鬥。

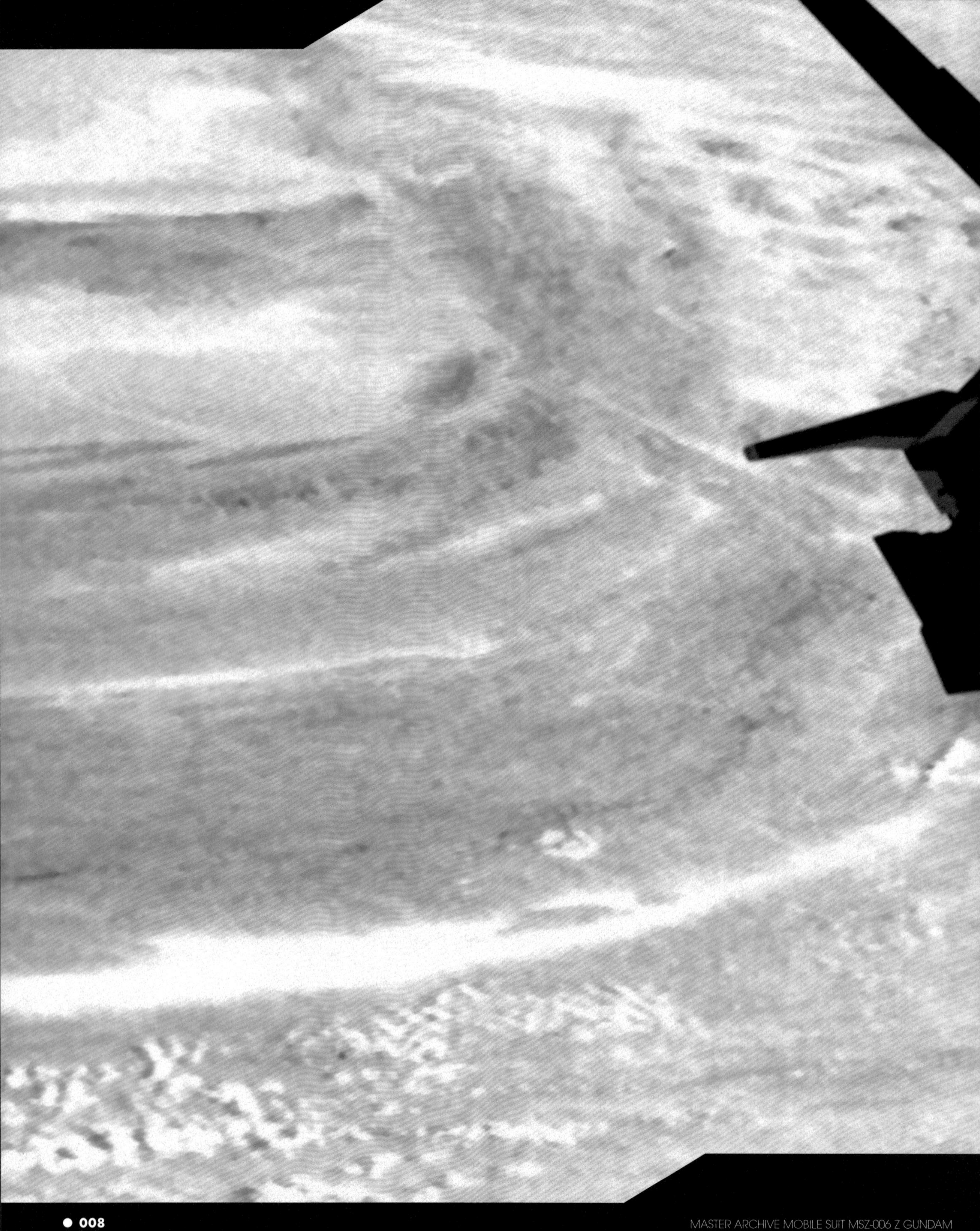

■Z鋼彈搭載了名為「鋼彈教育型系統」(以下簡稱為GES)的學習型戰術電腦。該系統極為優秀，足以對來自機體各部位感測器等警戒裝置的資訊進行分析，進而察覺敵方射擊行動並自動迴避。這種「第一時間動作」程式，是由生化感測器末端部位的輔助電腦處理運作，在感測器的情報傳送至中央電腦前，各動作部位就會先收到迴避動作的命令並執行。在概念上相當於人類的「反射動作」。

■面對聯邦軍自成一派的MS研發路線，研發「Z鋼彈」的亞納海姆電子公司（以下簡稱為AE社）產生危機意識。
AE社希望達到的終極目標，其實就是確保包含冷戰情勢在內的「持續戰爭狀態」，因此該公司追求具備超群出眾性能，足以控制戰局發展的MS。
MSZ-006正是第一個達到完成境界的成功案例，亦是日後被稱作「Z系」MS的基礎。

PROJECT Z

Z GUNDAM Development History

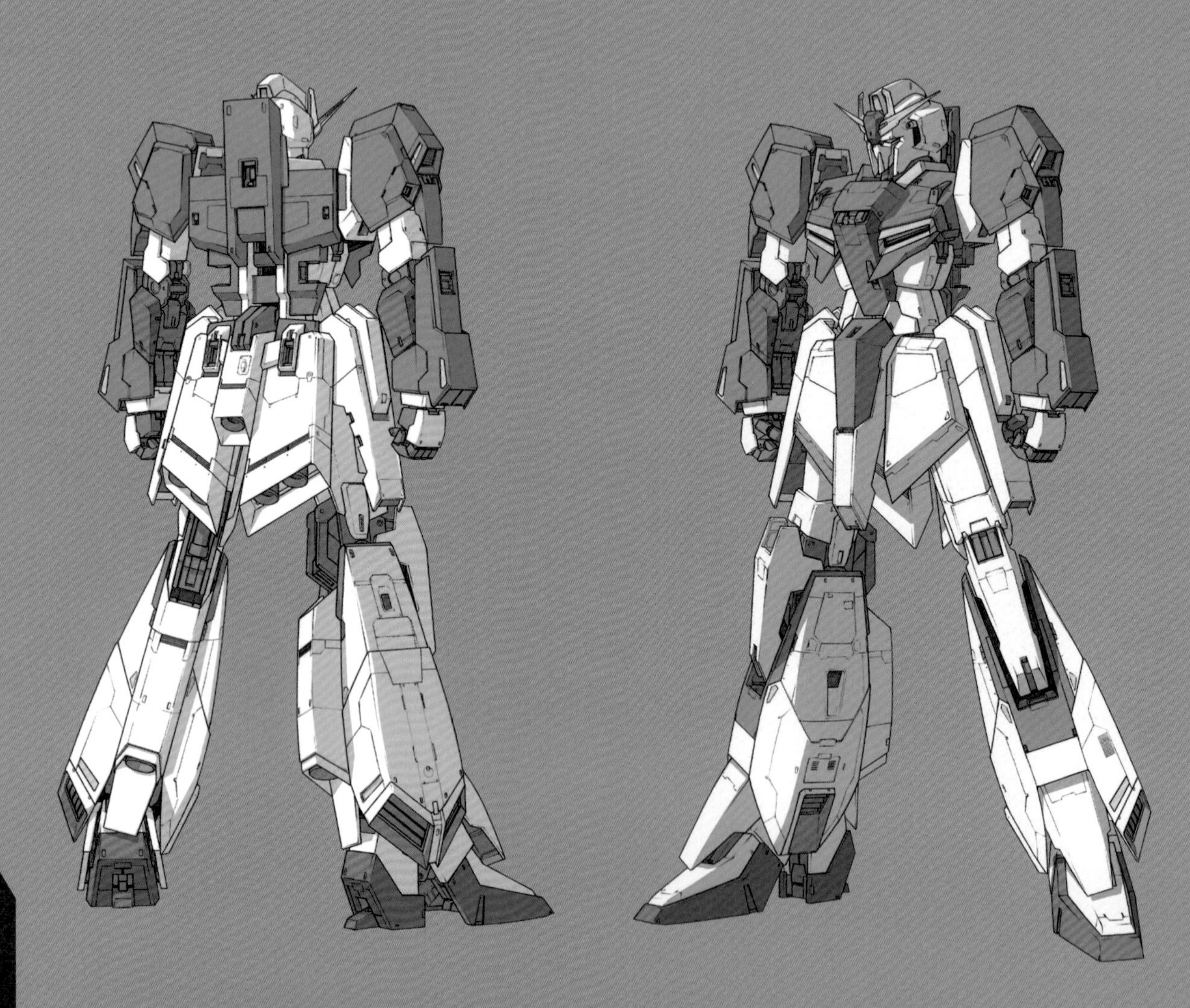

■Z計畫 ～Z鋼彈研發史～

在幽谷（Anti Earth Union Group，反地球聯邦組織）的委託下，由亞納海姆電子公司（以下簡稱為AE社）研發出的這架機體，如今可說是以身為第三世代機動戰士※的象徵而廣為人知。

自U.C.0087年爆發的地球聯邦內戰，亦即「格里普斯戰役」起，直到以舊吉翁公國軍系殘黨勢力阿克西斯回歸地球圈為開端，進而引發的「第一次新吉翁戰爭」這段期間，該機體均為幽谷陣營主力部隊所運用。在駕駛員的出色素質相輔相成下，這架機體締造顯赫的戰果，留下諸多傳奇事蹟。

不過談到本機體真正的功績，其實絕非大眾津津樂道的英勇故事或擊墜紀錄那麼單純。造就初期生產數量稀少，俗稱Z系的家族機型，甚至對日後的TMS（Transformable Mobile Suit，可變形機動戰士）設計造成莫大影響，這才是最值得詳述的部分。

本書將以MSZ-006「Z鋼彈」的初期型號為中心，在簡單地回顧研發經緯之餘，亦會就其機構和設計、運用實績，以及對日後各式TMS／MS造成的影響等事項加以解說。

※第三世代機動戰士
意指具備可變機構的機動戰士（以下簡稱為MS），亦即TMS。附帶一提，一般來說，一年戰爭時期研發的MS被歸類為第一世代，引進在戰後達到實用階段的可動骨架者則被歸類為第二世代。

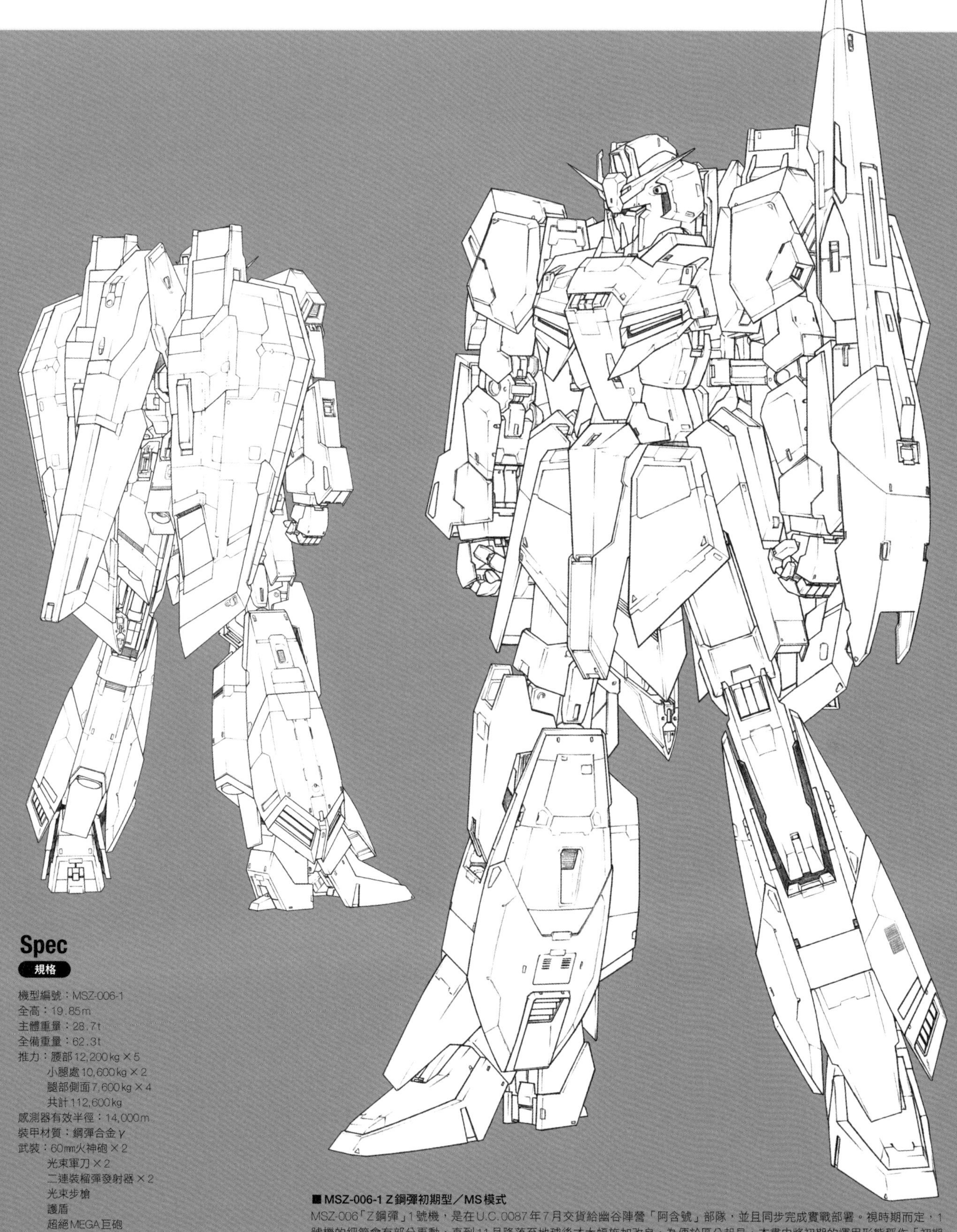

Spec

規格

機型編號：MSZ-006-1
全高：19.85m
主體重量：28.7t
全備重量：62.3t
推力：腰部12,200kg×5
　　　小腿處10,600kg×2
　　　腿部側面7,600kg×4
　　　共計112,600kg
感測器有效半徑：14,000m
裝甲材質：鋼彈合金γ
武裝：60mm火神砲×2
　　　光束軍刀×2
　　　二連裝榴彈發射器×2
　　　光束步槍
　　　護盾
　　　超絕MEGA巨砲
乘員：1名
※機體規格為初期型的官方公開資料數值，
　實際會因不同時期和裝備而異。

■MSZ-006-1 Z鋼彈初期型／MS模式

MSZ-006「Z鋼彈」1號機，是在U.C.0087年7月交貨給幽谷陣營「阿含號」部隊，並且同步完成實戰部署。視時期而定，1號機的細節會有部分更動，直到11月降落至地球後才大幅施加改良，為便於區分起見，本書中將初期的運用形態稱作「初期型」。即使外裝上經過更動，但機體本身是一樣的，因此所謂的「初期型」或「中期型」並非是指不同機體。嚴格來說，其實仍有不少僅在單次出擊行動中使用的裝備，儘管某種程度上仍可做出明確區別，不過本書對這方面只會進行概略性的解說。

MSZ-006 Z GUNDAM —INITIAL MODEL【初期型】

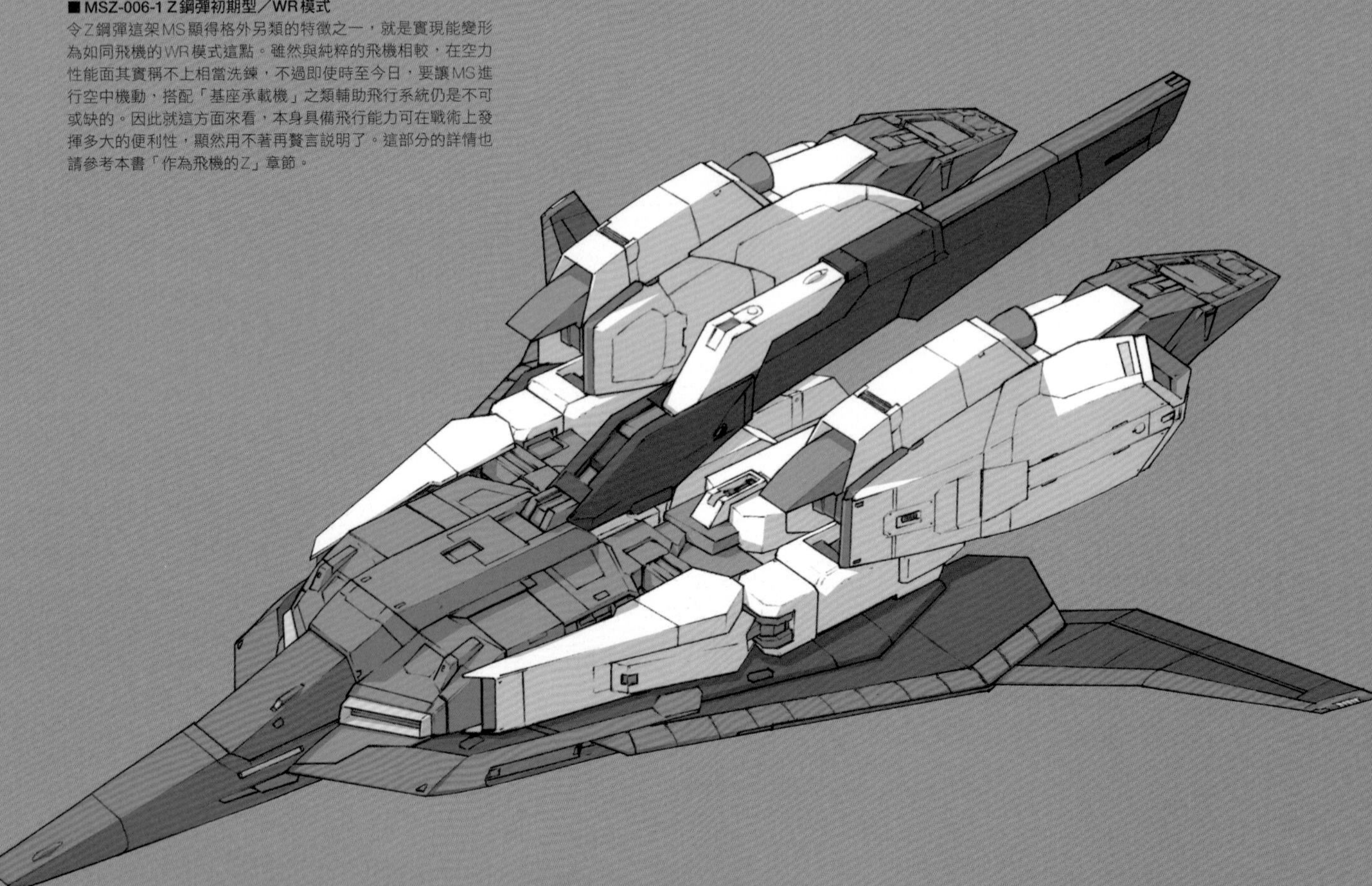

■MSZ-006-1 Z鋼彈初期型／WR模式
令Z鋼彈這架MS顯得格外另類的特徵之一，就是實現能變形為如同飛機的WR模式這點。雖然與純粹的飛機相較，在空力性能面其實稱不上相當洗鍊，不過即使時至今日，要讓MS進行空中機動，搭配「基座承載機」之類輔助飛行系統仍是不可或缺的。因此就這方面來看，本身具備飛行能力可在戰術上發揮多大的便利性，顯然用不著再贅言說明了。這部分的詳情也請參考本書「作為飛機的Z」章節。

啟動Z計畫的歷程

MSZ-006「Z鋼彈」可說是一架極為特殊的機體，那麼它是如何誕生的呢？想要了解這點，必須先從當時的軍事情勢著手才行。

在被稱為「一年戰爭」的吉翁獨立戰爭結束後過了數年，地球聯邦軍在U.C.0083年12月時宣布設立治安維持部隊「迪坦斯」。提倡設立該部隊並就任總帥一職的，正是在軍方內部也屬於對太空移民強硬派而為人所知的賈米特夫．海曼准將（當時）。

當時正好是聯邦軍剛在「迪拉茲紛爭」中遭逢重創的時間點，聯邦議會和軍方相關人士的反太空移民情緒為之高漲，達到戰後的新高點。海曼准將巧妙地利用此時機對議會展開遊說，成功地一反戰後縮減軍備的趨勢，獲得了莫大的預算。迪坦斯不僅因此取得優秀人才和最新銳武裝，更掌握極大的權限。

然而隨著這類強硬派勢力崛起，亦促成聯邦正規軍內部萌生反對勢力。迪坦斯打著反恐策略的名號橫行霸道，引發眾多太空移民的強烈反彈，不僅各SIDE紛紛爆發大規模的示威抗議，更造成正規軍內部出現以「反地球聯邦組織」為名結盟的詭異現象。

號召成立該組織的人物，乃是布雷克斯．弗拉。他是曾於一年戰爭期間在前線服役的聯邦宇宙軍准將。

打從U.C.0080年代初期，弗拉准將在正規軍中就以親太空移民派的立場而廣為人知，但卻在與對手海曼准將之間的政治鬥爭當中落敗，被迫居於閒職。不過遠離政治核心一事，竟讓他獲得了接觸舊公國軍殘黨勢力的機會，就歷史觀點來看只能說是極為諷刺的發展。於是以弗拉准將為代表的正規軍內部派系便與殘黨勢力聯手，組成具有實質軍事力量的反體制派勢力。

這個組織根據Anti Earth Union Group的英文首字母縮寫發音，自名為「幽谷」，接著更取得以AE社為代表的月面經濟界協助，成功地獲得鉅額的資金，得以迅速整合成屬於軍事組織的體制。

雖然對於幽谷正式成為具體組織的時間點存在著諸多說法，不過在甫展開活動的U.C.0085年左右極為欠缺MS戰力，這乃是不爭的事實。當時他們所持有的MS，頂多只有殘黨勢力帶槍投靠的舊公國製MS，以及聯邦正規軍內部抱持共通理念者設法調度來的機體，但這些都稱不上是一線級的戰力。

在一年戰爭時期研發與生產的舊公國軍製MS，相信用不著贅言描述，即使是聯邦製MS，說穿了也只是正規軍中非主流派暗中調

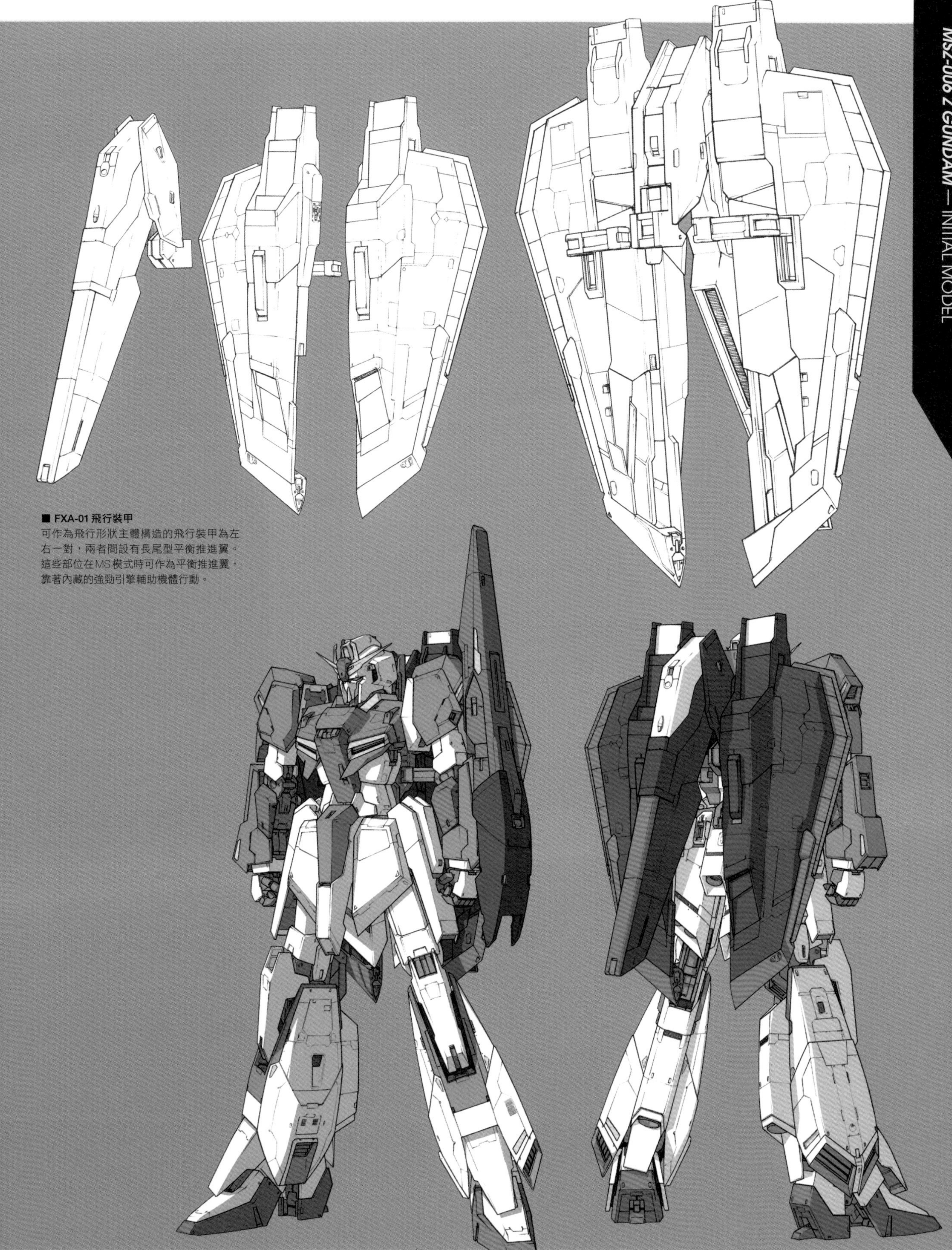

■ FXA-01 飛行裝甲

可作為飛行形狀主體構造的飛行裝甲為左右一對，兩者間設有長尾型平衡推進翼。這些部位在MS模式時可作為平衡推進翼，靠著內藏的強勁引擎輔助機體行動。

PROJECT Z - Z GUNDAM Development History

CAUTION & MODEX

一般來說，軍用機設置的警示標誌數量會隨著時間逐漸減少。不過就裝備經常更動的MSZ-006-1號機來說，為了避免整備員裝設疏失或意外事故，反而有不斷增加標誌的趨勢。畢竟幽谷本質上是非正規軍，無法確定何時交給非特定的整備員進行相關作業，因而造成該現象。

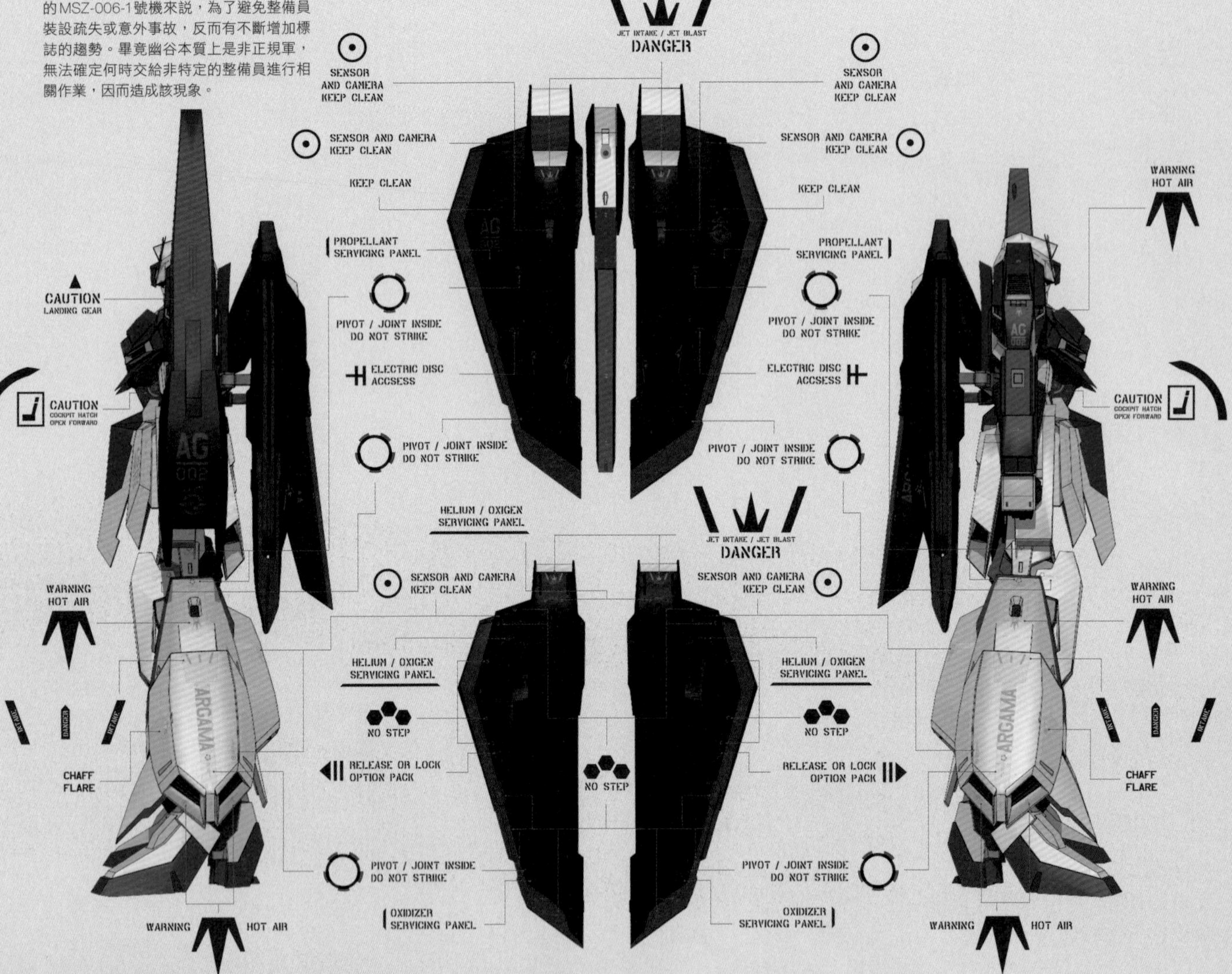

度來的機體，在質與量雙方面都極為有限。理所當然地，這等戰力根本無從和以RMS-106「高性能薩克」之類戰後研發新銳機為武裝的迪坦斯相抗衡。因此對幽谷高層來說，盡快調度到新型MS一事是非得達成不可的優先目標。

在前述狀況下，幽谷在U.C.0086年時決定委託AE社研發足以作為核心戰力的高性能MS。

這份委託案確實促成日後的MSZ-006「Z鋼彈」誕生沒錯，不過值得注目之處，其實在於幽谷方面要求的規格遠超乎當時最新銳機種水準一事。提出這項要求的背景，正是出自幽谷苦於組織規模太小的考量。畢竟要是和連同迪坦斯在內的聯邦正規軍爆發全面戰爭，那麼他們的實力打從一開始就注定無法長期周旋下去。

針對這點提出的解決方法，就是靠著少數高性能MS，發動閃電戰攻下敵方重要據點，藉此掌握住戰爭主導權的大膽戰略。事實上自U.C.0087年起，隨著幽谷正式展開武力抗爭，以3月2日爆發的青翠綠洲事變為首，接著陸續於5月11日執行賈布羅作戰、11月2日進攻吉力馬札羅基地等行動，確實憑藉機動部隊針對據點發動一連串攻擊。而且在展開醒目的軍事行動之餘，亦在不拘勝負的狀況下，巧妙地運用大眾媒體渲染戰鬥的成果，達成在聯邦內外皆博得更多支持的戰略目標。

就結果來說，該方針果真成功奏效，到了格里普斯戰役末期，正規軍部隊陸續宣告站在幽谷這一方。這個發展令迪坦斯陷入孤立狀態，最後也令該組織成功地顛覆了原先的戰力差距。締造這等勝利成果的棟梁，正在於以RMS-099「里克・迪亞斯」和MSZ-006「Z鋼彈」為首的高性能MS群，這點相信是無庸置疑的。

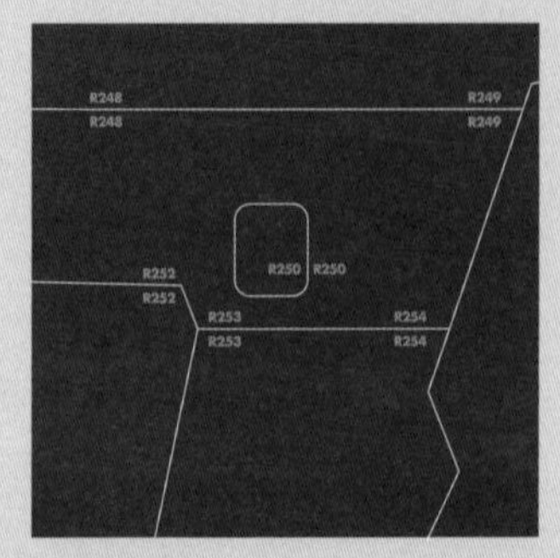

■裝甲板編號
機身的裝甲板在各個部位上均設有專屬編號。進行整備或更換時，只要對準這類編號裝設即可，就算不參考技術手冊，亦能將裝甲板組裝回正確的位置。

ARGAMA

所屬艦名

無線電呼叫代號

部隊徽章

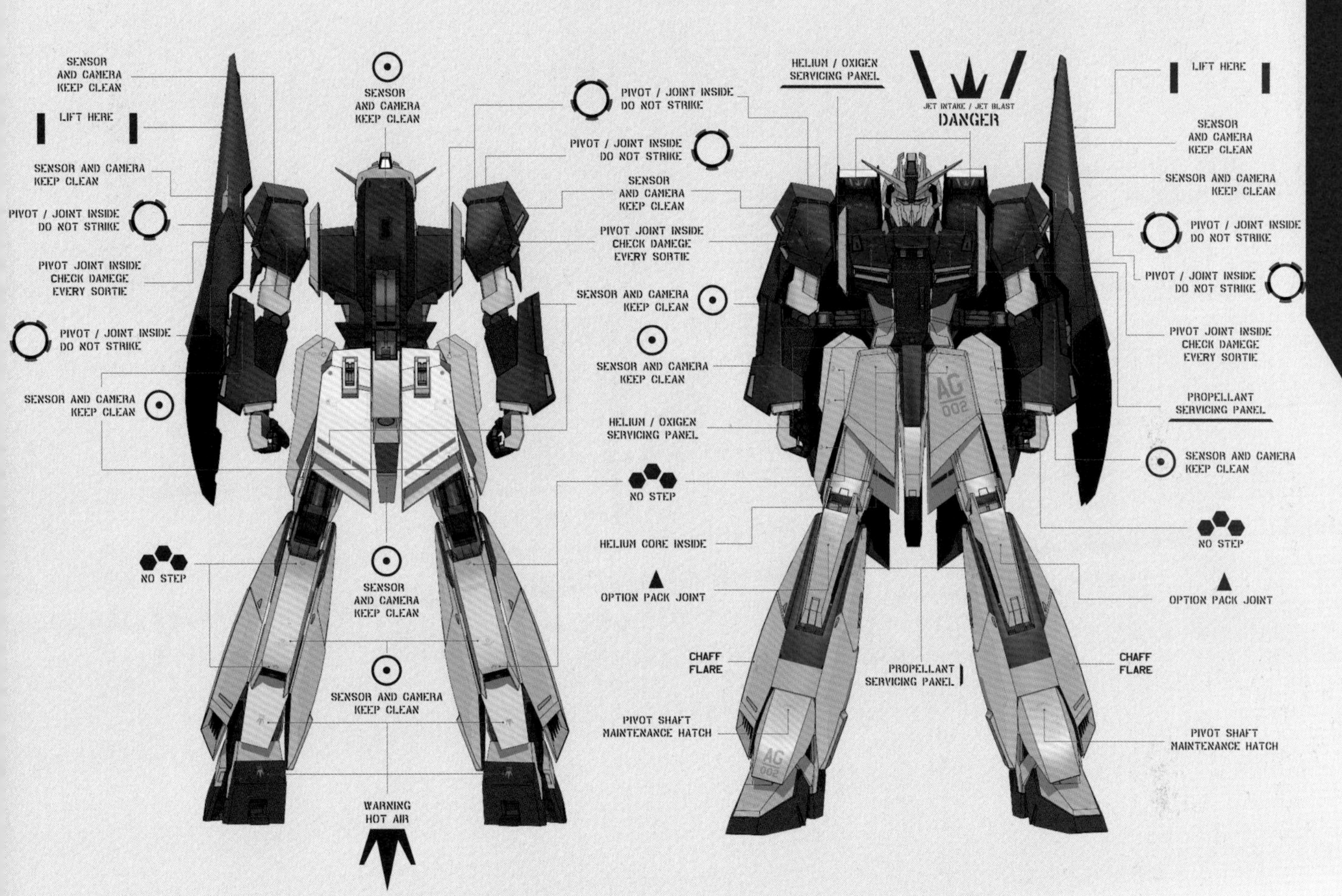

就另一方面來看，AE社之所以答應承接該委託，願意下這麼大的賭注，自然也有其理由在，畢竟這是為投注資金的反體制派所打造的新型MS。該公司也很清楚，此舉無論是就政治面或經營面來看都有極高的風險。做出這等高風險的選擇——或許該說是不得不這麼選——原因正是出自爆發迪拉茲紛爭後，該公司與聯邦正規軍之間的關係陷入冰點所致。

一年戰爭後，AE社吸收合併吉翁尼克公司和茲瑪德公司等舊公國系兵器廠商，並且企圖正式進軍MS製造領域。在接受聯邦軍官營工廠提供的技術之餘，亦於U.C.0081年著手進行被稱為「GP計畫」的試作MS研發計畫。

隨著執行這個投注莫大資金的計畫，AE社磨練出身為MS製造廠商所需的技術力，就結果來說確實取得聯邦軍的大規模訂單沒錯，但卻也遭逢所有GP計畫機體一切紀錄均遭到抹消的災厄。究其原因，在於GP計畫所生產的其中一架試作機，不僅遭到舊公國軍系殘黨勢力「迪拉茲艦隊」搶奪，還被用來在閱艦儀式上發動核武攻擊，更造成該艦隊趁隙利用殖民地「伊茲島」執行「殖民地墜落」等一連串恐攻行動，成了該艦隊口中這場「星塵作戰」的導火線。

暫且不論這一切的責任是否該歸咎於AE社本身，迪拉茲紛爭導致推動「GP計畫」的聯邦宇宙軍中將約翰．柯文失勢，致使該公司失去了有力後盾，這點已是無從改變的事實。

不僅如此，與柯文對立的派系，亦即對太空移民強硬派在軍中趁勢掌握主導權，身為月球人——在地球人眼中，他們同樣也是不值得信任的太空移民——企業體的AE社，自然也逐漸被地球聯邦軍打入冷宮。儘管如此，該公司依舊以與官營工廠共同研發為名目，參與RMS-106「高性能薩克」的研發。後來該機種雖然獲得制式採用，可是在即將步入量產階段的前夕，卻發生主發動機的製造權決定交由隸屬地球資本的太金公司承包等突發事變，這顯然是AE社不樂見的結果。不只如此，「高性能薩克」接著又出現主發動機運作不順，導致使用光束兵器時造成多重故障，這也令AE社與地球聯邦軍之間的關係變得更加緊繃難解。

在種種變故之下，即使在戰後靠著吸收合併從而擴大企業本身規模，AE社終究也陷入難以取得大規模訂單的發展窘境。為了讓整個企業能夠存續下去，該公司勢必得另謀出路，尋求能夠造就「一舉逆轉」的機會。

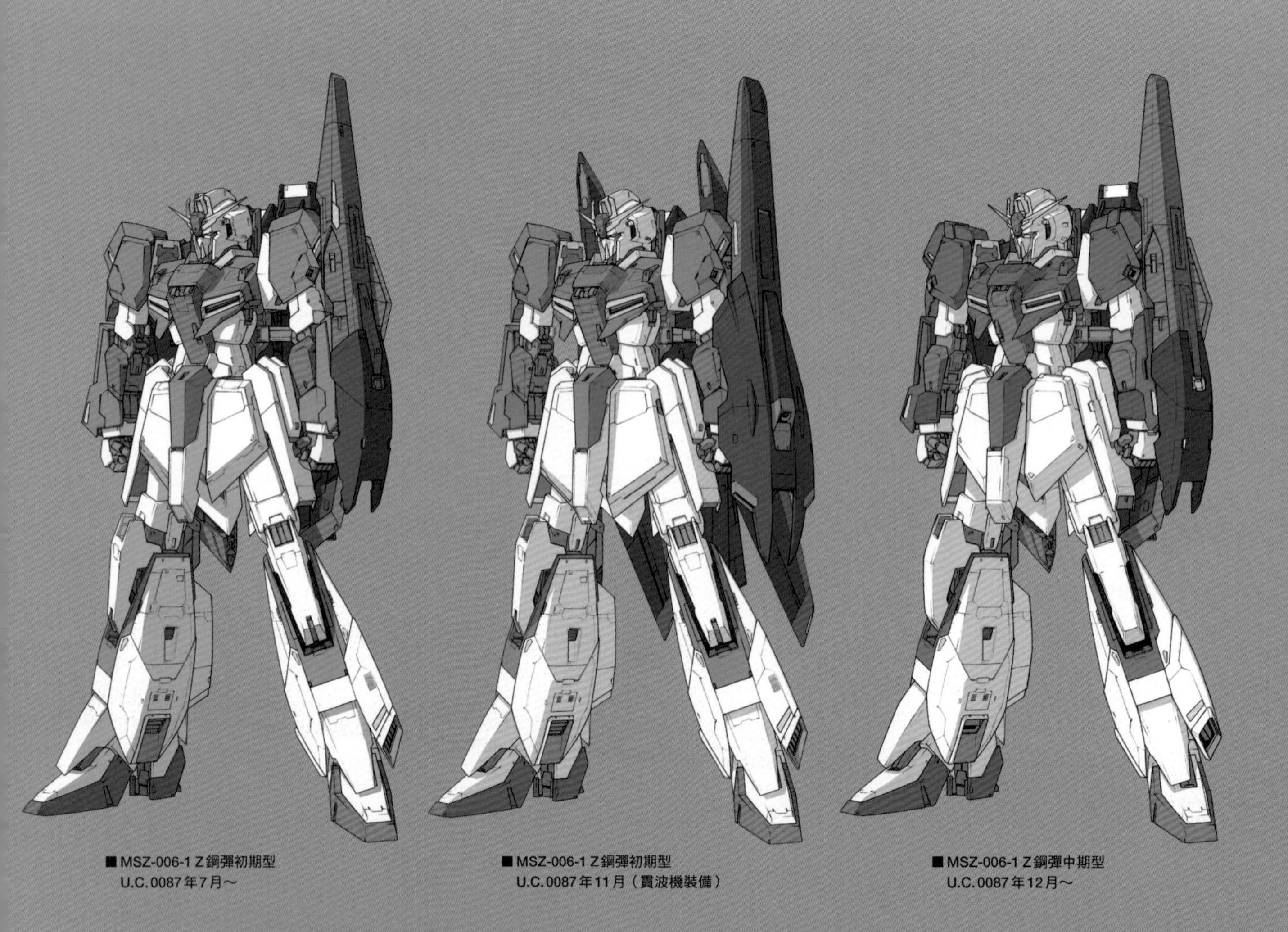

■MSZ-006-1 Z鋼彈初期型
U.C.0087年7月～

■MSZ-006-1 Z鋼彈初期型
U.C.0087年11月（貫波機裝備）

■MSZ-006-1 Z鋼彈中期型
U.C.0087年12月～

G計畫啟動

接下幽谷的委託後，AE社開始推動以效法一年戰爭時期名機RX-78「鋼彈」為目標的「G計畫」。這已是U.C.0085年時的事情。

為了執行這項計畫，AE社投入了先前曾為「GP計畫」擔綱研發試作機的兩個部門。其中之一是由凱利・詹森博士率領的先進研發事業部，通稱「Club Works」，另一個則是由亞歷山卓・畢蘇斯基博士執掌主任一職的第二研究事業部。

前者以馮・布朗工廠為據點，在GP計畫中是擔綱試作一號機和試作三號機的設計與製造。後者則是以格拉納達工廠為據點，當時是負責試作二號機和試作四號機。就MS研發方面來說，兩者都是AE社裡的頂尖部門，亦屬於彼此競爭的關係。相對於先進研發事業部早自戰前起就有著與地球聯邦軍共同進行研發的實績※，可以說是以「聯邦系」技術為骨幹；第二研究事業部則是以吸收合併吉翁尼克公司和茲瑪德公司後才加入的乘員為核心，亦即擅長「公國系」技術，這也是雙方彼此較勁的理由所在。尤其這兩個部門的主任詹森博士和畢蘇斯基博士向來被人視為水火不容，據稱是完全處不來。

不過即使向來彼此較勁，這兩個部門也看到了AE社經營惡化的預兆，於是決定攜手合作。

在詹森博士回顧過往時，曾提到這麼一件事。U.C.0085年中旬時，AE社高層要角梅拉尼・修・凱巴因，突然找詹森博士過去商談，並且針對研發新型MS一事直接坦名「期限是一年」，接著更講到「必須做到足以震撼MS業界的境界」。在「GP計畫」遭到抹滅後，公司內部其實累積了極大的挫折感，因此身為先進研發事業部之首的詹森博士自然二話不說，一口答應了這個要求。話雖如此，面對這麼短的研發期限，在預算、機材、人才等各方面都明顯地有所不足，這也是不爭的事實。

在此等局面下，他決定和公司內的競爭對手合作。雖然過去不乏當面爭論到近乎咆哮的緊張時刻，但他還是刻意找了機會，開著電力車邀請畢蘇斯基博士同乘，並在車內提出希望合作的想法。畢蘇斯基博士也了解現況有多嚴峻，不過最重要的還是雙方希望一雪「GP計畫」挫折的決心。就這樣，勢如水火

※與先進研發事業部共同研發
先進研發事業部曾與聯邦宇宙軍一同執行薩拉米斯級巡洋艦的匿蹤化修改計畫。不過在奠定了散布米諾夫斯基粒子的戰術後，該計畫可說是從根基遭到顛覆，在未能獲得成果的情況下被迫中止。

※克瓦特羅·巴吉納上尉
夏亞·阿茲納布爾在戰後逃亡至阿克西斯，在重返地球圈之際透過非法手段取得克瓦特羅·巴吉納這名聯邦軍官的軍籍，就此以巴吉納少尉的身分展開活動。他對於創立幽谷有著極大貢獻，這點相信用不著贅言敘述。

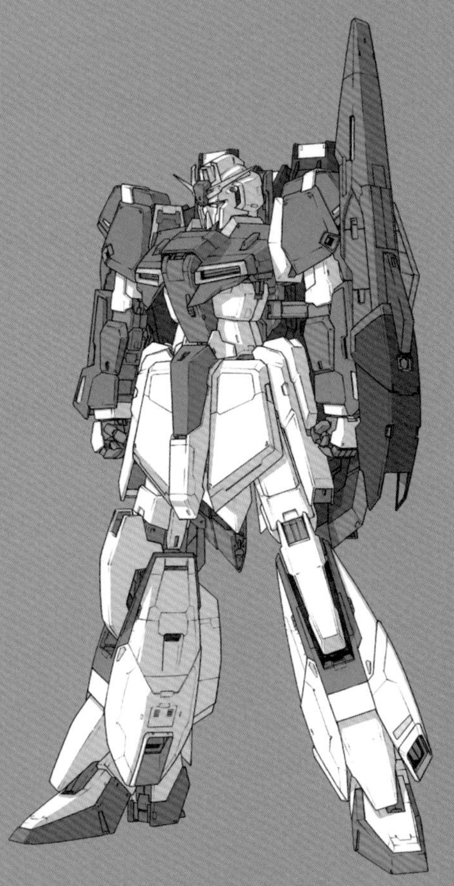

■MSZ-006-1 Z鋼彈後期型
U.C.0088年3月～

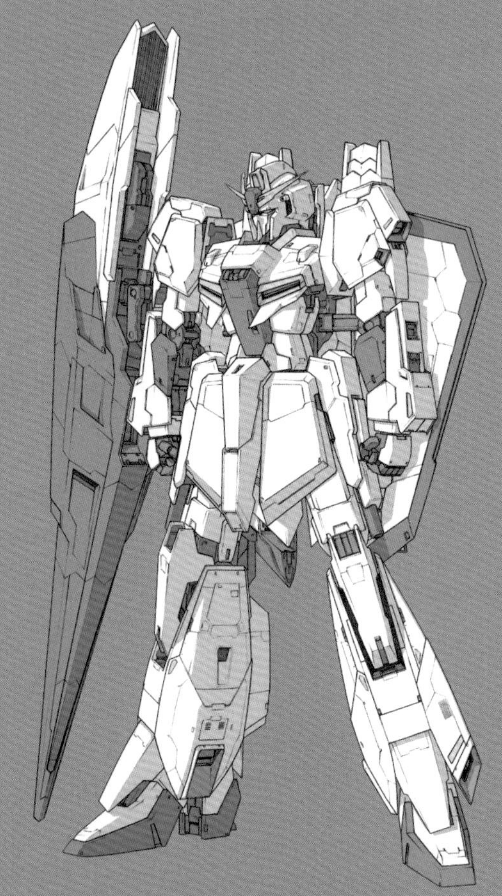

■MSZ-006-3S Z鋼彈
U.C.0087年12月（打擊型Z規格）

的兩個部門攜手，一同為研發幽谷的新型機體奉獻心力。

雖然該計畫是由詹森博士統籌，不過設計案是採跨部門形式規劃。在請幽谷實戰部隊提供意見，據此評估後，決定採用隸屬第二研究事業部某名舊公國出身的年輕技師提出的重MS方案。設計工程展開沒多久，就著手製造試作機了。

這架試作機被賦予RX-098這組機型編號，在以MS-09R「里克・德姆」和MS-09S「德瓦司」這類舊公國機體的設計概念為基礎之餘，亦積極地採用在「GP計畫」時達到實用階段的技術。其中最為顯著的影響，正是來自第二研究事業部之前經手的RX-78GP02A「賽薩里斯」。

由於這架機體是以量產為前提，因此在造價和生產性方面其實有所限制。舉例來說，為了兼顧重裝甲與機動性，「賽薩里斯」採用輕盈的月神鈦合金來製造骨架和裝甲材質，但RX-098就不能這麼做，必須採用傳統型的陶瓷複合材質來製造才行。即使搭載可動式推進裝置「平衡推進翼」之類的裝備，在設計層面下了不少工夫，卻也還是無從擺脫一旦裝甲厚度達到原先要求的數值，在機動性方面就會造成問題的惡性循環，導致設計作業陷入困境。不過這個問題後來從意料之外的地方得到解決方案，得以成功化解。

這個關鍵轉折，來自對於創立幽谷一事亦有貢獻的勢力，亦即以舊公國軍上校夏亞・阿茲納布爾為首的派系，他們提供了新合金「鋼彈合金γ」給AE社。

鋼彈合金γ，乃是戰後於小行星基地阿克西斯達到實用階段的月神鈦系新合金。這是棲身該處的舊公國軍殘黨獨自研發，大幅簡化原本難以生產的月神鈦合金製造工程。在保有出色的品質之餘，亦能大量生產，可說是劃時代的合金。

藉由這種合金全面更新裝甲材質後，RX-098也改稱為「γ鋼彈」。進一步做過機動試驗後，亦藉由同樣源自阿克西斯的技術，採用非可動式單眼感測器等機構，經過這些設計更動後，RX-098改以RMS-099「里克・迪亞斯」為名出廠，並進入量產階段。附帶一提，前述機種名稱典故來自於發現了好望角的巴索羅繆・迪亞斯；而在更改機種名稱一事上，化名為克瓦特羅・巴吉納上尉※並親自擔任測試駕駛員的夏亞・阿茲納布爾，其實亦發揮了不小的影響力。

總之，RMS-099「里克・迪亞斯」在U.C.0086年正式宣告完成。對幽谷來說，這是該陣營第一架主導研發的機體，亦是足以與迪坦斯陣營MS相抗衡的寶貴兵器。對AE社而言，成功研發出全由自家公司製的軍用量產機，不僅在技術層面上深具意義，亦確保可向聯邦正規軍以外勢力販售的管道，就經營層面來看同樣極為重要。

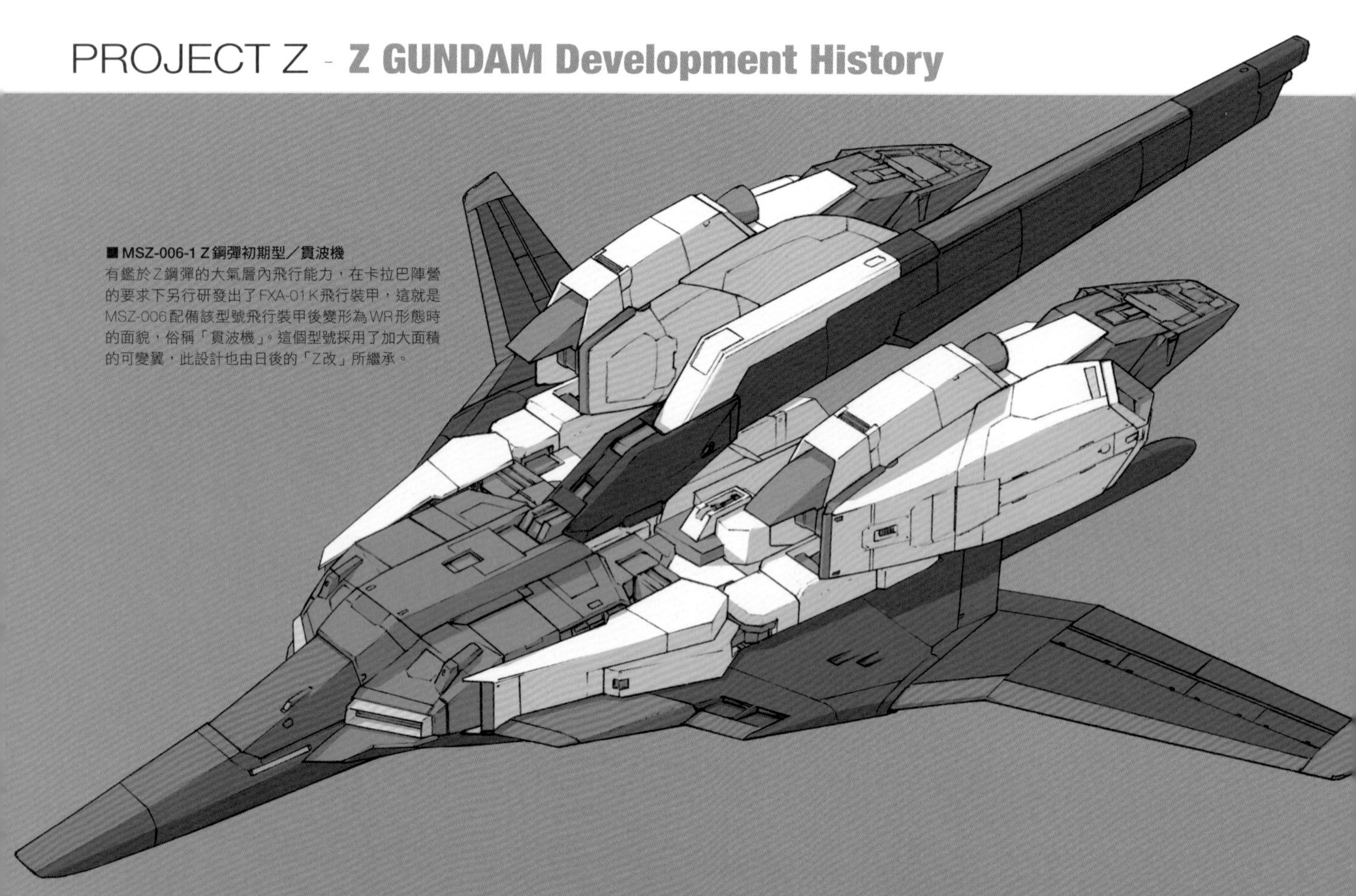

■MSZ-006-1 Z鋼彈初期型／貫波機
有鑑於Z鋼彈的大氣層內飛行能力，在卡拉巴陣營的要求下另行研發出了FXA-01K飛行裝甲，這就是MSZ-006配備該型號飛行裝甲後變形為WR形態時的面貌，俗稱「貫波機」。這個型號採用了加大面積的可變翼，此設計也由日後的「Z改」所繼承。

邁向TMS的挑戰

配合幽谷執行的高性能MS研發計畫「G計畫」，就內容來説，亦有著打從初期階段便同步進行數項方案的「計畫群」性質。其中率先獲得成果的，正是先前介紹過的RMS-099「里克・迪亞斯」。

該機體僅僅花了一年時間，就完成了令全新設計機種達到實用階段的「荒唐要求」；不過，要是沒有引進阿克西斯的先進技術，基本上也就只能獲得既有「過時技術」的集合體這類評價。

另一方面，就「G計畫」整體的本質來説，真正的用意在於創造出「次世代MS」，因此在「可發動閃電戰，進攻敵方據點的高性能MS」這個概念下，其實亦分頭評估了多種方案。其最值得注目的，就屬引進可變機構的TMS方案，隨著「里克・迪亞斯」的實用化已發展至某個程度，該方案也重新整編為「Z計畫」。這是U.C.0086年1月時的事情。

重新整編計畫時，之所以冠上「Z（ZETA）」這個稱號，其實有著兩大意涵。

RX-098的研發代號為「γ鋼彈」，這點正如前述，其他同步進行的G計畫機體亦按照希臘字母順序取了代號※。已進行的計畫也分別冠上了「δ（DELTA）」、「ε（Epsilon）」這幾個字母作為代號，這就是以「Z」為名的首要理由所在。

另一方面，後來的「Z鋼彈」亦在「MSZ」這組代號中，冠上了第26個拉丁字母「Z」。這或許是希望藉由冠上最後一個字母來表達「終極MS僅此足矣」的祈願，可説是具備了雙重意涵的命名。

總而言之，畢竟是從「G計畫」中擷取出具有TMS相關要素的數個方案重新整編為「Z計畫」，因此即使到了這個階段，同步研發數架機體的方針也沒有任何改變。雖然在U.C.0086年時，由奧克蘭研究所研發出的TMA——NRX-044「亞席瑪」已經正式開始部署，不過對於這方面近乎毫無研發經驗的AE社來説，TMS等同尚未開拓的領域。不只如此，幽谷陣營要求新型TMS具備的規格之高更是超乎想像，就算是對身為巨大企業體的AE社來説，也並非一蹴可幾的目標。具體來説，幽谷就規格方面提出的必備要求有以下幾項：

- MS形態的頭頂高要在20m以下
- 變形程序要在0.5秒內完成
- 必須具備可在大氣層內外運用的全領域運用能力
- 備有單獨衝入大氣層的能力

※AE社的MS研發代號
雖然是題外話，不過自Z鋼彈起，AE社研發的鋼彈型機體在名稱中多半都有冠有希臘字母，可説是被視為該公司的傳統。RX-93「ν鋼彈」和RX-105「Ξ鋼彈」等機體就是最佳的例子。

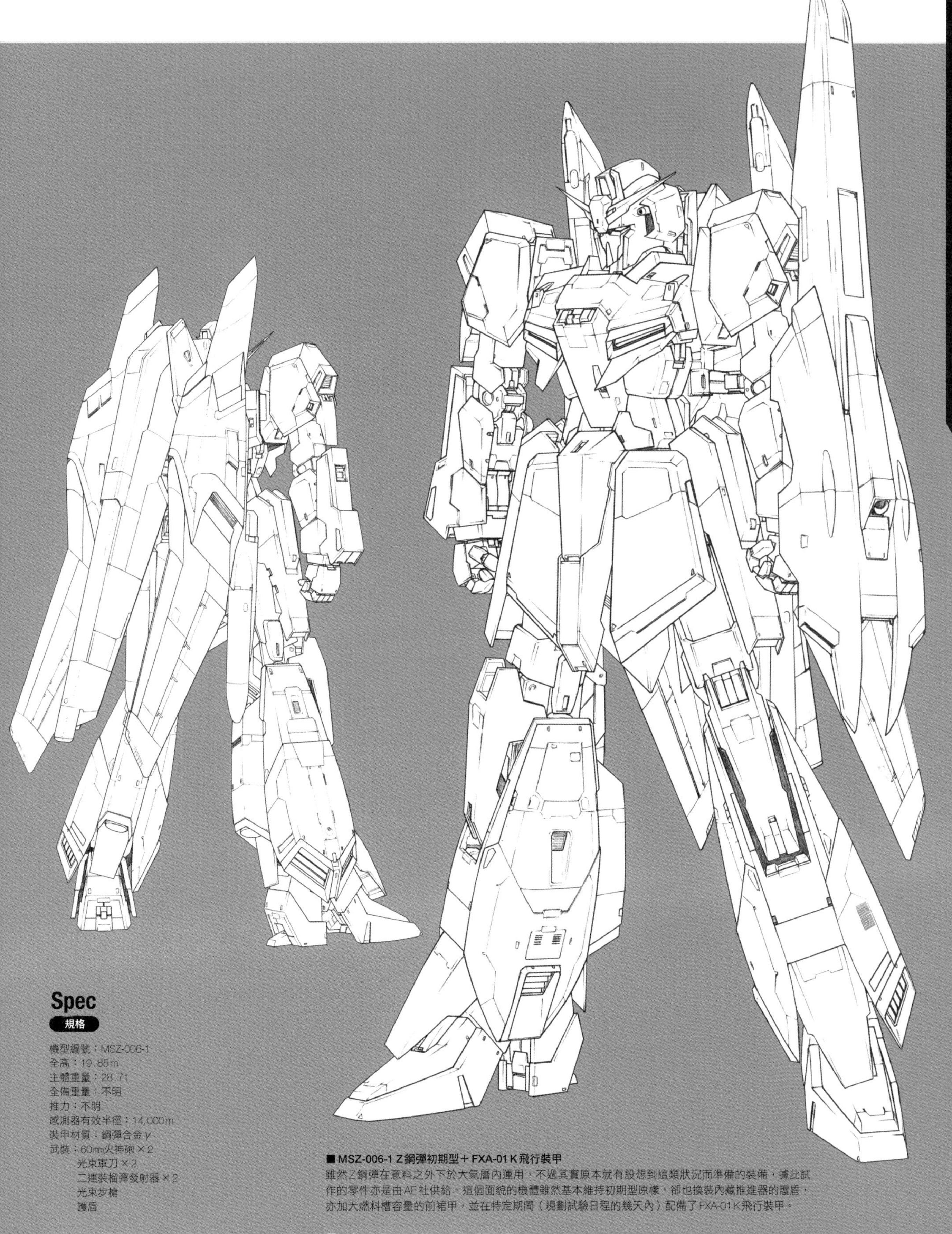

Spec

規格

機型編號：MSZ-006-1
全高：19.85m
主體重量：28.7t
全備重量：不明
推力：不明
感測器有效半徑：14,000m
裝甲材質：鋼彈合金γ
武裝：60㎜火神砲×2
光束軍刀×2
二連裝榴彈發射器×2
光束步槍
護盾

■MSZ-006-1 Z鋼彈初期型＋FXA-01K飛行裝甲

雖然Z鋼彈在意料之外下於大氣層內運用，不過其實原本就有設想到這類狀況而準備的裝備，據此試作的零件亦是由AE社供給。這個面貌的機體雖然基本維持初期型原樣，卻也換裝內藏推進器的護盾，亦加大燃料槽容量的前裙甲，並在特定期間（規劃試驗日程的幾天內）配備了FXA-01K飛行裝甲。

MSZ-006 Z GUNDAM —INITIAL MODEL + WAVE SHOOTER

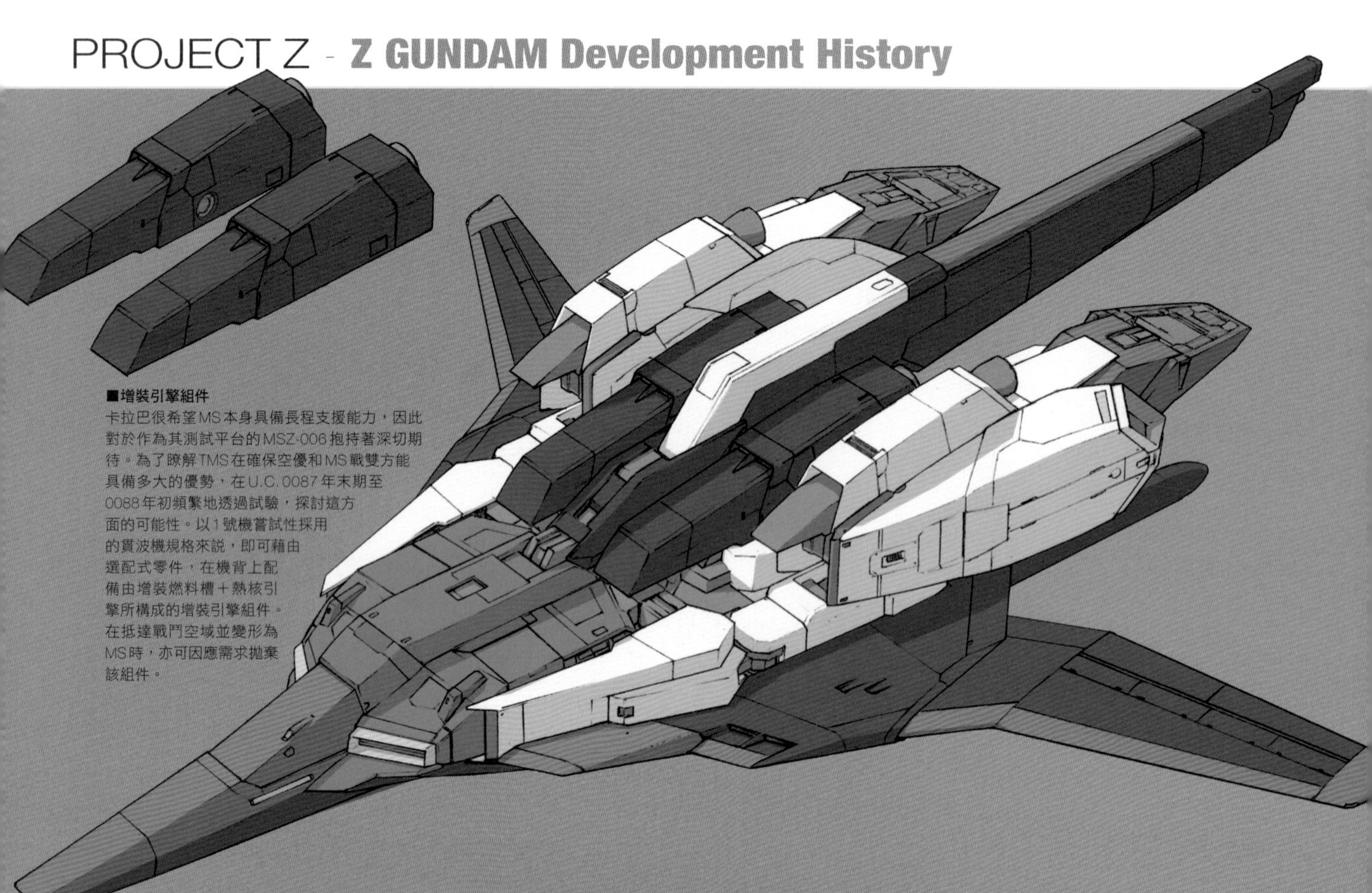

■增裝引擎組件
卡拉巴很希望MS本身具備長程支援能力，因此對於作為其測試平台的MSZ-006抱持著深切期待。為了瞭解TMS在確保空優和MS戰雙方能具備多大的優勢，在U.C.0087年末期至0088年初頻繁地透過試驗，探討這方面的可能性。以1號機嘗試性採用的貫波機規格來說，即可藉由選配式零件，在機背上配備由增裝燃料槽＋熱核引擎所構成的增裝引擎組件。在抵達戰鬥空域並變形為MS時，亦可因應需求拋棄該組件。

對研發團隊來說，如此門檻可說是高得過頭。不過就幽谷本身觀點來看，既然已經在「甘泉」著手建造作為艦隊戰力核心的新型船艦，新型MS必須合乎該船艦（阿含級突擊巡洋艦）可運用尺寸，這也是理所當然。況且若要進攻以聯邦軍總部賈布羅為首的重要據點，那麼衝入大氣層和大氣層內運用能力更是不可或缺。

面對這個極高的目標，以當時擁有的技術水準來看，AE社能夠採取的選項其實相當有限。換句話說，在著手研發冠上了計畫名號的真正王牌機體「Z鋼彈」之前，顯然必須研發能作為跳板的機體來培育相關技術。在這類屬於「前置階段」的機體群中，又以MSN-001（MSN-001X1）「δ鋼彈」／MSN-00100「百式」、MSA-005「梅塔斯」這兩架機體最為重要。接著就要稍微回頭提一下，在談論Z鋼彈研發史時，堪稱居於關鍵性地位的這兩種機種。

在重新整編為「Z計畫」時，MSN-001／MSN-00100是作為MS形態的實證試驗機。

主任設計技師為M・永野博士，他在從已達到實用階段的RMS-099「里克・迪亞斯」身上引進相關技術之餘，亦以非可變機的形式進行設計。似乎是在這之後才決定引進變形機構，所以才大幅度變更設計。雖然在一般常見的說法中，多半認為本機一開始就是往TMS的方向研發，後來才變更設計成非可變機。然而實際上，在著手推展計畫當初其實就是規劃成非可變機。

亦有說法指出，AE社是在取得「阿克西斯」製簡易可變機卡薩系MS的技術之後，才轉而賦予它作為可變骨架技術試驗機的任務。但這方面的看法眾說紛紜，詳情至今仍不明。總之，與欠缺TMS研發實績的狀況正好相反，變形機構的設計本身進展得出乎意料地順暢。能夠從具備修長人型輪廓的MS形態變形，呈現被稱為「穿波機」的飛機狀巡航形態，此等變形方式究竟是在何等脈絡下奠定的，這點亦不容錯過。其中最為值得注目的，就屬在這個時間點即設想到了在大氣層內外運用一事，亦有說法指出，這時也已經將實現衝入大氣層的能力納入視野之中。

不僅如此，相對於同時代最新銳種「亞席瑪」為全高超過23公尺的大型機體，「δ鋼彈」則是將整體尺寸控制在19米等級，更有著重量僅為三分之二此等突破，可以說已然達到「小型輕量化」的境界。純粹就設計面來說，這已經是超越了聯邦製TMS好幾步的先進機體才對。然而骨架強度的問題卻橫亙在前，在高G狀態下變形時，身體骨架會發生無從修正的扭曲變形這類故障狀況。

MS的身體組件為集中駕駛艙和主發動機等重要部位之處，照理來說必須是最為牢靠的部位才對。如果連這種可說是核心所在的部位都存在此等缺陷，無論如何都不可能滿足實戰機體的需求。雖然後來陸續嘗試過調整重量均衡、改善骨架強度等諸多設計變更，但仍無從解決這個最根本的問題，使得研發頓時陷入了困局。

若是能按照設計規格打造出廠，就幾乎完全滿足了幽谷陣營對於TMS所要求的水準，然而那終究只是「紙上談兵」的理想論。

在種種狀況下，MSN-001「δ鋼彈」只好回歸最初的非可變機方案，以MSN-00100「百式」的面貌出廠。不過這架機體身上仍保留了可變式平衡推進翼之類TMS方案時期的特色。

即使如此，以單一MS的觀點來看，這架機體也仍有出色之處。後來除了少量生產衍生機型的MSR-00100系機體之外，亦經由搭載採新思維設計的新推進系統實驗機，從而催生「ε鋼彈」。隨著可動骨架技術日益進步，「δ」系機體在U.C.0090年代又以可變機的形式受到注目，亦據此發展機型。但此乃後話，暫按下不表。

※「飛行裝甲」構想
飛行裝甲本身是為了取代隔熱傘系統而構思設計的衝入大氣層用選配式裝備。即使研發「梅塔斯」系機體時，其實亦有規劃讓巡航形態配備同類型裝備的方案。

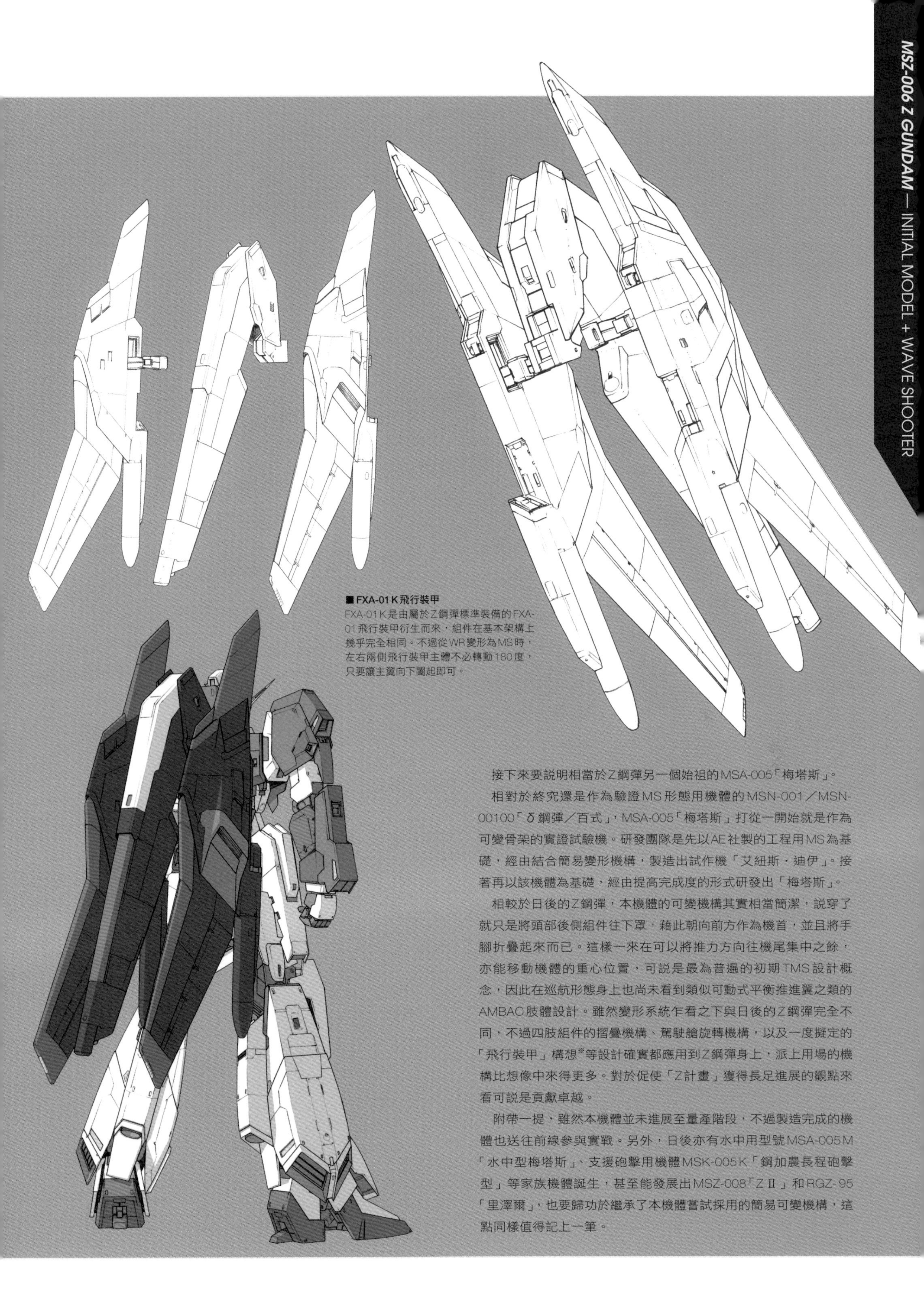

■FXA-01 K飛行裝甲

FXA-01 K是由屬於Z鋼彈標準裝備的FXA-01飛行裝甲衍生而來，組件在基本架構上幾乎完全相同。不過從WR變形為MS時，左右兩側飛行裝甲主體不必轉動180度，只要讓主翼向下闔起即可。

接下來要說明相當於Z鋼彈另一個始祖的MSA-005「梅塔斯」。

相對於終究還是作為驗證MS形態用機體的MSN-001／MSN-00100「δ鋼彈／百式」，MSA-005「梅塔斯」打從一開始就是作為可變骨架的實證試驗機。研發團隊是先以AE社製的工程用MS為基礎，經由結合簡易變形機構，製造出試作機「艾紐斯・迪伊」。接著再以該機體為基礎，經由提高完成度的形式研發出「梅塔斯」。

相較於日後的Z鋼彈，本機體的可變機構其實相當簡潔，說穿了就只是將頭部後側組件往下罩，藉此朝向前方作為機首，並且將手腳折疊起來而已。這樣一來在可以將推力方向往機尾集中之餘，亦能移動機體的重心位置，可說是最為普遍的初期TMS設計概念，因此在巡航形態身上也尚未看到類似可動式平衡推進翼之類的AMBAC肢體設計。雖然變形系統乍看之下與日後的Z鋼彈完全不同，不過四肢組件的摺疊機構、駕駛艙旋轉機構，以及一度擬定的「飛行裝甲」構想※等設計確實都應用到Z鋼彈身上，派上用場的機構比想像中來得更多。對於促使「Z計畫」獲得長足進展的觀點來看可說是貢獻卓越。

附帶一提，雖然本機體並未進展至量產階段，不過製造完成的機體也送往前線參與實戰。另外，日後亦有水中用型號MSA-005M「水中型梅塔斯」、支援砲擊用機體MSK-005K「鋼加農長程砲擊型」等家族機體誕生，甚至能發展出MSZ-008「ZⅡ」和RGZ-95「里澤爾」，也要歸功於繼承了本機體嘗試採用的簡易可變機構，這點同樣值得記上一筆。

■ MSZ-006-1 Z鋼彈中期型／MS模式
這個面貌是Z鋼彈一度降落至地球，再重新返回軌道上之後，換裝了根據運用初期型所得資料製造出的改良外裝零件。本書將這個時期的機體稱為「中期型」。在格里普斯戰役末期到第一次新吉翁戰爭（哈曼戰爭）初期的這段時間裡，MSZ-006中期型基本上就是運用圖中這套裝備進行戰鬥。

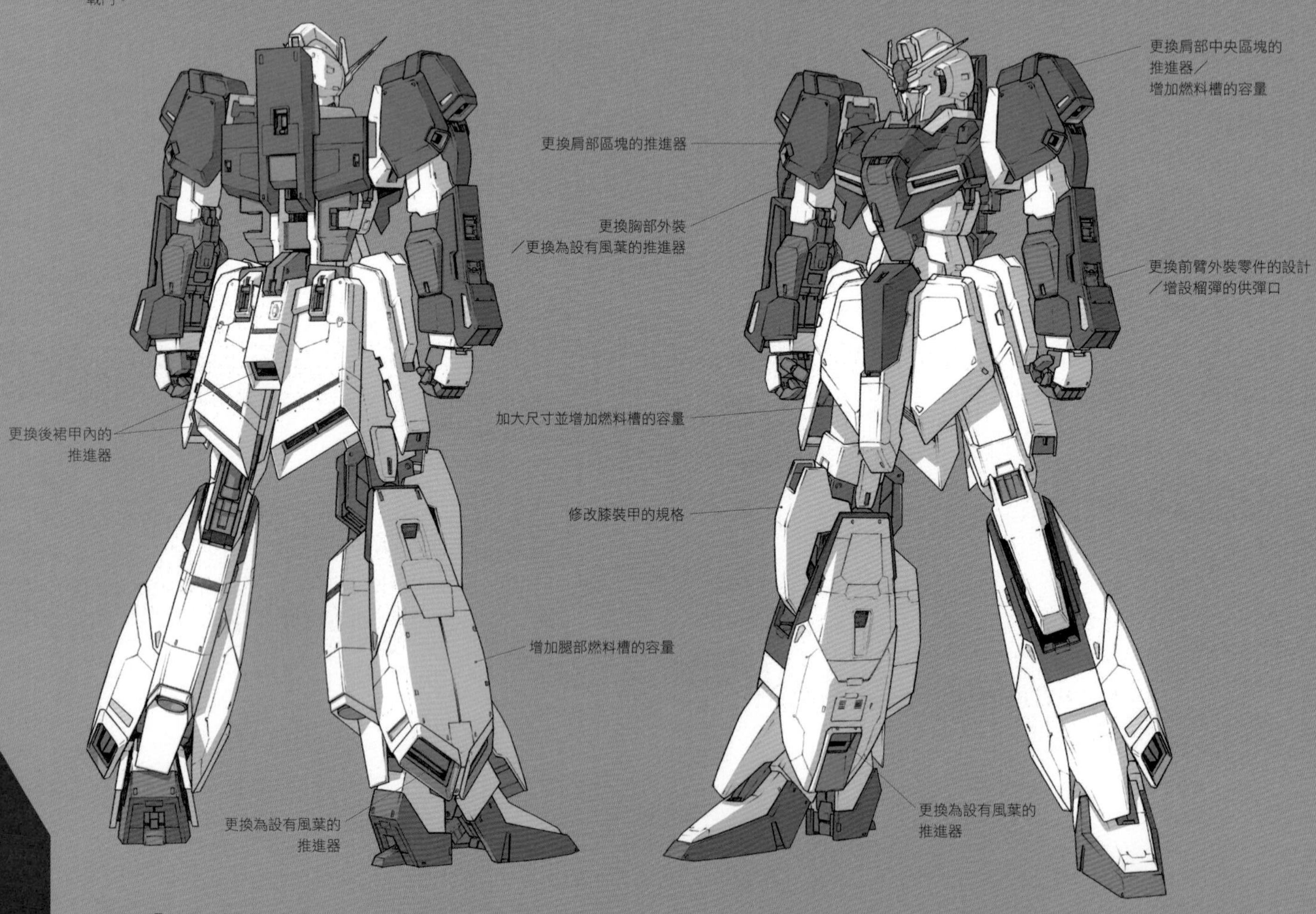

冠上「Z」字名號者

AE社經由研發「δ鋼彈／百式」和「梅塔斯」，紮實地累積經驗後，下一步就是著手進行狹義的「Z計畫」──亦即建造MSZ系試作機。話雖如此，賦予了MSZ-006X這系列機型編號的最初期試作機其實並未搭載可變機構，甚至沒有採用遍布全身的可動骨架，而是採取區塊建構方式進行設計。這是一種將機體各部位分成以區塊為單位，以便分別設計構造，藉此提高整備效率和生產性的方式，沿襲傳統的半單殼式構造進一步發展。

官營工廠所製得TMA「亞席瑪」，也是因為採用了這種屬於區塊式構造的鼓狀骨架，才得以令可變機構達到實用階段。受此影響，AE社內部認為「Z計畫」同樣應該採用該構造的呼聲，明顯地聲勢高漲許多。不過「Z計畫」絕對不是打算採用區塊建構式設計來研發TMS。

擔綱「Z計畫」綜合技術總監的亞歷山卓・畢蘇斯基博士，打從計畫之初便訂定了一個明確方針，那就是要引進全面性的可動骨架。他認為對於必然會具備複雜可變機構的TMS來說，可動骨架構造所具備的靈活性，以及將機體骨架和裝甲區分開來的架構會是最佳的解決方案。

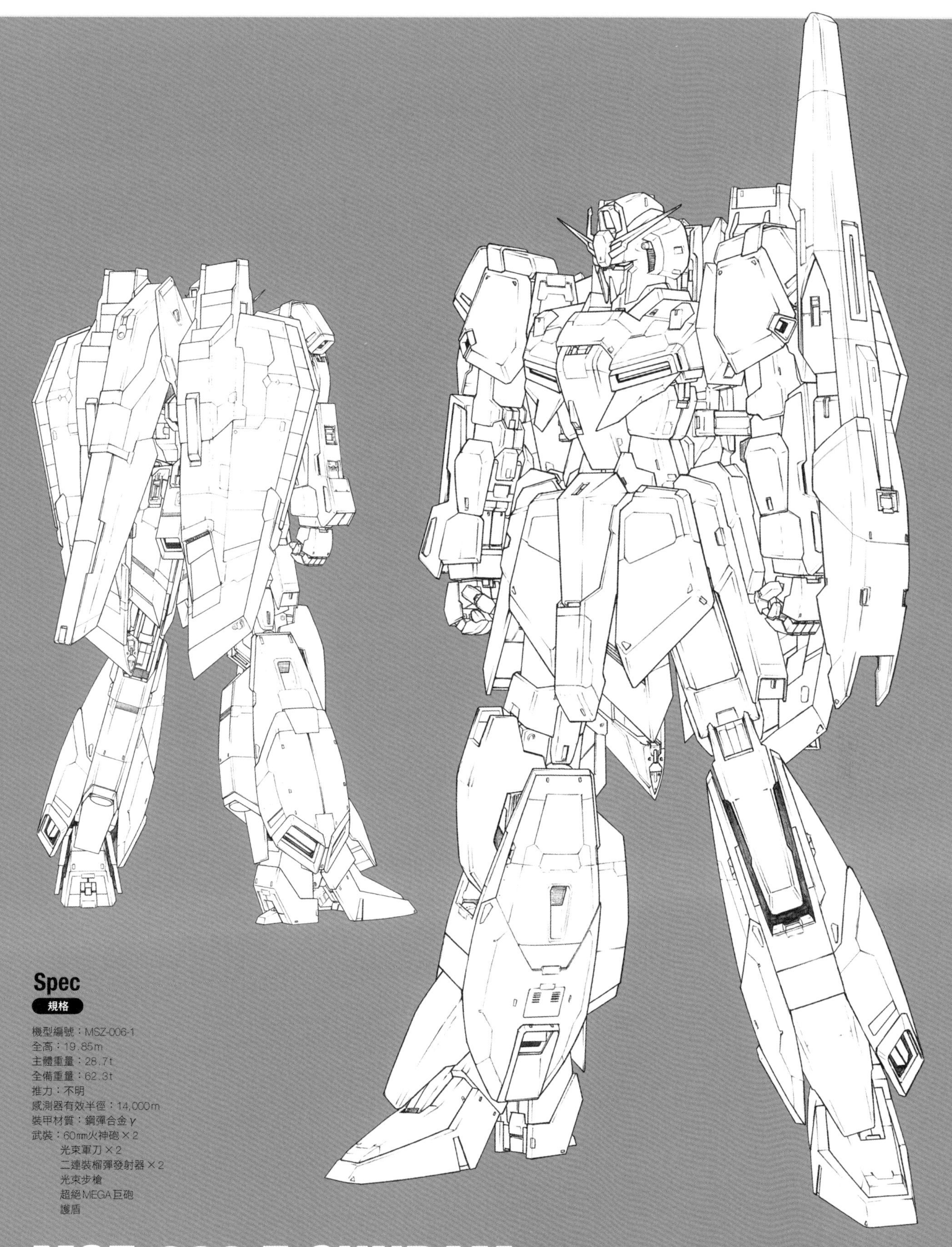

Spec

規格

機型編號：MSZ-006-1
全高：19.85m
主體重量：28.7t
全備重量：62.3t
推力：不明
感測器有效半徑：14,000m
裝甲材質：鋼彈合金γ
武裝：60mm火神砲×2
光束軍刀×2
二連裝榴彈發射器×2
光束步槍
超絕MEGA巨砲
護盾

MSZ-006 Z GUNDAM —MID MODEL【中期型】

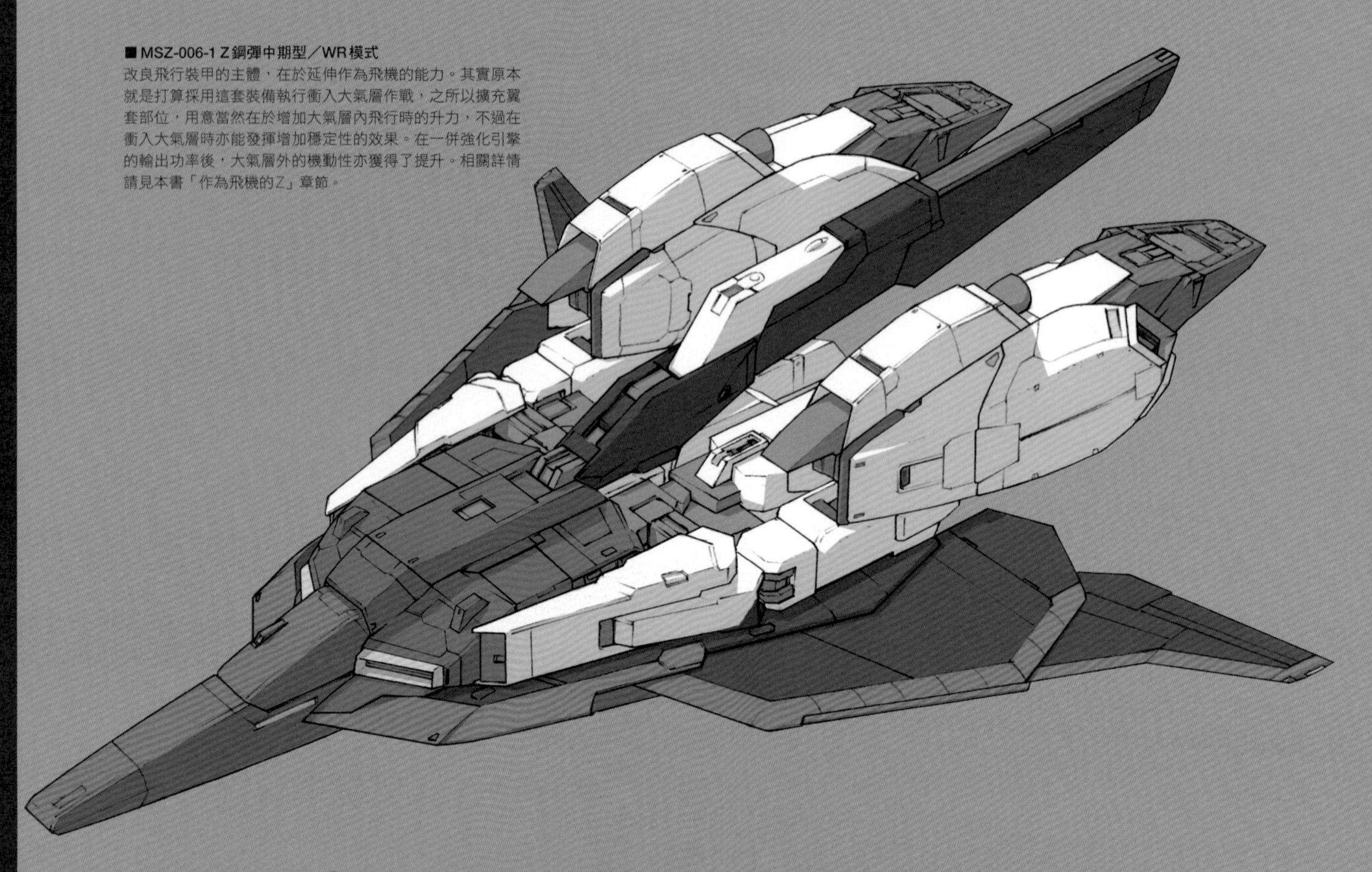

■ MSZ-006-1 Z鋼彈中期型／WR模式
改良飛行裝甲的主體，在於延伸作為飛機的能力。其實原本就是打算採用這套裝備執行衝入大氣層作戰，之所以擴充翼套部位，用意當然在於增加大氣層內飛行時的升力，不過在衝入大氣層時亦能發揮增加穩定性的效果。在一併強化引擎的輸出功率後，大氣層外的機動性亦獲得了提升。相關詳情請見本書「作為飛機的Z」章節。

然而正如同MSN-001「δ鋼彈」實質上是以失敗告終所示，當時AE社在可動骨架方面的技術水準仍然不足，尚不具備足以為全身設置這種機構。因此畢蘇斯基博士招募了曾經參與一部分可動骨架※研發工作，且在這方面有著具體成績的年輕技師葛哈德・葛路克博士，擔綱其研發作業。

不過即使是被眾人視為前途無量的精英，依然無法在如此短的研發期間內拿出成果。因此趁著葛路克博士與其團隊把骨架設計完成前的這段時間裡，畢蘇斯基博士在運用既有技術製造出試作機之餘，亦一併對預定要搭載在新型機上的各種裝置展開先行測試。這幾架機體正是非可變試作機MSZ-006X。

MSZ-006X共計製造了三架，試作一號機到試作三號機也分別被賦予了X1至X3的研發編號。各機體還搭載相異裝置，以便進行比較實驗。配合這個需求，各機體也都搭載造型幾乎截然不同的頭部組件。

試作一號機，亦即X1，搭載了與MSN-00100「百式」相似的頭部組件。不過並未採用可說是百式系機體特徵的新型感測器「IDE系統」(Image Directive Encode System，圖像管理型符號化裝置)，而是搭載傳統型的雙眼式感測器，這點倒是頗耐人尋味。由於該設計在這三架機體中是最為可靠耐用的系統，因此後來的「Z鋼彈」也採用了同型系統。

另一方面，X2的頭部組件在設計上與RMS-099「里克・迪亞斯」相近，採用非可動式單眼感測器。不過有別於將駕駛艙設置在頭部組件裡的「里克・迪亞斯」，MSZ-006X的駕駛艙仍是位於腹部裡，因此頭部尺寸也相對小了一些。

最後一架X3採用俗稱「尼摩」型的設計。這方面是搭載了與同時期進行研發的通用MS，亦即MSA-003「尼摩」相近的護目鏡型感測器。雖然後來以Z系非可變量產機種形式進行研發的MSZ-007也採用這種感測器，但MSZ-006本身並沒有採用。除此之外，MSZ-006X還進行了長管型光束步槍等各式武裝的試驗，從外圍需求著手陸續做出具體成果。

然而AE社高層依舊對此進度表示不滿。畢竟「Z計畫」投入了諸多人才與龐大預算，可是目前卻僅僅完成了「百式」和「梅塔斯」這等副產物，不僅未能滿足幽谷陣營要求的水準，甚至連具體的研發終點位在何方都不曉得。

※一部分可動骨架
這是指相對於臂部組件和腿部組件等處，僅有一部分引進了可動骨架的技術。屬於量產機的RGM-79Q「吉姆鎮暴型」首度採用這種構造，在此等發展脈絡下，到了RMS-099「里克・迪亞斯」等機種時，已是廣泛採用的基本設計。

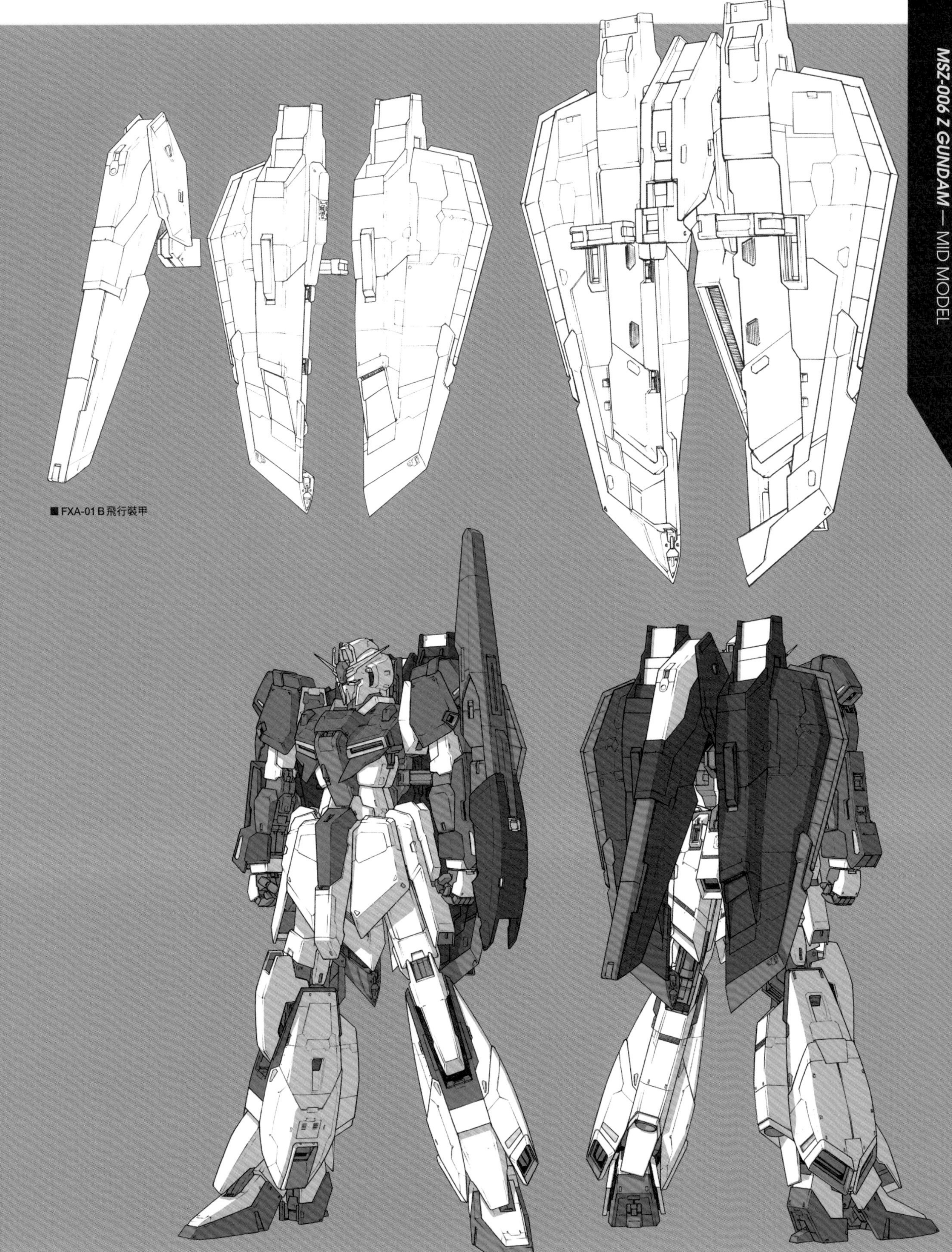

■FXA-01B飛行裝甲

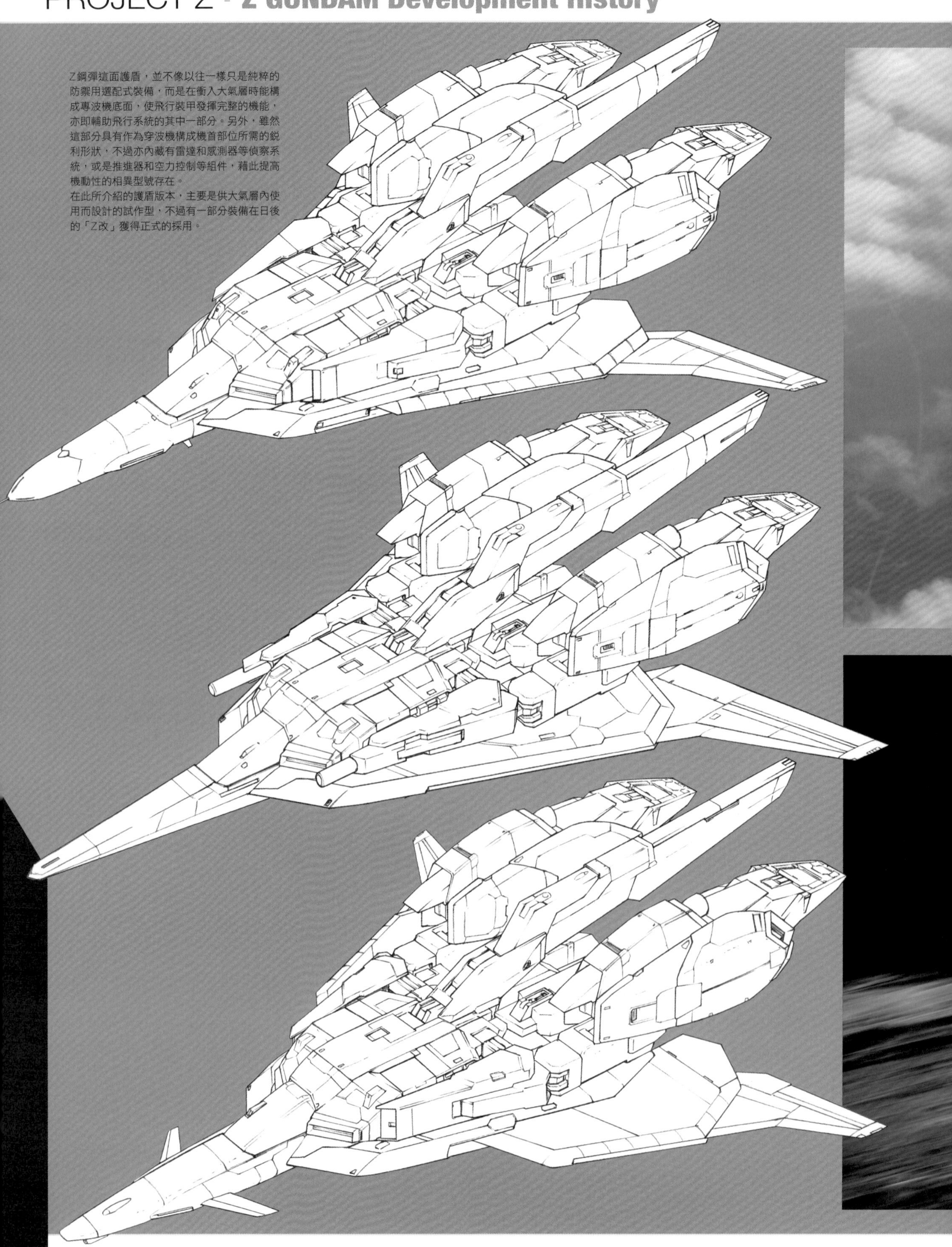

Z鋼彈這面護盾，並不像以往一樣只是純粹的防禦用選配式裝備，而是在衝入大氣層時能構成專波機底面，使飛行裝甲發揮完整的機能，亦即輔助飛行系統的其中一部分。另外，雖然這部分具有作為穿波機構成機首部位所需的銳利形狀，不過亦內藏有雷達和感測器等偵察系統，或是推進器和空力控制等組件，藉此提高機動性的相異型號存在。
在此所介紹的護盾版本，主要是供大氣層內使用而設計的試作型，不過有一部分裝備在日後的「Z改」獲得正式的採用。

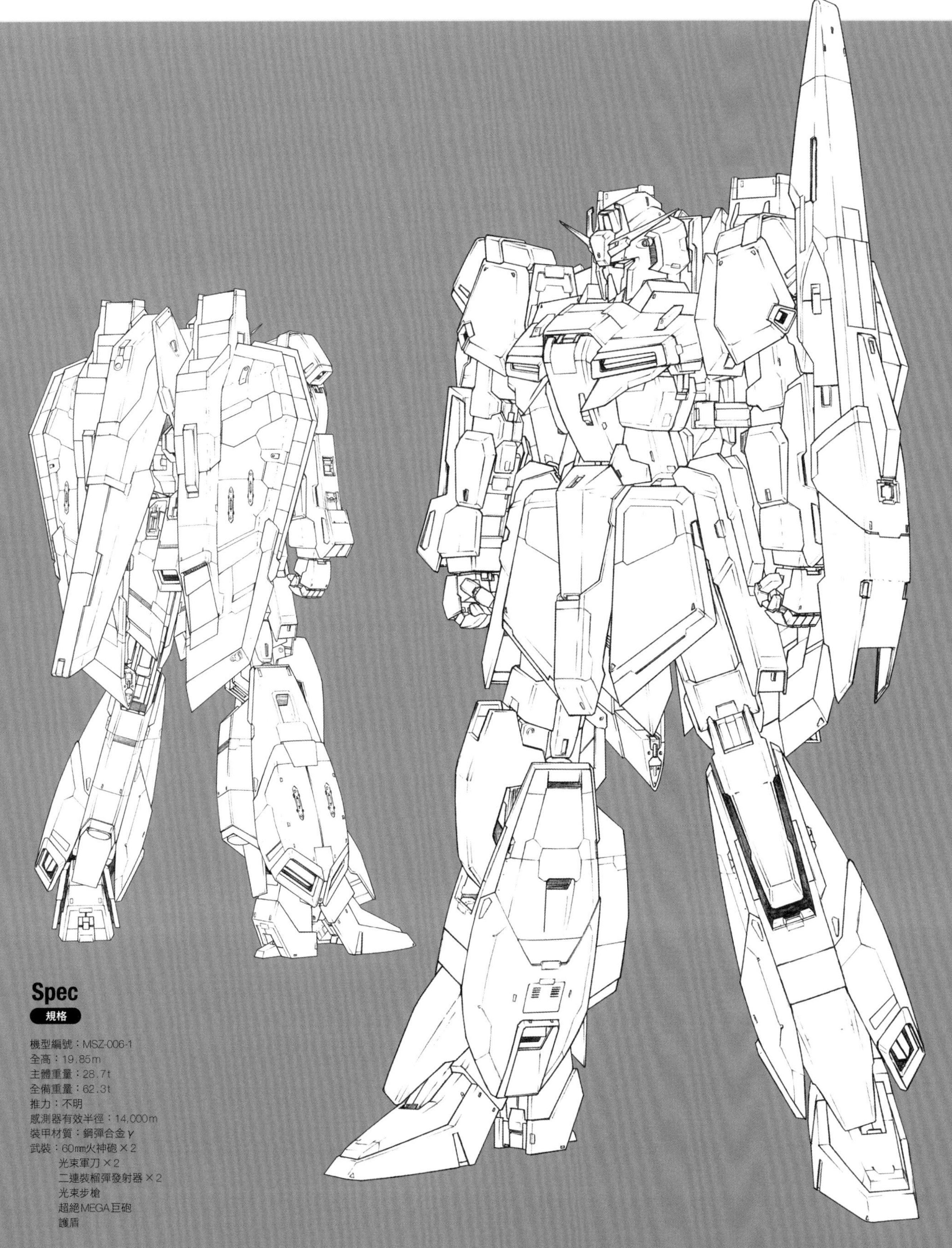

Spec

規格

機型編號：MSZ-006-1
全高：19.85m
主體重量：28.7t
全備重量：62.3t
推力：不明
感測器有效半徑：14,000m
裝甲材質：鋼彈合金γ
武裝：60mm火神砲×2
光束軍刀×2
二連裝榴彈發射器×2
光束步槍
超絕MEGA巨砲
護盾

MSZ-006 Z GUNDAM —LATE MODEL【後期型】

■ MSZ-006-1 Z鋼彈後期型／WR模式
U.C.0088年8月，Z鋼彈二度衝入大氣層。這是在修改成後期型後首度降落至地球上，而且和先前一樣，這次也是在背部搭載著另一架MS（AMX-004-2「丘貝雷Mk-Ⅱ」）的情況下進行衝入大氣層程序。雖然翼套部位擴大尺寸後，應足以將該機體的受損幅度控制在最小範圍內，不過「丘貝雷」系機體的肩部平衡推進翼尺寸實在太大，唯有破壞該處加以捨棄，才能平安地衝入大氣層。就Z鋼彈利用平衡推進翼構成飛行裝甲、衝入大氣層的機能來說，其實原本就沒有設想到要藉由達自身重量倍數以上的質量以便平安降落至地球上，不過此事也證明了其飛航系統和機體姿勢控制能力比原有的必要需求更為出色。

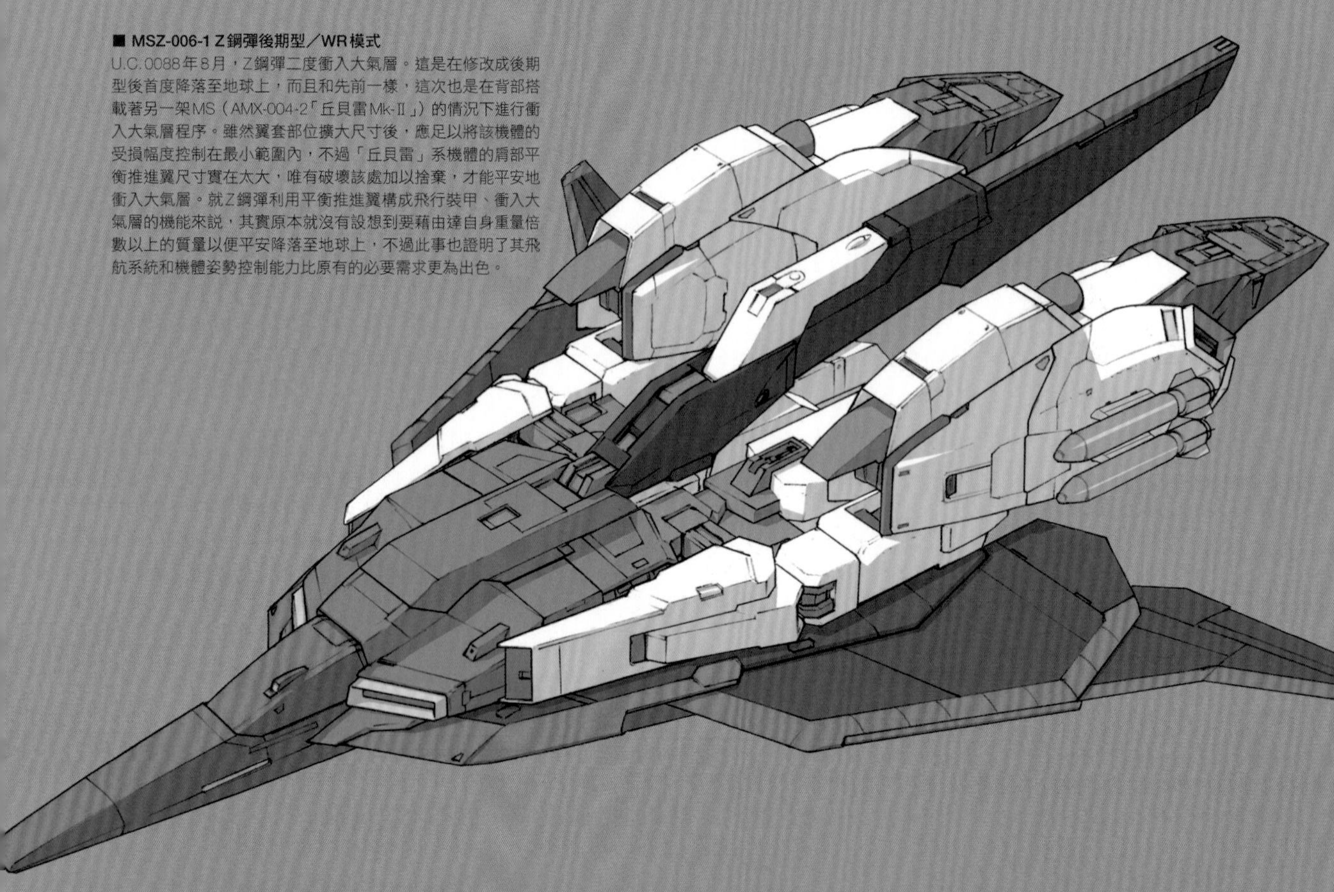

自研究出的發動機縮減尺寸後，應用自「百式」和「梅塔斯」取得的各方數據資料修改設計而成，不過當時也僅處於甫繪製出設計圖面的階段就是了。這種發動機的輸出功率雖然不到1,000千瓦，小巧程度卻是傳統發動機無從比擬，這點令葛路克博士得以轉換思考方向，成功突破癥結點。

以葛路克博士為首的骨架部門，放棄將主發動機設置在身體組件裡，改為規劃在左右腿裡各設置一具超小型發動機的雙發動機設計方案。如此一來，騰出的空間即可用來提高身體骨架的強度，此舉可說是足以具體化解結構面脆弱問題的劃時代構想。

更為幸運的，就屬同時間幽谷的突擊巡洋艦「阿含號」，恰巧於3月25日到月面都市「安曼」進港停泊一事。

該船艦在3月2日襲擊「青翠綠洲」時，成功地奪取了格里普斯工廠製的新型機種RX-178「鋼彈Mk-Ⅱ」，機體也趁著這個機會隨後交給研發團隊。隨著取得這架史上第一架全面性引進可動骨架的機體，AE社獲得了許多首度接觸到的技術與知識，得以朝向一舉解決骨架相關問題的方向進展。

另外，在同一個時期與「鋼彈Mk-Ⅱ」一同提供給研發團隊的某張資料碟片，在當中也極具關鍵性。該碟片中儲存著自「青翠綠洲事變」起成為「鋼彈Mk-Ⅱ」主要駕駛員的少年，亦即卡密兒・維登所提出的建議事項。雖然其中絕大部分是運用該機體後所得的感想之類報告，卻也有一份僅為筆記程度的「新型TMS設計案」。

雖然卡密兒・維登正是日後以幽谷傳奇王牌駕駛員身分而廣為人知，但當時仍只是名默默無聞的少年罷了。不過在他構思的設計案中提到了展開式飛行裝甲，以及機體外裝的重新建構方案，這些設計令身為研發團隊成員之一的一己技師備感佩服。因為在原先規劃的方案中，裝設在機體背面的飛行裝甲必須先往MS頭部翻轉，以便整個覆蓋住機體正面，但這種方式令人不免顧慮骨架所承受的負荷。不過在維登構思的方案中，分割為左右兩側的飛行裝甲能夠個別經由MS腋下翻轉至正面並整個展開，可說是極為新穎的設計思維，這點令一己技師獲得了正面的刺激，促使他構思出了全新的可變系統。

受惠於一連串的幸運發展，基礎設計案就這樣奇蹟般地趕在截止期限前夕整合完成，並且交到畢蘇斯基博士手上。就這樣，「Z計畫」在千鈞一髮之際獲得高層批准繼續進行，得以往下一個階段踏出腳步。

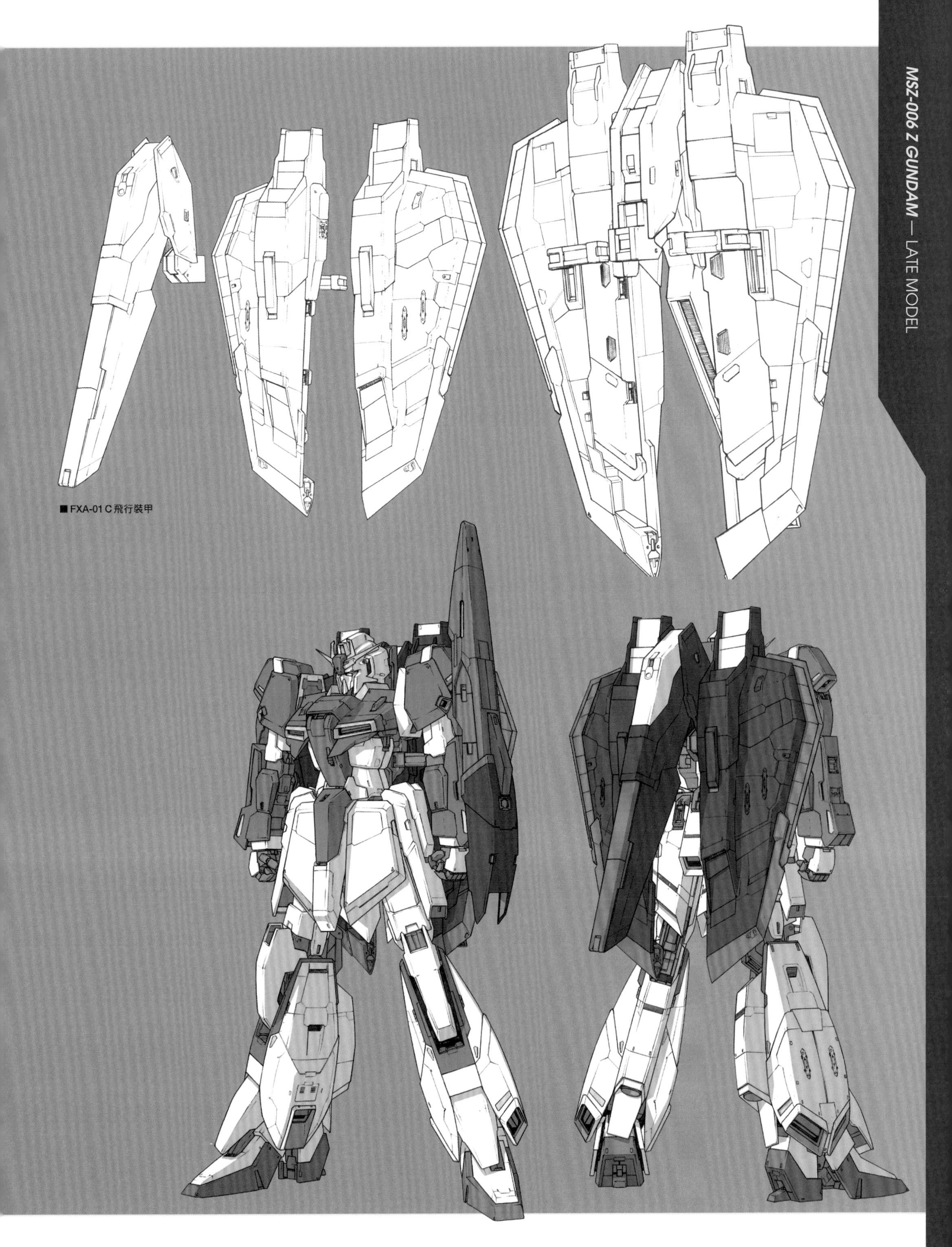

■FXA-01C飛行裝甲

■MSZ-006-3S Z鋼彈「打擊型Z」

MSZ-006-3號機為卡拉巴在U.C.0087年底試驗運用的機體，在隔年度提供給幽谷出資者的報告當中可看到其身影。雖然機體本身大致與1號機相同，平衡推進翼卻已換裝為FXA-01K飛行裝甲的發展型。該發展型在報告中被稱為「打擊型組件」，因此配備了這種裝備的「Z鋼彈」，也就通稱為「打擊型Z」。該報告的用意在於希望出資者能協助引進這種機體。
除此之外，其實尚有3A型、3B型，以及P2／3C型等機型。

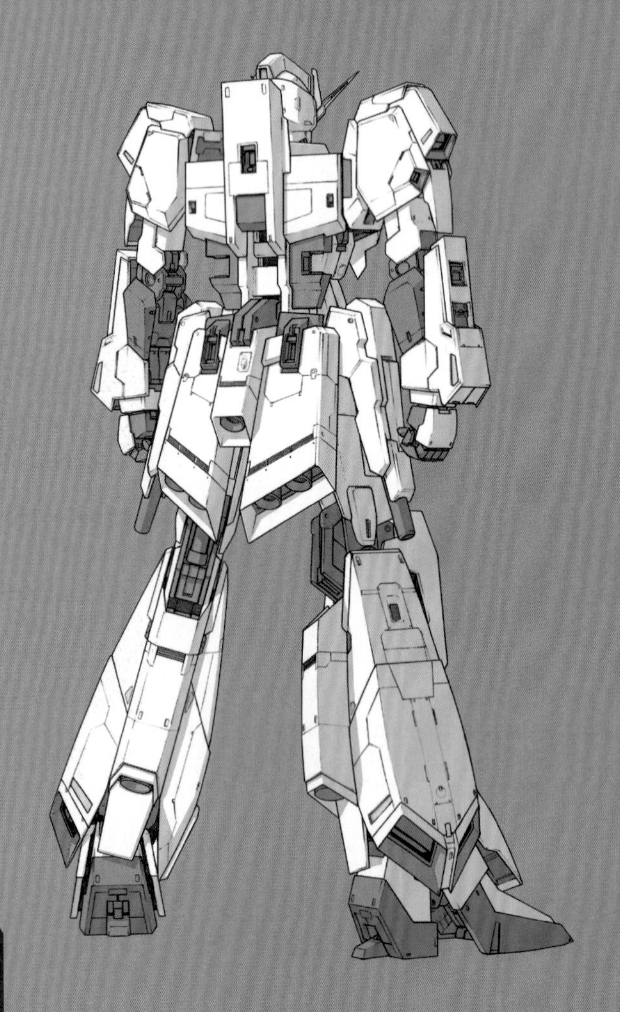

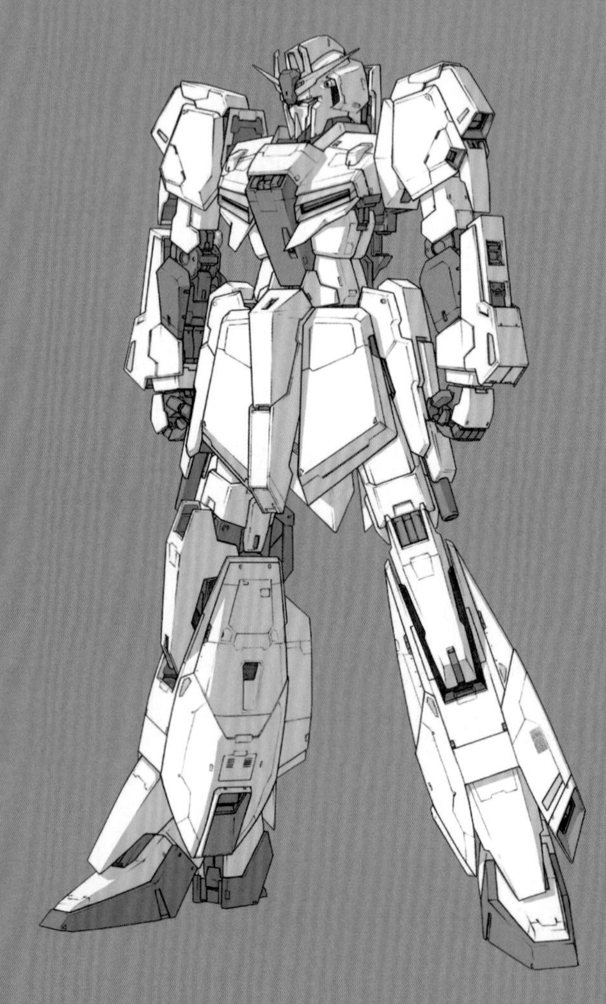

往出廠階段邁進

U.C.0087年5月，克服無數苦難後，「Z計畫」總算完成了基礎設計案，接著就是進入下一個階段，亦即實際機體的製造工程。如此一來，終於可以著手建造MSZ-006「Z鋼彈」的機體骨架，以及進行各種零組件的試驗了。

已經藉由MSZ-006X完成試驗的感測器類、操縱系統、冷卻機構，以及姿勢控制用噴射推進器等部分，幾乎都沒有稱得上是問題的地方，順利地通過了品質管理部門的審核。然而全新設計的腿部發動機卻出現了問題，分散設置於左右腿裡的兩具主發動機在輸出功率上存有差距，無法經由同步調整取得平衡。

就MS形態來說，只要整體輸出功率有超過規定值即可，用不著達到非常嚴謹的平衡程度。可是一旦變形為被稱作「穿波機」的巡航形態，那麼還就於腿部發動機會直接與推進系統相連結，一旦輸出功率差距較大，飛行時就會隱藏陷入不穩定狀態的風險，因此可以說是絕對不容忽視的嚴重問題。

由於在個別進行基準功能測試時，發動機均能穩定地發揮應有的輸出功率，因此應該不是發動機本身的設計有瑕疵。從一旦讓兩具發動機進行同步調整，輸出功率就會失去平衡這點來看，問題顯然是出在進行同步調整管理的電容器和電腦上。根據前述推測，萊爾博士向擅長同步電容器設計技術的赫維克公司招聘技師群，希望能藉助他們的力量解決這個問題。

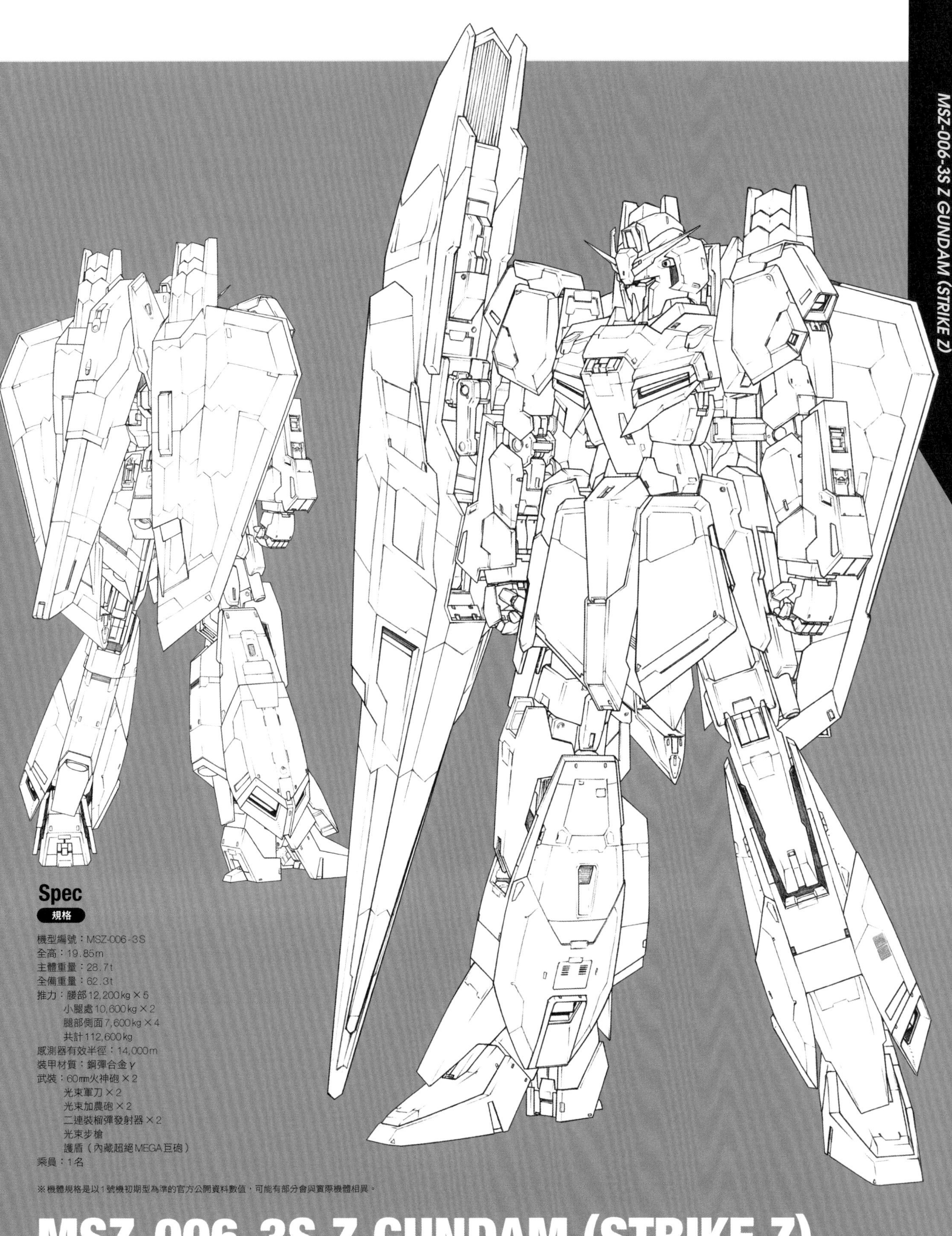

Spec

規格

機型編號：MSZ-006-3S
全高：19.85m
主體重量：28.7t
全備重量：62.3t
推力：腰部12,200kg × 5
　　　小腿處10,600kg × 2
　　　腿部側面7,600kg × 4
　　　共計112,600kg
感測器有效半徑：14,000m
裝甲材質：鋼彈合金γ
武裝：60mm火神砲 × 2
　　　光束軍刀 × 2
　　　光束加農砲 × 2
　　　二連裝榴彈發射器 × 2
　　　光束步槍
　　　護盾（內藏超絕MEGA巨砲）
乘員：1名

※機體規格是以1號機初期型為準的官方公開資料數值，可能有部分會與實際機體相異。

MSZ-006-3S Z GUNDAM (STRIKE Z)

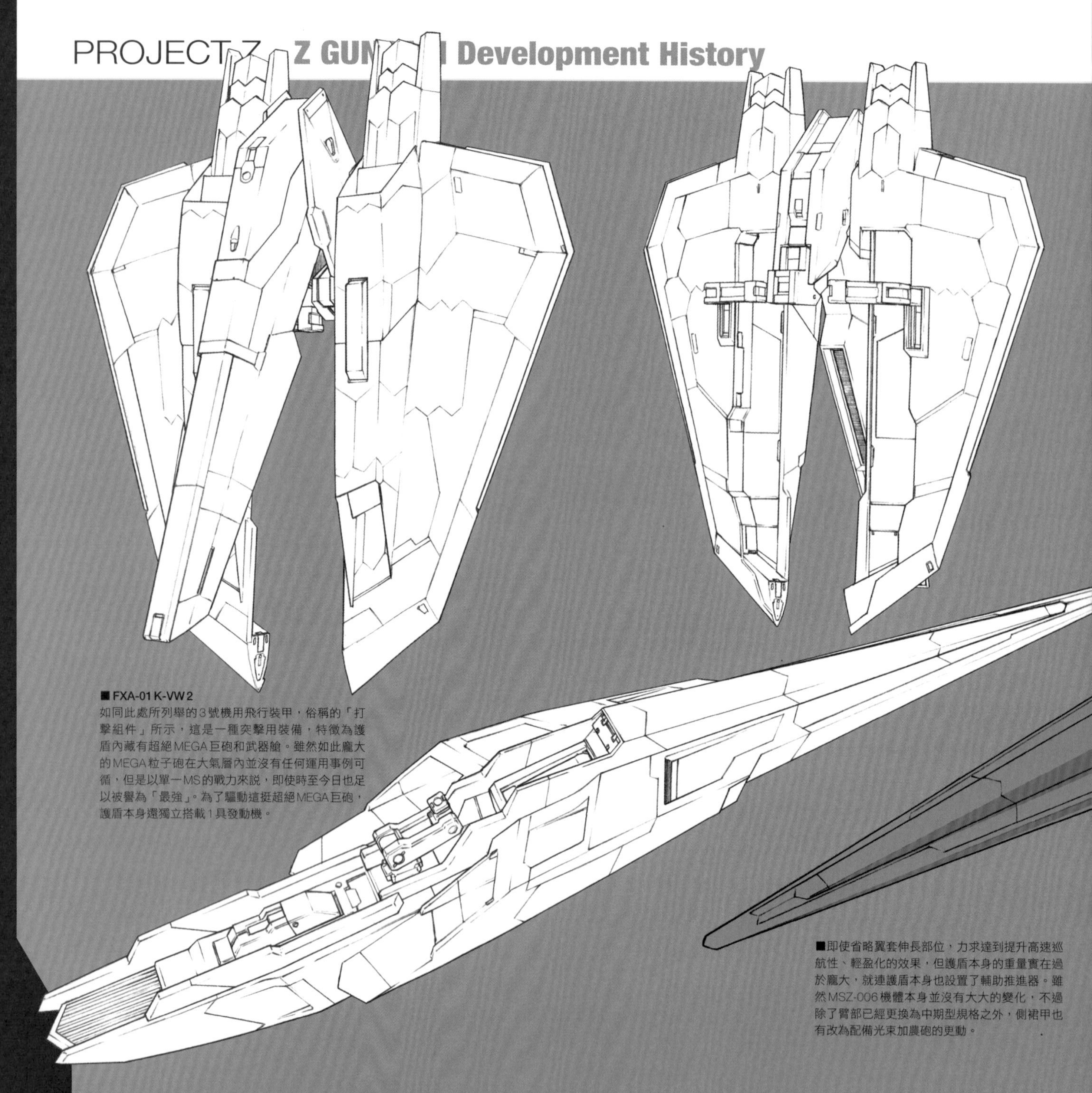

■FXA-01K-VW2
如同此處所列舉的3號機用飛行裝甲，俗稱的「打擊組件」所示，這是一種突擊用裝備，特徵為護盾內藏有超絕MEGA巨砲和武器艙。雖然如此龐大的MEGA粒子砲在大氣層內並沒有任何運用事例可循，但是以單一MS的戰力來說，即使時至今日也足以被譽為「最強」。為了驅動這挺超絕MEGA巨砲，護盾本身還獨立搭載1具發動機。

■即使省略翼套伸長部位，力求達到提升高速巡航性、輕盈化的效果，但護盾本身的重量實在過於龐大，就連護盾本身也設置了輔助推進器。雖然MSZ-006機體本身並沒有太大的變化，不過除了臂部已經更換為中期型規格之外，側裙甲也有改為配備光束加農砲的更動。

赫維克公司是在一年戰爭後被AE社吸收合併的飛機廠商，過去曾替經典名機RX-78「鋼彈」設計核心戰機而為人所知。核心戰機本身是備有兩具小型發動機的雙發動機型飛機，更有兼具「鋼彈」主機功能的獨特設計，因此必然也具備可平衡調整數台發動機輸出功率的系統。在他們的協助下，萊爾博士找出解決問題的關鍵。

萊爾博士對這些赫維克公司出身的技師群寄予厚望，而他們也精湛地做出相對應的成果。一經發現原因出在身體組件處輔助發動機對電容器造成超過預期的負擔後，研發團隊也立刻開始擬定解決方案。這方面是根據核心戰機搭載的輸出功率控制系統重新設計，研發出了能夠整合控制各發動機資訊的電腦系統，最後終於成功地將左右腿發動機的輸出功率差距控制在0.01%以下。

憑藉著靈活運用企業集團本身的技術力，在極短的期間內解決問題之後，「Z計畫」接下來也逐一化解其他小問題，穩健進展。在U.C.0087年7月上旬，MSZ-006「Z鋼彈」在AE社的格拉納達工廠正式出廠。據說被稱為「Mk-IA」的這款最初期機型共製造了數架，並且供AE社在該公司擁有的用面試驗場和月球軌道上進行各種測試。

就現存僅剩不多的資料來看，「Mk-IA」至少有一架被運送到月球軌道上的測試平台太空站CR-1，並交由隸屬AE社的測試駕駛員威廉・A・布里奇曼進行試機運用。這個初期階段的試驗持續進行大約一個月，以便加入各種調整，制定出實戰規格。根據改善方案完成調整後，一號機也迅速地送往實戰部隊。

獲得率先部署此機體殊榮的單位，恰巧正是先前為原本處於停滯狀態的「Z計畫」帶來了曙光，亦即身為「青翠綠洲事變」功臣的突擊巡洋艦「阿含號」艦載MS部隊，而且還是由對「Z計畫」有著不少影響的卡密兒・維登擔任主駕駛員，他後來更留下了被譽為「Z鋼彈王牌駕駛員卡密兒」的傳奇級活躍紀錄。

■MSZ-006-3S Z鋼彈「打擊型Z」／WR模式

在卡拉巴的請求下，AE社將MSZ-006-3號機租借給該組織，以便一併為「Z鋼彈」和其大氣層內用裝備進行評估試驗。這方面是由數位測試駕駛員經手，據説其中一人正是一年戰爭中的英雄阿姆羅·雷上尉，但這部分的資訊未能獲得證實。

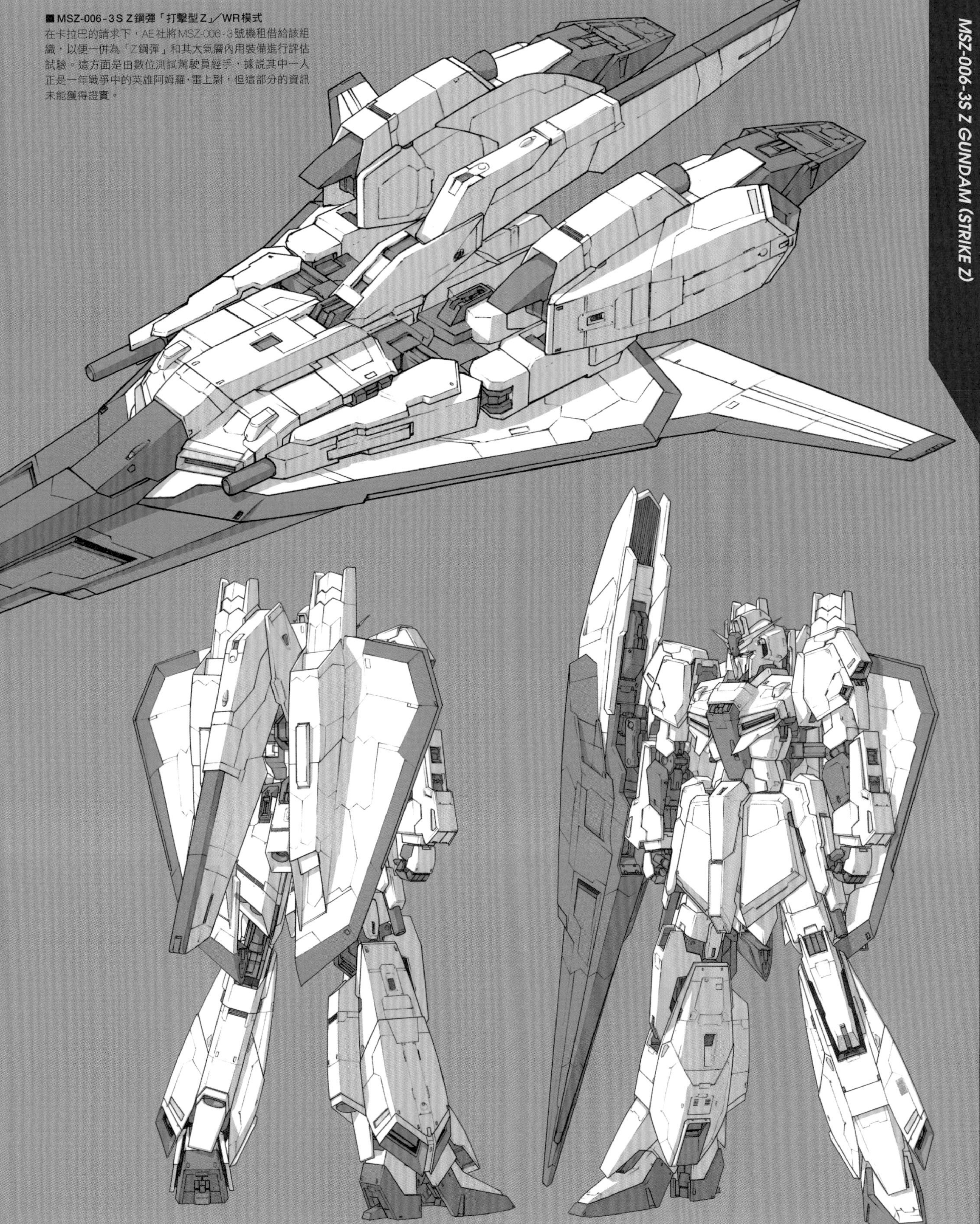

■ ε鋼彈

雖然是衍生自δ鋼彈的研發計畫，不過尚有一架被賦予了「ε」這個代號的MS存在。

該機體的暱稱為「ε鋼彈」，是作為次世代推進系統的搭載實驗機研發而成。最初是以當時供大型太空船艦長期航行用的核脈衝推進器為基礎，達到縮減尺寸、完成可供MS搭載的「綻放系統」為目標，並且期望達到可實際運用的階段。然而技術門檻實在過高，因此打從一開始就將完成的時期擬定在U.C.0090～U.C.0095年，可說是名副其實的「放眼10年後的機體」。

該機體本身在外形上與MSN-00100「百式」相近，由此也可窺見兩者在技術面的關聯性。不過背部處的綻放系統比起作為藍本的複合平衡推進翼更具分量，和後來修改得較薄的百式用平衡推進翼可說是互成對比。

本機體研發計畫所留下的最後一筆紀錄，就是在U.C.0087年4月13日進行的測試以失敗收場，在此後就再也沒有相關紀錄了，因此整個計畫很可能在當時就已經中止。況且即使到了U.C.0090年代，也沒有MS採用核脈衝推進作為主推進器，由此可知本機體企求達成的理想終究未能實現。

「綻放」系統

這是用磁軌砲朝向機體後方高速射出，藉此製造微型氫彈爆炸效果，並且在達到核融合點的一瞬間用背部高輸出功率光束砲點火。接著利用推進帆產生強大的電磁場，憑此承受該爆炸產生的爆風，以便靠著反作用力推進。不過用來支撐該推進帆的骨架強度不足，導致研發陷入困境。為了解決這個問題，在部分紀錄中可以看到打算全新研發屬於月神鈦合金系的「鋼彈合金ε」一事。據某些人士提供的證言所述，這亦是「ε鋼彈」這個暱稱的由來。

附帶一提，由於推進帆會產生強大的電磁場，因此據說亦有計畫打算利用這點作為防禦敵方光束兵器的偏向防護罩，但這方面是否有達到可實際運用的階段，實際結果就無從得知了。

■ δ鋼彈

在終究無法克服骨架強度問題的前提下，MSN-001X1「δ鋼彈」回頭以非可變機的形式製造完成。不過AE社也經由研發這架機體而取得諸多數據資料，因此即使是在TMS的歷史中，它也可說是極為重要的機體。

令手持式護盾在巡航形態作為機首使用就是其中一例，不僅MSZ-006「Z鋼彈」幾乎直接採用了該構造，亦成為日後Z系家族機體的標準設計。從MSZ-006X「Z鋼彈原型機」也配備了近乎同型的逆三角形護盾可知，本機體幾乎是直接影響了此後規格，這點幾乎是可以完全肯定的。

另外，背部搭載的平衡推進翼，在MS形態時可作為AMBAC肢體，在巡航形態時則是作為主翼，這種構造也是本機體首度嘗試的設計。這方面不僅同樣由Z鋼彈所繼承，日後更衍生出名為「貫波機」的可變機構，並且套用到後續的「Z改」上。

如同前述，「δ鋼彈」在可變機構方面具備了諸多先進的要素。就連AE社也認為輕率地視為廢棄方案實在可惜，因此日後也數度嘗試研發δ系後繼機體。

自U.C.0087年起，AE社經由研發MSZ系列，逐步提升了TMS的相關技術水準。到了U.C.0090年代時，隨著政權轉移到幽谷派系手上，更獲得來自聯邦正規軍的預算，得以花更多心力在「δ鋼彈」後繼機的研發上。在積極運用可變動骨架技術、衝入大氣層能力，以及能輔助操縱的簡易腦波傳導系統「生化感測器」等Z系相關技術後，該機體以MSN-001A1「δ改」為名出廠。雖然具備極為出色的性能，不過與當時作為主力機種的AE社製通用MS，亦即RGM-89「傑鋼」型之間的零件共用率極低，在規格上近乎自成一派便成了弱點所在，導致未能獲得大量生產的機會。後來到了U.C.0090年代中期時，確實亦有改作為新型腦波傳導系統搭載實驗機之類的用途，但終究還是未能獲得制式採用。如同前述，就技術史的觀點來看，「δ鋼彈」對於促進TMS的發展確實厥功甚偉，但包含後繼機種在內的銷售面都陷入了困局，未能替AE社帶來任何利益。

■百式

本機體是由MSN-001X1「δ鋼彈」省略可變機構而成，通常是被形容為「高速戰鬥用MS」。原因顯然是出自腿部的獨立雙層式浮動型裝甲，以及背部處可動式平衡推進翼等有助於賦予機體高機動性的多項設計。

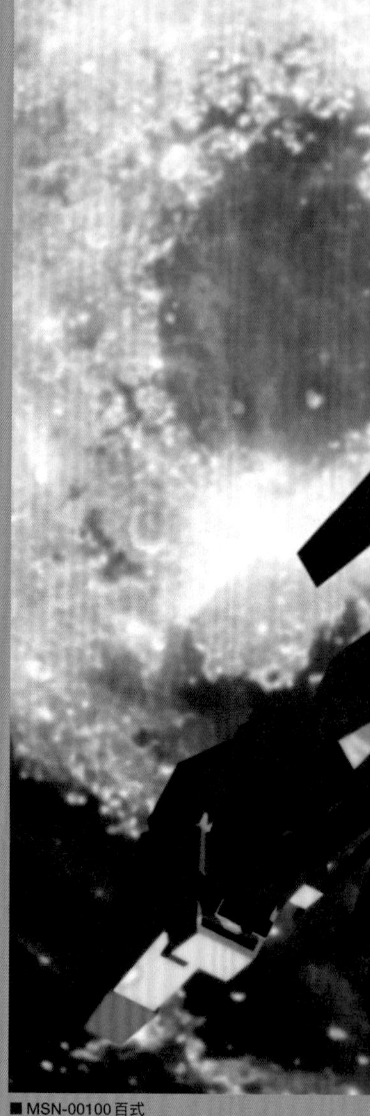

■ MSN-00100百式
由於「百式」的變形系統未能真正完成，因此就作為MS的能力來說，還比「Z鋼彈」更為洗鍊，可說是憑藉著比同時代MS更出色的機動性，以及多樣化的兵裝運用能力取勝。在創造出Z鋼彈的「Z計畫」中，它可說是最成功的副產物之一。

Spec

規格

機型編號：MSN-00100
全高：18.5m
主體重量：31.5t
全備重量：54.5t
推力：18,700kg×4（背部）
感測器有效半徑：11,200m
裝甲材質：鋼彈合金γ
武裝：60mm火神砲×2
　　　光束軍刀×2
　　　光束步槍
　　　MEGA火箭巨砲
乘員：1名

MSN-00100 百式 HYAKUSHIKI

前者是一種並未將裝甲完全固定在機體骨架上，而是把裝甲設置成獨立「浮動」狀態的嶄新設計。以傳統機體來説，即使是採用了可動骨架的機體，裝甲終究是固定在骨架上，頂多只能被動地配合骨架的動作滑移位置。相對地，獨立雙層式浮動型裝甲正如其名，裝甲部位採用了能獨立活動的機構，得以主動配合骨架動作調整位置。這種可動式裝甲講究高度的電腦控制調整，也因此能讓機體裝甲移動到可發揮最大效果的位置上，得以減輕骨架在動作時需負荷的重量，亦更有效率地轉移質量，藉此提高機動性。另外，就研發TMS的觀點來看，能實現讓裝甲做出複雜動作的機構，以及其控制軟體的研發，這些都能應用到提高可變機構的扭力上，可説是相當值得注目的部分。

後者正如其名，屬於可活動的平衡推進翼，這是由RMS-099「里克・迪亞斯」也有採用的複合平衡推進翼發展而來。這種平衡推進翼的內部設有可動機構，可發揮作為AMBAC肢體的機能，對於提高本機體的靈敏性和機動性大有助益。由於是在轉而設計成可變機的階段納入設計評估中，後來也近乎直接轉用在本機體上，因此可説是「δ鋼彈」時期留下的象徵。

不僅如此，除了主感測器採用了被稱為IDE系統的最新式裝置之外，還有為裝甲表面施加可提高抗光束性質的特殊覆膜等諸多實驗要素。這正是即使放棄搭載可變機構，本機體也仍足以稱為當時最尖端技術結晶的理由所在。懷抱著「能夠使用百年的MS」這份期許，擔綱研發主任一職的M・永野博士，在本機體出廠時將它命名為「百式」，這點顯然能解釋成他對這架機體頗具自信。

話雖如此，永野博士的期許還是過於遠大了點。即使完成的機體中至少有一架交付給幽谷實戰部隊運用，卻終究沒能達到大量採用的程度。相較於其前身的RMS-099「里克・迪亞斯」後來生產了一定數量，這個結果可説是形成鮮明的對比。

與同時代的可變機相較，本機體在綜合性能上絲毫不遜色，甚至還有諸多更為出色之處。但隨著與迪坦斯陣營之間的研發競爭不斷加速，其優勢也逐漸被陸續登場的第三世代、第四世代MS給追上。不只如此，有別於傳統構造的里克・迪亞斯，百式採用的骨架相當複雜，生產面上自然豎立較高的門檻。換句話説，百式既不能歸類為最高階機體，亦不算是基礎機體，只能説是介於兩者之間的尷尬存在。

附帶一提，意識到幽谷陣營對於大量採購「百式」一事抱持消極態度後，AE社轉而向協力組織卡拉巴推銷這個機種，後來更以高低配模式的策略展開遊説後，總算成功地以「高階」機體名義，獲得了小幅修改版MSR-00100S「百式改」系列的訂單，不過本機終究還是止步於少量生產的階段。

■梅塔斯

MSA-005「梅塔斯」，是在「Z計畫」進行過程中以試驗可變骨架為目的，進而製造出的MS。

由於打從一開始就視為研發真正王牌「Z」的過渡性產物，因此AE社設計人員也選擇採用「簡潔明瞭」的設計，不僅極力避免將可變機構設置於聚集了發動機、駕駛艙區塊等機體中樞部位的身體區塊，徹底做到讓機體構造不會顯得過於複雜，還有著在MS形態時作為AMBAC肢體的四肢部位只備有簡潔摺疊機構等設計，可説是設法將可變機構簡化到極限，藉此縮減研發期。

不過即使簡化到了這個程度，規格上仍有問題尚待解決。舉例來説，遷就於巡航形態，作為機首的機鼻部位並未搭載摺疊機構，使得MS形態的全高會達到26.0公尺。相對於一般MS的頭頂高為18公尺，相當於多出約8公尺之多，這點必然會導致機體在船內空間本就不甚充裕的太空船艦裡難以運用。事實上，幽谷陣營在格里普斯戰役後期點收本機，並分派給突擊巡洋艦「阿含號」使用後，本機每次從MS機庫移動到彈射甲板上時，多半都得採取機鼻前傾九十度的變通方式才行。

除此之外，巡航形態也沒有設置可供掛載手持式武裝的機構，僅採用了在臂部上配備固定式光束槍的設計。即使勉強設法保有了最低限度的火力，卻也無從否認這樣做無疑是犧牲了MS原本應有的通用性，因此實在稱不上是出色的設計。另外，雖然也曾評估過以選配式裝備的架構掛載飛行裝甲，但「梅塔斯」本身並不具備衝入大氣層的能力。這點確實也如同當初所設想，只是與日後能在大氣層內外運用自如的「Z鋼彈」相較，本機很明顯地是侷限在特定範圍內使用的規格。

不過事關研發團隊的名聲，在此必須特別聲明，即使「梅塔斯」乍看之下像是半吊子機種，但實際上絕非如此。它不僅提供了諸多促成Z計畫進展所不可或缺的數據資料，本身也達到了足以在實戰中運用的水準。正如同前述，本機體打從出廠後沒多久就成為正式戰力。另外，本機也是部分水中用機種和中程支援機種等衍生機體的雛形，甚至還發展出MSA-005S「梅塔斯改」和MSZ-008「ZⅡ」等多種後繼機體，當中更有與Z系混血而誕生的RGZ-95「里澤爾」。該機種在作為TMS之餘，亦融合了輔助飛行系統（以下簡稱為SFS）的機能，因此深受肯定，於U.C.0090年代時獲得地球聯邦軍的制式採用。TMS雖然在性能面上擁有高度評價，在生產與運用面上卻也總是苦於造價高昂的問題，但是受惠於本機體奠定的簡易變形路線，而得以重新受到肯定。不僅在自MSZ-006「Z鋼彈」開始的Z系TMS研發上有著諸多貢獻，而且於銷售面上獲得成功的RGZ-95「里澤爾」機型亦可追溯至本機，這正是MSA-005「梅塔斯」最值得肯定之處。

■MSZ-006X3

■MSZ-006X1/2/3
這些是被稱為「Z鋼彈原型機」的Z鋼彈直系試作機群。在現今公布的資料中已知共有3架機體存在，各自搭載與「百式」、「里克・迪亞斯」、「尼摩」相似的頭部。從機體各部位特徵也可看出與Z計畫各階段MS相仿的獨有設計（如1號機就配備了和「δ鋼彈」相同的護盾）。據説後來這3架機體翻新改裝成Z鋼彈1〜3號機，但實際上僅保留一部分的骨架，幾乎所有零件都換裝成全新製造，可以説根本是截然不同的機體了。恐怕這幾架機體只是為了Z鋼彈的MS形態進行實際設計驗證，或者是供確認感測器等各種系統之用而存在吧。

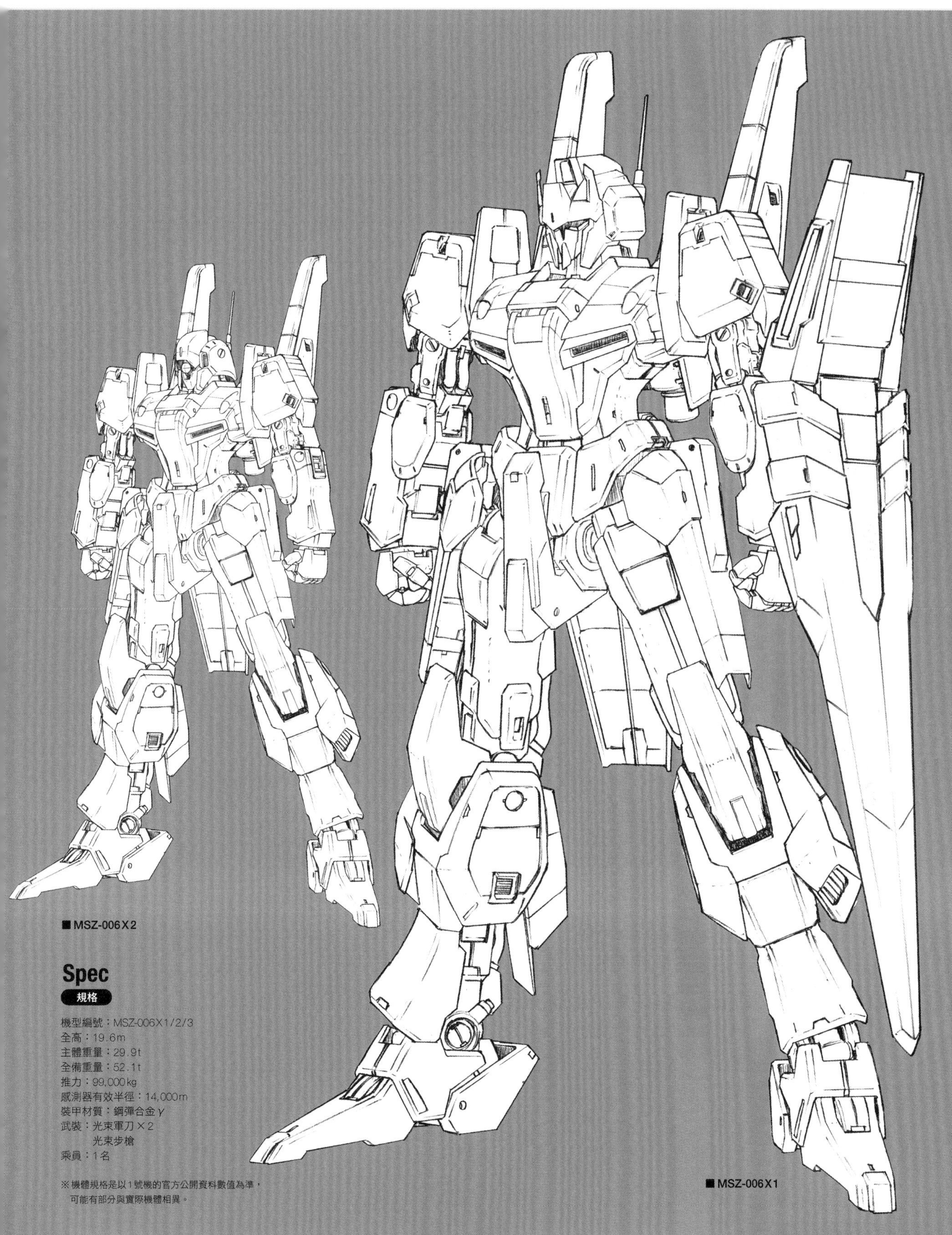

■MSZ-006X2

■MSZ-006X1

Spec

規格

機型編號：MSZ-006X1/2/3
全高：19.6m
主體重量：29.9t
全備重量：52.1t
推力：99,000kg
感測器有效半徑：14,000m
裝甲材質：鋼彈合金γ
武裝：光束軍刀×2
　　　光束步槍
乘員：1名

※機體規格是以1號機的官方公開資料數值為準，
　可能有部分與實際機體相異。

MSZ-006X1/2/3 “Z 鋼彈原型機”

■ Z鋼彈三號機、Z改

AE社在煞費苦心後，總算研發出了MSZ-006「Z鋼彈」。即使時至今日，這架體在MS研發史上也仍然具有意義非凡的地位，可說是深具歷史意義的經典名機。

話雖如此，要說這架機體研發完成的U.C.0087年時就獲得了同等的評價，似乎也不盡妥當。就實際運用的第一線人員而言，確實普遍給予了高度肯定，就紀錄上來看也確實締造了顯赫的戰果。然而即使有了這些成果，卻也還是未能帶來大筆訂單——畢竟成本負擔實在太大了。

光是得搭載複雜的可變機構，TMS的造價就已注定高昂不下。不僅如此，變形所累積的金屬疲勞更是超乎尋常，導致相較於一般非可變機體，花費在檢查和更換零件上的作業與金額都達到數倍之多。雖然上述是各種TMS共有的問題，但就調度兵器需求這等嚴肅談判的角度來看，這並不能拿來當成理由。

尤其是在「Z鋼彈」試作一號機出廠的大約兩個星期之前，幽谷就已在U.C.0087年5月11日毅然決然地執行了空降賈布羅作戰。換句話說，最需要「可衝入大氣層用TMS」的局面早就成為過去式。對幽谷高層來說，即使認同Z系TMS在戰略上確實具有優勢，但過於高昂的造價也使他們失去了購買動機。

話雖如此，對於投注了莫大預算與人力資源推動「Z計畫」的AE社來說，無論如何都得利用該計畫爭取到大筆訂單才行。該公司之所以會接連提出省略可變機構、運用選配式組件的簡易可變機之類低造價的設計方案，理由正在於要確保能夠持續銷售。然而隨著削減成本，性能面上的優勢也不復存在，結果導致這些方案均未能獲得採用。

在如此惡性循環下帶來了一絲光明的，正是幽谷的協力組織卡拉巴。

卡拉巴是以地球上為活動範圍的反聯邦組織，由於該組織的戰域非得涵蓋廣達整個地球不可，因此能在短期間內展開戰力布陣的Z系TMS可說是極具魅力。

一般來說，想要在大氣層內長途運輸MS，那麼採用大型運輸機載運會是最普遍的做法。雖然聯邦軍從相當早期就已經開始推動部署以「鋼培利」為首的專用飛機，不過這類運輸機在面對敵方航空戰力時顯得極為脆弱，因此「德戴改」和「基座承載機」等SFS相對更能派上用場，但它們在靈敏性上也還不到可充分進行空戰的程度。

不僅如此，再就能夠與SFS合作運用的MS來看，當時卡拉巴也只有作為主力的RGM-79R「吉姆Ⅱ」和MSA-003「尼摩」這類機種可搭配。但是隨著迪坦斯陣營陸續投入新型機種，這類機體在性能面上也顯得落伍了。對於迫切感受到有必要採用更先進裝備的卡拉巴來說，具備長程進攻能力和空戰能力，MS形態本身也蘊含著高度潛力的Z系TMS可說是有力選項之一。

就這樣，AE社與卡拉巴在供需雙方達成共識。找到了候補買家後，AE社提供了無償借用數架屬於第三批次的MSZ-006「Z鋼彈」之類的優惠，積極地推銷；卡拉巴陣營也利用這批借來的機體進行推進器組件測試，試著摸索經由彈道飛行發動長程進攻的可能性。此一批次的機體群，正是俗稱為MSZ-006-3「Z鋼彈三號機」的機體。該試驗獲得了一定程度的成功後，卡拉巴也對採用Z系TMS一事表現出更為積極的態度。

不僅如此，藉由省略卡拉巴用不著的大氣層外用裝備，AE社也著手修改設計以降低造價，為準備接單生產逐步進行收尾作業。與此同步進行的，正是研發為了提高在大氣層內飛行時的靈敏性，因而採用了大型可變式後掠翼（VG翼）的專屬飛行裝甲。這種配備VG翼式飛行裝甲的型號，俗稱「貫波機」，為大氣層內的Z系TMS奠定了足以自成一派的基礎。

自從與卡拉巴陣營簽訂契約後，AE社便制定量產規格。在採用經由「貫波機」嘗試引進的大型VG翼之餘，亦豪邁地著手變更設計，像是將以往作為機首的護盾修改為長砲管型火器「精靈光束砲」※。經此修改出廠後，由於整體可視為「Z鋼彈」的發展機型，因此被賦予「Z改」這個名稱。

由AE社加州工廠生產的第一批次「Z改」共有二十多架，全數交貨給卡拉巴，該組織也在賦予MSK-006這組機型編號後拿來運用。這些機體集中分派於以加爾達級超大型運輸機「奧特穆拉號」為母艦的18TFAS（第十八戰術戰機假想敵中隊），成為卡拉巴代表性的主力部隊而大顯身手。該部隊的隊長為阿姆羅・雷上尉，其座機更是採用相當獨特的配色，並且積極地運用在各式宣傳活動中，即使時至今日也仍然享有極高的知名度。

附帶一提，隨著幽谷取得政權，地球聯邦軍方面也開始採用「Z改」。獲得地球聯邦軍制式採用時，機型編號也從MSK-006更改為MSZ-006A1，後來又有搭載大氣層外用裝備的C1型等機型，成為擁有多款機型的家族機體。

※為機首搭載火器
以攜行式火器作為巡航形態機首的架構，據說是從MSZ-006-3開始嘗試引進。在AE社內部資料裡被稱為「打擊型Z」的機體亦包含其中。

■ Z改

在日後統稱為「Z系」的MS中，本機種是生產數量最多的成功之作。由於近乎完全保留Z鋼彈原有的高性能，因此在聯邦軍運用MS戰力時採取的高低配模式中，居於「高階機種」定位而有活躍表現。在大氣層內用不著輔助飛行組件，即可自由進出作戰空域，這等優勢可是任何機種都無從取代。

Spec

規格

機型編號：MSZ-006C1
頭頂高：19.9m
主體重量：36.2t
全備重量：77.0t
推力：24,200kg
感測器有效半徑：10,000m
裝甲材質：鋼彈合金γ
武裝：60mm火神砲×2
光束軍刀×2
光束加農砲×2
光束步槍
護盾
乘員：1名

MSZ-006C1 ZETA PLUS

■U.C.0087年11月16日，幽谷與卡拉巴聯手占領了位於達卡的聯邦議會，並在該地從事反對迪坦斯專制獨裁的抗議活動。
面對反地球聯邦組織展開的這場作戰，迪坦斯也派遣MS部隊前往制壓。MSZ-006 Z鋼彈與這些部隊交戰的模樣，也透過影片和照片等形式傳播至地球圈各處。

AG
002
A.E.U.G
AG
002

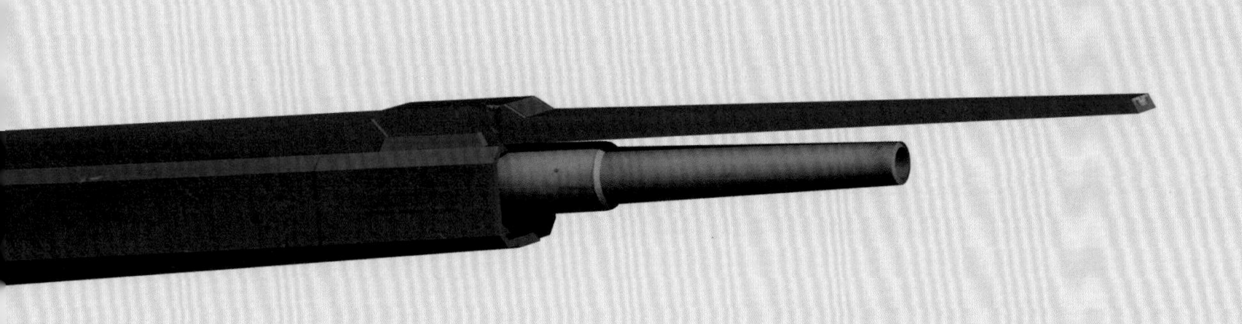

Z Architecture

Z鋼彈的構造

MSZ-006「Z鋼彈」，乃是為了投入以幽谷旗下船艦「阿含號」為核心執行的戰略性作戰，特此製造出的MS。

幽谷本身是為對抗當時在地球圈崛起的地球聯邦軍內部派系「迪坦斯」，應運誕生的勢力，在獲得了深受迪坦斯壓迫所苦的眾太空移民支持後，總算穩固了組織的基礎。雖然作為幽谷強大後盾的亞納海姆電子公司（以下簡稱為AE社），將自身發展與未來都賭注在該組織身上，但其真正想法卻是希望奠定太空移民在地球圈的自治體系，雙方在意識形態上其實並非完全一致。到了追緝吉翁殘黨已可看到終局的這個時期，就向來被視為「死亡商人」的AE社來說，該如何更長久地利用以一年戰爭為代表的地球居民與太空移民之爭，這似乎是該公司私底下所抱持的盤算。正如同「歷史會反覆上演」這句格言所述，就算在革命成功後令組織和體制得以煥然一新，但只要人類未曾從根本層面獲得改變，那麼日後必然仍會走向腐敗之途。暫且不論以該公司會長梅拉尼・修・凱巴因為首的單一成員個人立場，至少就公司的座右銘來說，目標仍然是實現作為太空移民磐石的吉翁主義。即使那是在遙遠未來才能達成的理想，但絕對是無從割捨退讓的理念，這點相信不難想像才是。在即將到來的世界裡，設法讓自家成為供給MS等各式武器的核心，這正是AE社願意支援幽谷的理由所在。

總之，MSZ-006「Z鋼彈」正是居於AE社未來的旗機定位而誕生。之所以僅憑「阿含號」的少數精鋭作戰，不僅在於組織性質實質上更近似游擊隊，重要的是，戰場主流已被侷限在局地戰，因此也是不得不採取的做法。一年戰爭時期運用MS發動大規模攻勢的戰法早已成為過去式，況且就戰術理論來說，只要憑藉少數高性能MS即可決定局地戰發展，這才是（幽谷）最理想的狀況。

就一介企業組織來看，與其稱這是場不能輸的戰爭，不如說AE社無論如何都不能讓迪坦斯分享MS市場，因此面對迪坦斯精心製造的MS，該公司必須設法持續展現自家產品更勝一籌的優勢。基於這個理由，提供給幽谷，尤其是給「阿含號」的MS群，在帶有濃厚的實驗性質之餘，基本上也具備最為先進的高性能。

MSZ-006作為實驗機的氣息相當濃厚，就現今已公開的規格來看，幾乎全都是最基本的數值。這不僅是最新鋭機體經常套用的保密手法，就當時戰爭期間狀況來看，當然也包含提防迪坦斯等敵對勢力的用意在內，畢竟從這類公開資訊是無從推斷出綜合戰鬥力。況且這還是一架反覆升級改良的實驗機，規格以外的數值其實毫無意義可言。站在AE社的立場來看，比起規格的數值，經歷戰鬥後的生還數據與戰果更為重要，這才是最容易使機體本身與該公司的技術建立起關聯，進而宣揚自身實力的明證。

本章節試著將從技術層面，深入剖析MSZ-006「Z鋼彈」。

可動骨架

在RX-178「鋼彈Mk-II」這個機種上達到實用階段的可動骨架，正同眾人所知，可說是G型內骨骼概念中最為成功的例子之一。該可動骨架對日後的MS研發產生莫大影響，成為第二世代MS軀體基本構造的主流，這點相信已用不著再贅言敘述。

不過可動骨架其實很難做出明確的定義，多半只能用較為籠統的概念來形容。但即使是曖昧的統稱，只要對MS整體來說確實具備了一定水準的機能，那麼要如此歸類說真的算不上是問題；可是假若當真要勉強給個定義的話，應該就屬採用了傳統MS在物理技術上無法實現的「可獨立活動型骨骼」作為機體核心。這類骨骼在單獨存在的狀態下，亦即未設置外裝組件的裝甲時，也能夠獨自驅動，凡是具備這等機能的骨骼構造就能稱作可動骨架。因此這類骨架在骨骼構造、架構、形狀等各方面都沒有具體的限制或規格，甚至相較於MS研發初期的狀況，在可動範圍與可動方向等條件上刻意仿效人類的必要性也已不復存在。雖然這個發展導致如何看待MS這種兵器的觀點產生改變，卻也足以證明MS確實蘊含著更高層次的可能性。

即使是在當時甫崛起的「可變MS」這個嶄新的類別當中，作為MSZ-006「Z鋼彈」芯部的可動骨架也顯得格外先進，畢竟這可是為了實現「完整的飛機形態」精心打造而成。該骨架不僅在維持輕盈性和強度（韌性、剛性、可撓性、針對扭力的承受度等方面）的材料面上下了不少工夫，物理性構造也經過一番苦心研究。

早在可動骨架這個概念奠定之前，驅動和變形所需的機制就是個研究已久的課題，構造和素材面的影響其實並沒有那麼大。因此若要從技術層面來探討MSZ-006的骨架，就得從各個不同觀點來分析採用可動骨架所得的成果。話雖如此，光是靠著既有骨架技術仍不足以完成MSZ-006的可動骨架，畢竟其中包含許多經由多方嘗試才開創出的新技術，在解決相關問題前所投入的各式創意亦不容忽視。反過來說，純粹靠著驅動機制所得的進步，亦無法造就MSZ-006的先進性和可變機所需能力，這些都是直到採用可動骨架後才得以實現。

可動骨架這個嶄新概念所帶來的最大變革，在於可將所有外裝組件視為「選配式裝備」一事。在一年戰爭中誕生的MS，就兵器定位來看揭櫫了「通用性」這個概念，可動骨架則是造就另一種層面的通用性，且被看好能夠為研發與運用帶來更多的恩惠。說得極端點，就算只採用一套共通的可動骨架，亦有可能達成MS所尋求的多樣化任務適用性，至少在提倡可動骨架之初確實曾認真地往這個方向研討發展。

當然就第一線的角度來看，配合任務需求，為MS換裝外裝組件的運用方式欠缺效率可言，實質上仍不可能做到。因此即便時至今日，「滿足各種任務適用性」這種理想的統一可動骨架仍舊只是空談。根據不同用途設計合乎需求的骨架，成為現今視為理所當然的做法。在格里普斯戰役和一連兩次的新吉翁戰爭中，各方設計人員也競相把多種帶有實驗性質的MS投入戰線。儘管如此，在諸多基礎設計上極為優秀，可說是逼近理想境界的可動骨架確實曾問世，並且在戰爭中歷經淬鍊而變得更加內斂成熟，進一步發展出現今主要MS的系統。這類俗稱「Z系」的可變MS群，就本身可動骨架基礎來說，肯定是在骨架技術有著顯著發展的U.C.0080年代後半這段過渡期裡，透過研發MSZ-006才得以奠定。

作為MSZ-006直接前身的δ計畫機展開研發時，首先提出的要求就是必須大幅輕量化一事。這點是基於作為太空船艦搭載MS的需求，才會對全高和重量設下限制。就這個設計概念來說，採用可

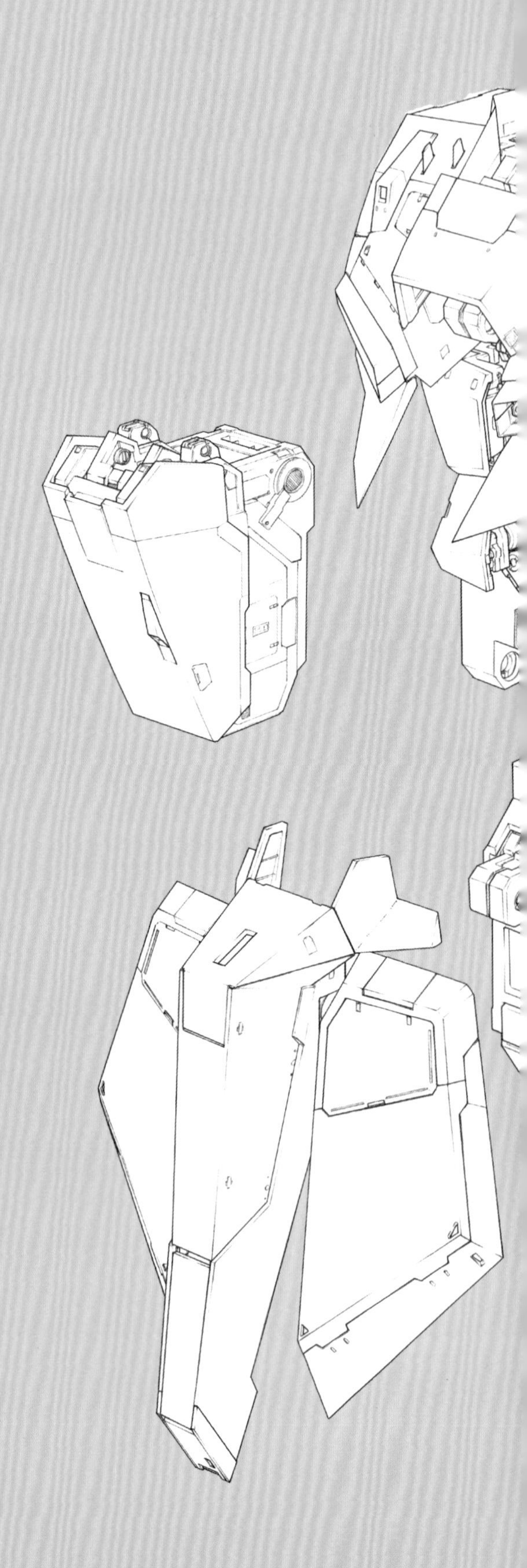

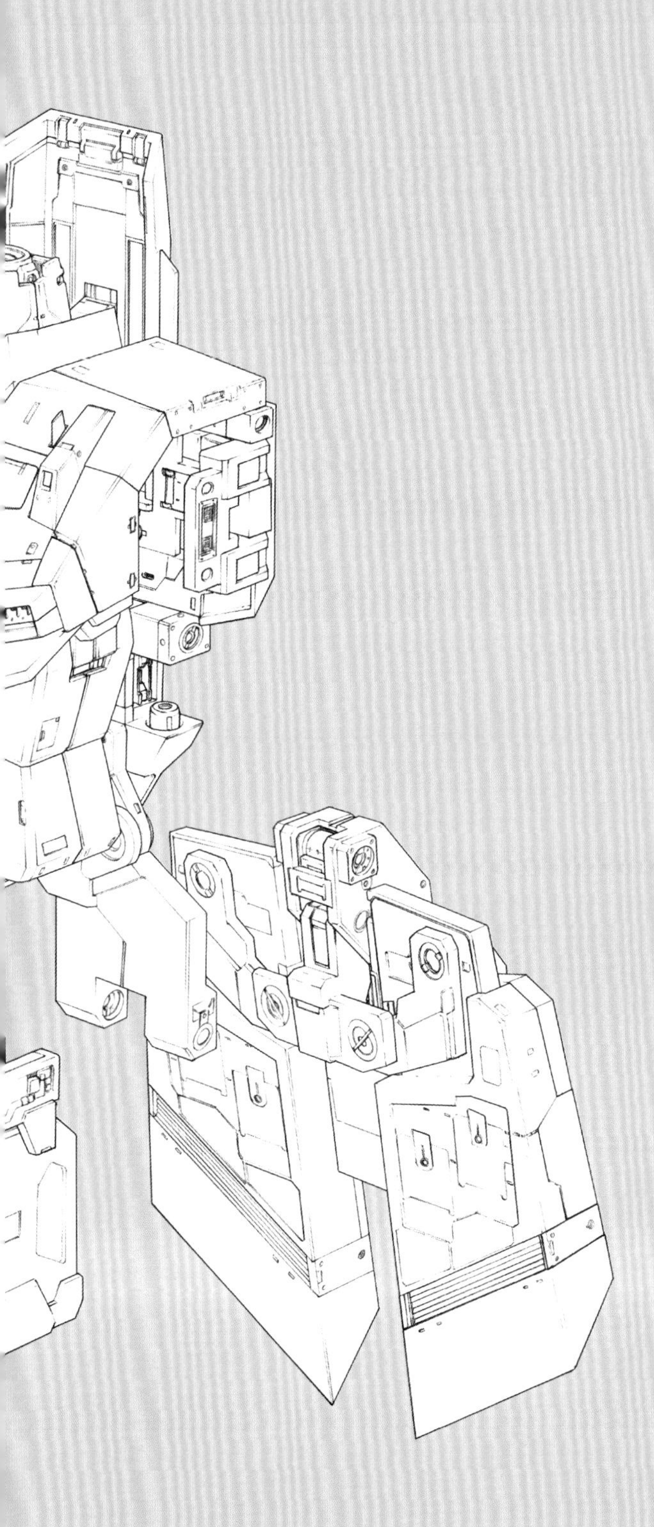

■Z鋼彈乃是採用透過為鋼彈合金γ製的可動骨架設置外裝組件的嶄新概念、亦即「MAS系統」，進而設計出的可變機動戰士（TMS）最初期機體之一。TMS在機構面上本就無可避免地會極為複雜，不過Z鋼彈不僅具備機能擴充性，更可經由翻新改裝，常保居於「最新」兵器的地位，可說是名副其實的新時代MS。

動骨架構造有一半亦可説是不得不然的發展。設計這種構造極為複雜的可變MS時，其實打從一開始也就料想得到，要做到一舉滿足各方面需求必定極為困難。因此研究團隊決定以阿克西斯方面提供的卡薩系MS相關技術作為基礎，將MS的構造分為多個區塊來設計模擬模型，再據此整合歸納出骨架所需的形狀，然後才進行試作。

基本來看，機體的全備重量要和RMS-099「里克・迪亞斯」一樣控制在50噸出頭，搭配當時設想為特殊裝備之一的穿波機（以下簡稱為WR）用平衡推進翼（飛行裝甲）後，整體也必須控制在65噸左右。根據前述目標來試算，骨架重量最好是「里克・迪亞斯」的90%左右。暫且不論非變形機的情況，想要兼顧更為複雜的構造，以及變形關鍵所在的剛性強化這兩點，還得要符合前述的重量數值確實很困難，不過後來經由慎選桁材的材質，配合構造的精心調整，總算解決這個問題，姑且算是完成了「δ鋼彈」。

而就材質方面，以最為簡潔的圓管構造為首，一路分析調查採用各式多角形剖面管的特性。另外，不只是管狀材料，亦嘗試搭配實心圓柱等方式的設計，最後歸納出的結論，正是仿效鳥類中空骨骼的構造——亦即在開放式槽架中因應需求，設置圓柱或是多角形構造，藉此作為可動骨架的基本構造材。

至於用於驅動的力場馬達方面，不僅尺寸上遠小於一年戰爭時期的同等輸出功率型號，還能直接製作成套裝組件，得以使關節部位更加小巧，因此以過去僅能設置單軸式關節的空間來説，如今已能設置二軸至三軸式的關節。要是有充裕空間可供製作更大的尺寸，那麼輸出功率當然也能隨之提高。另外，線性促動器也成功達到了提高輸出功率的水準，作為電磁式緩衝阻尼器時，當然亦可更有效地發揮機能。多元化地搭配設置這些機構後，即可更確實地進行驅動和制動。

然而實際設置外裝組件，並且在執行以戰鬥機動為準的行動中進行變形時，卻發生了各種故障，現場狀況甚至令人嚴重質疑完成度是否足以標榜達到實用階段。雖然問題一般用一句「強度不足」即可總結，但説得更具體點，就是應力會集中於可動部位上，使得這一帶產生物理結構上的變形，導致可變機構無從維持精確度，更為嚴重的事例就是造成結構破損，以致無法變形，而且這類狀況已是一再發生。這類跡象最為顯著之處，主要在於股關節和肩部等需要負荷四肢末端重量的部位。正因為骨架構造必須盡可能地提高精確度才行，反而在短期間內便足以造成「故障」。

為了提高強度而增加剛性，重量必然也會隨之增加，但這樣一來也會違背作為艦載MS所需的限制。因此只好在維持基本構造的前提下，重新審視可動骨架的材質，設法更進一步地輕量化與提高剛性。這次設計變更令骨架各部位的外觀形狀也都受到影響，導致在該時間點原本為了完成「δ鋼彈」所製造的外裝套組有近一半都無法再派上用場。儘管同步外裝組件的變更設計作業也同步展開，但最後仍做出連動用這些手段也無法解決問題的結論，使得δ計畫唯有走向廢案一途。

當時製造的一部分零件，後來沿用到以MSN-00100「百式」面貌出廠的機體上。換句話説，「百式」是以排除了變形機構的非變形MS規格為準，套用前述的試作可動骨架，並且搭配為「δ鋼彈」製造的試作外裝組件而成。後來居於既有技術的延長線上，將剛性與反應速度改良至極限的「百式」也確實證明其性能超乎當時各式非變形MS的範疇。

對這個時期的MS來說，設法提升靈敏性和機動性乃是不可或缺的條件。畢竟MS攜行火器的主體已完全汰換為光束兵器，在這種一瞬間即決定勝負的情況下，備有能偵測敵方瞄準行動並警告駕駛員，或是可據此自動執行閃避動作的系統，以及能對前述反應立即做出從動的骨架，這些與機體運動控制相關的機能也就變得格外重要了。為了使機體的動作能更敏捷，裝甲亦有減少厚度的趨勢。即使施加了抗光束覆膜，除非距離、命中角度、照射時間這幾個要項都配合得恰到好處，不然幾乎是毫無用處可言。況且光束兵器的輸出功率與日俱增，以U.C.0090年代中期的當代水準來說，被光束兵器直接命中的機體只有遭貫穿、粉碎一途，哪怕是U.C.0080年代中期那時也一樣。該如何避免被一旦發射就幾乎無從迴避的光束兵器給直接命中——換個角度來說，能夠準確地偵測到敵方開火的預兆（藉由被動觀測手段判斷敵方開火前的瞄準動作），同時有效率地進行閃避動作，變成了關鍵課題所在。由於禁止散布米諾夫斯基粒子的條約在當時已經生效，有效偵察距離也隨之變得更長，得以在更遠的距離就展開攻擊，因此如何將更精準的瞄準能力運用在攻擊上，就結果而言便有助於提高自身機體的生還率。在此等影響下，設法提高MS的偵察能力，已然與機動性密不可分，這兩者也成為了積極研究的項目。

就另一個層面來說，可動骨架有著外裝組件僅為選配式裝備，亦即可選擇性裝設的首要特徵。第一世代MS在建構控制系統時，是把包含骨架與外裝組件在內的所有機體構成物視為一個整體，不過實現了骨架本身可獨立活動的構造之後，就必須進一步對應設置外裝組件、搭載各式掛架和武裝時對重量平衡造成的影響，更得整合連同外裝組件和各式裝備在內的所有機能並加以控制。簡而言之，為了實現可動骨架這種機構，除了硬體面外，在軟體面上骨架與外裝組件也都必須個別研發可靈活運用且高度整合控制的系統才行。

從概念上來說，可動骨架不僅開拓了內部構造也能往「通用化」方向發展的劃時代構想，更促成足以實現這等通用性的高度控制系統問世。「鋼彈Mk-II」之所以是第一架令可動骨架達到實用階段的機體而為人肯定，然而實際上，正是因為首度全面性設置了前述的系統，「鋼彈Mk-II」才得以靈活運用飛行裝甲、G防禦機、MEGA砲艇等後續研發出的選配式兵裝。

話題回到「Z鋼彈」，既要滿足研發要求所指定的變形速度，又得讓一開始就列為本機體重要裝備之一的平衡推進翼能配合移動位置，這很明顯地已經超出骨架本身的負荷極限。

這種結構性的問題已經不是靠著既有技術，或是延伸構想來修改骨架就能解決——歸納得出這個結論後，研發團隊被迫面對是否必須從頭規劃整個變形機構的現實。畢竟他們也開始能估算到，就算靠著改良構造材和材質的手段，令輕量化和高剛性化數值能達到現階段的倍數以上，到頭來還是無從避免發生故障的狀況。

此時登場的，正是全面刷新驅動裝置與控制方法的構想。一改過往藉由提高精確度來極力避免「錯位偏移」的思維，採用讓可動部位具備一定自由度的全方位連結機構機構。執行變形動作時，應用既迅速又準確的滑移式構造型電磁馬達，靠著與該機構連動縮短了完成動作所需時間，在自由可動部位移動至定位後，亦能利用電磁式扣鎖來固定位置。不僅如此，各機體構成零件在變形完成後的相對位置也會回饋至系統中，得以即時對各零件位置進行最佳化和微調。該回饋系統在第一世代MS時代主要是為了進行AMBAC控制

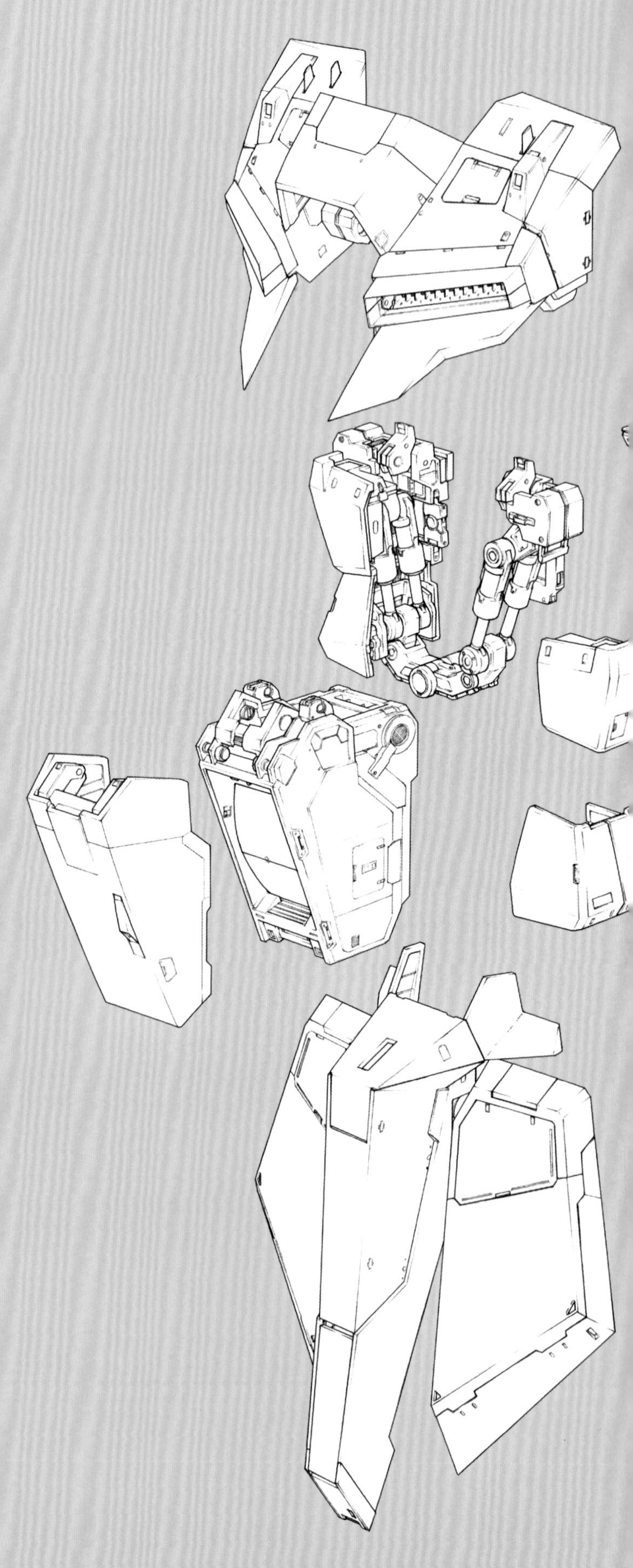

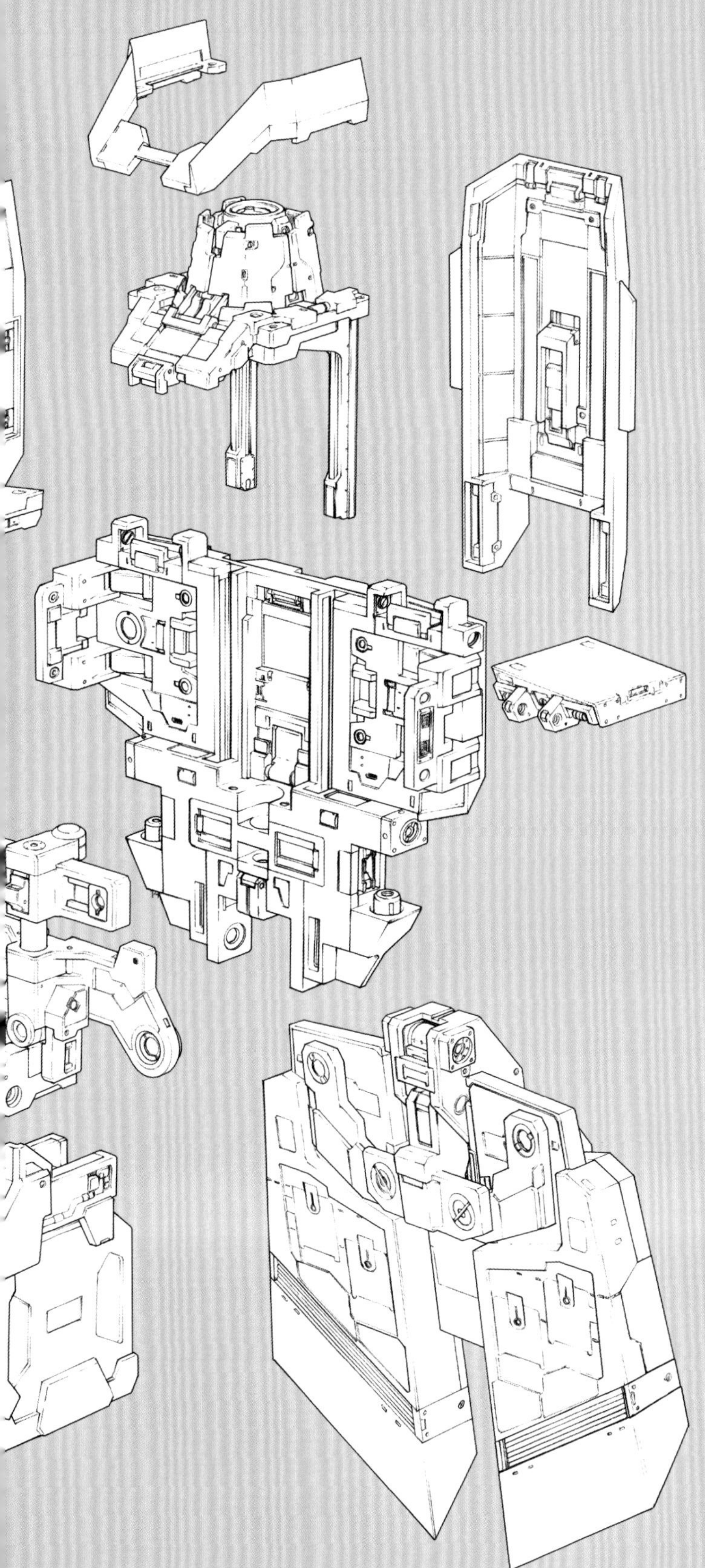

才設置，不過MSZ-006進一步應用在更精準地判斷構造物的相對位置上。具體來說，以往是靠著加速度感測器來判斷，如今則是各零件均能從基準點發出訊號，藉此掌握彼此的相對位置。就算發生零件有局部或整個受損的情況，亦能憑藉機體所有構造物的相對關係來計算出現有位置，得以大幅提升機體在發生異常狀態時的變形「耐用性」。

該系統尚有其他優點，那就是在構造上獲得某種靈活性。這方面亦源自於研發「δ鋼彈」所得的新材質、新構造，令MSZ-006的可動骨架大體兼具了強韌與靈活性這兩種相反性質。如此一來，不僅局部遭到打擊時能展現一定的強度，就算發生機體衝撞到地面或殖民地外壁的情況，亦能憑藉整體構造所具備的「彈性」，吸收一定程度的衝擊力道。這是一種和人類骨骼極為相似的優秀性質，對於講究通用性的可動骨架構想必也發揮影響力。

想要建構出如此龐大的系統，當然不是毫無困難可言。靠著既有MS搭載的電腦作為演算處理器仍有所不足，只好試驗性地搭載學術用途的高性能組件。包含冷卻機構在內，這些設計更動需要有傳統設備的兩倍容積才行，因此在這個時間點便放棄了在駕駛艙組件中搭載通用逃生艙的想法。因此除了座椅和其相關零件以外，MSZ-006的內裝均採用了專屬設計。

不過在奠定這種經由思維轉向所帶來的運用變通性後，亦發揮令前述可動骨架本身所具概念獲得進一步延伸的成果。一般來說，設置裝甲外殼後，其質量本身會等同某種制限器，能夠對可動骨架的過剩動作發揮制動效果，亦即如同歸零的基準。不過要運用控制程式判斷裝甲和裝備是否更動，隨即將輸出功率調整成適當狀態以驅動機體，其實也不算太困難的事情。在這方面獲得進展後，亞納海姆電子公司（以下簡稱AE社）製的MS，便將搭載具備不同程度控制功能的這類控制程式列為標準，因此即使更換裝備，整備員也不用再花工夫在微調上，駕駛員在運用機體之際亦能省下校準訓練和熟悉飛行時間。

純粹就MSZ-006來說，或許還就於這是一種實驗性的機構，導致運用上得付出相當大的犧牲（成本）。就概念上來說，新採用的全方位連結機構其實和模型所使用的球形關節很類似，不過就實際構造來看，這只是純粹具有單一自由度的關節，設想成是一種能夠往各個方向稍微「擺動」的機構即可。在動作較激烈的狀況下，這種「擺動」幅度有可能會超過容許範圍，雖然在一定程度內可以靠著電磁性控制方式做出校正，但這樣一來會導致整體的反應速度變差，遭到衝擊時亦有可能引發意料之外的破損。因此在「阿含號」上運用時，其實是靠著極為頻繁地更換各部位零件，藉此確保最佳狀態，這正是日後經由調整機構和變形速度的「Z系」完成型骨架誕生之前，這類機體「運轉成本極高」的要因所在。

雖然聯邦軍工廠於該時代也是近乎同步地積極研發出第三世代MS，但即使與這類機體相較，MSZ-006也仍是相當另類的存在。畢竟MSZ-006不僅冠上了「鋼彈」的名號，更背負著與「阿含號」一同作為幽谷象徵，必須有所活躍表現的命運。因此即使是身處各方MS群不斷上演世代交替的戰場上，亦得從頭到尾維持著超群出眾的高性能才行。換句話說，MSZ-006在構造和系統這部分確實具有劃時代的水準，甚至可以說已臻至完成境界，但這一切必須是以具備充分的整備和補給作為前提。

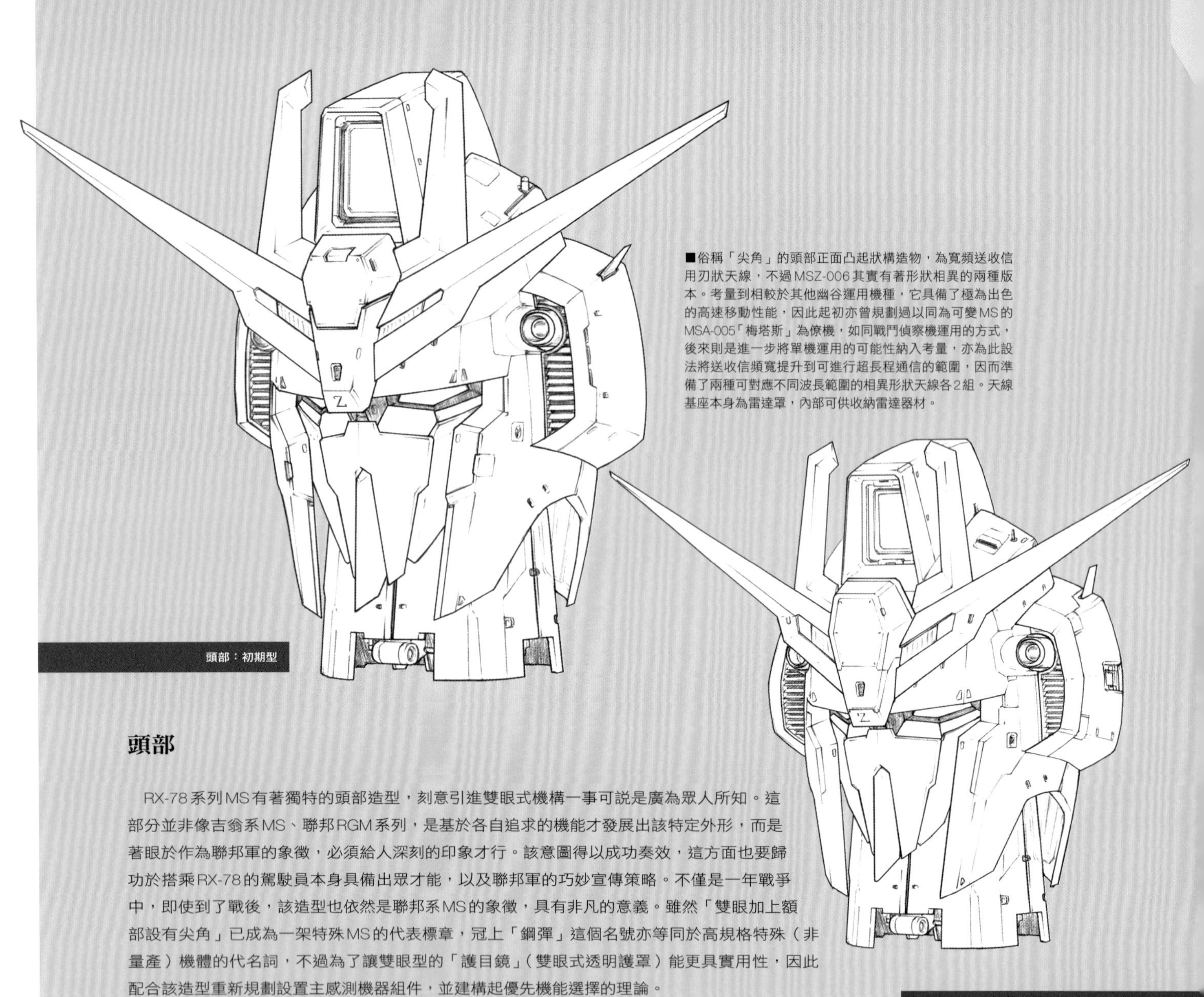

■俗稱「尖角」的頭部正面凸起狀構造物，為寬頻送收信用刃狀天線，不過MSZ-006其實有著形狀相異的兩種版本。考量到相較於其他幽谷運用機種，它具備了極為出色的高速移動性能，因此起初亦曾規劃過以同為可變MS的MSA-005「梅塔斯」為僚機，如同戰鬥偵察機運用的方式，後來則是進一步將單機運用的可能性納入考量，亦為此設法將送收信頻寬提升到可進行超長程通信的範圍，因而準備了兩種可對應不同波長範圍的相異形狀天線各2組。天線基座本身為雷達罩，內部可供收納雷達器材。

頭部：初期型

頭部：中期型

頭部

RX-78系列MS有著獨特的頭部造型，刻意引進雙眼式機構一事可說是廣為眾人所知。這部分並非像吉翁系MS、聯邦RGM系列，是基於各自追求的機能才發展出該特定外形，而是著眼於作為聯邦軍的象徵，必須給人深刻的印象才行。該意圖得以成功奏效，這方面也要歸功於搭乘RX-78的駕駛員本身具備出眾才能，以及聯邦軍的巧妙宣傳策略。不僅是一年戰爭中，即使到了戰後，該造型也依然是聯邦系MS的象徵，具有非凡的意義。雖然「雙眼加上額部設有尖角」已成為一架特殊MS的代表標章，冠上「鋼彈」這個名號亦等同於高規格特殊（非量產）機體的代名詞，不過為了讓雙眼型的「護目鏡」（雙眼式透明護罩）能更具實用性，因此配合該造型重新規劃設置主感測機器組件，並建構起優先機能選擇的理論。

就研發經緯來看，MSZ-006「Z鋼彈」必然無法稱為具有正宗「鋼彈血統」的MS，不過在研發團隊殷切期盼它能居於足以象徵次世代機體的定位、AE社即使在研發新型MS過程中遭遇重重困難也從不放棄的「骨氣」，以及幽谷期盼它能作為組織對外的象徵等種種意圖之下，頭部刻意地採用了集前述特色於一身的設計。

由於散布米諾夫斯基粒子已受到條約限制，因此MS在U.C.0080年代開始積極地運用雷達系統。其中又以MSZ-006搭載的感測機器最為獨特，採用與其他MS層次截然不同的小型＆最尖端器材。根據在決定MSZ-006規格時所提出的要求，這架機體必須具備單獨衝入大氣層與進攻敵方據點的能力。這方面顯然也包含了收集情報和替後續主力部隊擔任「前導」的能力在內，也就是可視為某種程度的威力偵察機，因此亦具備了廣域觀測用機器和指揮管制能力。

MS行動時所需的各種外部情報等資訊，可藉由設置在機體各處的感測器和攝影機收集，再經由控制電腦整合處理。作為賦予MSZ-006高性能源頭之一的高階瞄準系統，其實是憑藉著集中設置於頭部的偵察機器，提供資訊給FCS（射控系統）進行處理，加上與統籌機體運動的中央電腦聯合發揮功能才得以實現。因此一旦頭部遭到破壞，精密射擊能力就會顯著地變差。雖然MSZ-006本身的資訊處理能力、預測演算能力都非常強，即使在這種狀態下也能憑藉兵裝和機體各部位的偵測資訊持續戰鬥，但中彈後還是要以迅速脫離戰鬥空域為行動原則。

頭部外殼和其他部位的裝甲材料一樣採用鋼彈合金γ。雖然該處的裝甲稱不上很厚，相對容易受損，但終究是為了盡可能多騰出一些內部容積供搭載相關器材之用，因此可說是無可奈何之下的抉擇。頭部外殼指的是全罩式頭盔部位，頭部主體即位於其中，採用較薄的裝甲內殼（臉部的「面罩」部位亦為裝甲），搭載機器類裝置則是封裝在裡頭。外殼與內殼之間還設有衝擊吸收材料作為緩衝，極力避免外殼處的火神砲組件在射擊時產生的衝擊傳導到內部機器上。

※HEAMS-MP
High Explosive Anti-Mobile Suit, Multi-Purpose。多功能反MS榴彈。

※APFSDS
Armor Piercing Fin Stabilized Discarding Sabot。尾翼穩定脫殼穿甲彈。

頭部火神砲

MSZ-006以傳統的聯邦系MS用火神砲系統搭採方式為準，左右兩側搭載了共計二門的60毫米火神砲MU-86G。該武裝具有每分鐘最多可發射達4,000發的能力，雖然未公布裝載數值，不過就內部容積來估算，應該是400發左右（單側200發×2）。

包含砲管與主體在內，全長為890公釐（彈匣除外），系統整體的重量為120公斤。以能夠發射出60公釐砲彈的火神砲系統來説，尺寸算是相當小巧，畢竟「吉姆Ⅲ」等機種採用的MU-85A全長為1,100公釐，系統重量則是1,95公斤，由此可知確實成功地大幅度縮減了尺寸。但相對地，砲管長度也短了約30公釐，導致射擊初速僅為MU-85A的90%左右。

雖然MU-85A是採用散彈方式，將彈頭發射到位於前方300公尺處的直徑20公尺圓形範圍內，不過MSZ-006這套MU-86G則是能將子彈集中射擊到前方500公尺處的單點上。這是因為管理感測器系統和火神砲的FCS具備高度性能，才得以具備這種足以進行定點導向的射擊能力。射擊時除了憑藉雷達和光學式感測器，在100公尺以下的近接距離，還能由機體本身發出雷射作為引導信標，靠著追蹤其反射的方式，使頭部自動轉向以鎖定目標，因此在鎖定狀況下開火射擊的命中準確度近乎100%。

發射速度採用可變式機能，能藉由操縱桿切換連發散射到連射的模式。輕壓設置在握把上側的射擊鈕時為連發散射模式，往稍微偏向前方的位置重壓則能啟動連射＆高速連射模式。

相較於一年戰爭時期，受到光束兵器全面性崛起的影響，這個時代的MS早已不像過去那麼重視裝甲強度。雖然聯邦軍仍堅持採用火神砲這種近接戰鬥用兵裝的方向，不過畢竟裝甲材質的變化、傾斜裝甲等方面都有著顯著進步，因此亦有同步進行研究火神砲以外的物理性近接格鬥戰裝備。

60毫米砲彈使用無膛線的滑膛砲管，這類滑膛砲彈是採取特定比例混合裝填HEAMS-MP彈※和APFSDS彈※。一般來説，火神砲的使用目的在於針對目標或其周圍一定範圍內發射砲彈，藉此牽制敵方的行動，在動用主武裝給予致命性打擊時作為輔助，因此不會使用具有高度機能性的彈頭。不過以MSZ-006來説，隨著命中精準度獲得提升，在摸索該如何發揮出超乎傳統定位的攻擊效能時，也就準備多種彈頭以供使用，並投入一部分的戰鬥中。除此之外，尚有反器材、對人用散彈等各式各樣的彈種。以使用APFSDS彈的狀況來説，視命中時的相對速度而定，穿透力會受到影響，雖然這點令人對於MSZ-006的MU-86G在性能上是否有所不足而感到疑慮，不過該彈種有著不易產生跳彈（不會受到敵機的傾斜裝甲所左右）的性質，得以發揮一定程度的效果。

雖然頭部後側設有用來排出彈殼的拋殼口，但MSZ-006終究是可變機，萬一彈殼掉落在可動部位或機體的縫隙裡會有危險，因此不會即時排出彈殼。不過頭部畢竟是集中設置了精密機器之處，讓帶有高熱的空彈殼留在裡頭仍會伴隨風險，基於這層考量，當空彈殼累積至一定數量，或是在未執行戰鬥機動的狀態下，便會一舉強制拋殼。

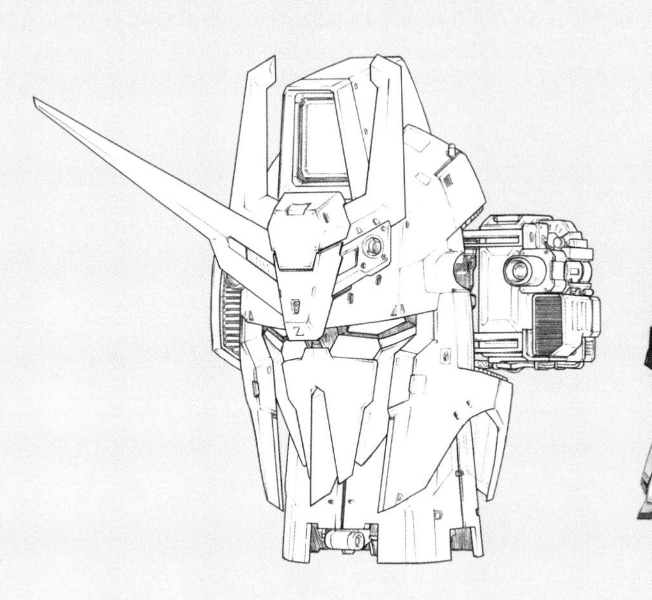

■Z鋼彈與頭部火神砲

RX-78將主感測機器組件和通信用裝置的「窗口」都集中設於頭部，甚至還內藏作為防空＆近接防禦兵器的火神砲，可説是在極為有限的頭部內空間裡裝滿各式機器，結果導致幾乎無法再搭載任何追加器材。相較於量產機RGM-79「吉姆」僅將機能集中在感測機器的設置方式，可以説受到頗大的限制，因此就機能面來看，其實未必全都居於最高階水準。話雖如此，這畢竟是受到研發壓力並盡快達到實用階段的背景所影響。

戰爭結束後，雖然有著模仿RX-78的象徵性外觀，冠上「鋼彈」正統後繼機名號的RX-178存在，但該機體的頭部並未搭載固定式火神砲，而是改為採用整備性更好的外部裝設式裝備。隨著撤除火神砲相關器材，內部空間顯得更加充裕，得以補強小型高性能化的感測器類裝置，並增設可對應新型駕駛艙顯示系統（全周天顯示式），能在收集資訊後進行初級處理的處理器組件。不僅如此，還能用來強化可供前述器材運作更穩定的熱交換裝置等設備。

不過MSZ-006如同返祖般採用在頭部內藏火神砲的構造，真要説的話，這架由私人企業研發，作為飛機變形型MS平台的MSZ機種，在初期設計中並沒有打算搭載該裝備，其實是在委託方幽谷的強烈要求下才採用這項設計。只是遷就於變形機構所需，本機體各部位的外形和尺寸都受到限制，其實也無從採用外部裝設式的火神砲，因此選擇設計成內藏式亦是不得不然的結果。

相較於一年戰爭時期，偵測和通信器材在小型高性能化方面有著遠勝於以往的發展。雖然MSZ-006受到變形機構影響，頭部設計成左右顯得比RX-78系MS等機體更寬的外形，但內部容積並沒有相對擴充多少。不過隨著機體高性能化，勢必得一併強化資訊處理能力才行，增設初級處理器亦成了不可或缺的一環，原本縮減感測機器組件尺寸所騰出的空間也就用於此處了。最終搭載感測機器和相關裝置的密度和以往差不了多少，此外還得預留搭載火神砲組件的空間，設計上顯然得花不少工夫。雖然也有提出改採口徑較小的火神砲，縮小該組件整體尺寸的方案，但卻遭到幽谷方駁回，強行要求搭載現有口徑的火神砲。這可能是顧慮到在一年戰爭後，MS搭載火神砲的標準規格是以60毫米為準，要是採用不同的特殊口徑砲彈，那麼在調度彈藥和補給方面可能會伴隨負面影響。

雖然火神砲的口徑打從一年戰爭起就沒有太大改變，但戰爭期間就不斷地改良砲管材質、更換驅動系材料。因此相較於戰前生產批次，戰爭後期生產規格的砲管已延長使用壽命，組件整體重量也較輕盈，只是體積仍無從改變。即使製造廠曾向聯邦提出較小口徑的試作品，不過戰爭實質上已在一年內落幕，連同聯邦軍為供給MS而生產的大量耗材在內，其實仍有為數龐大的火神砲和彈藥庫存。

戰爭結束後，聯邦軍雖然有取得研發＆生產新型MS的預算，但經費仍不足以運用到每個細節上。火神砲原本就是近接防禦用的輔助裝備，既有器材在性能上也十分可靠耐用，並沒有研發新型號的急迫性；況且基於財政考量，聯邦政府判斷在現有庫存全部消耗完畢之前，沒有汰換成新口徑的必要。

為了配合庫存彈藥的規格尺寸，火神砲的膛室內部尺寸也就維持不變。即使在戰後有製造針對局部修改、改良的零件，卻也從未超脫這個基準，就算企求提高性能，亦得符合這個規格才行。以迪坦斯列為RX-178制式裝備的頭部外裝式火神砲莢艙來説，該裝備內藏的火神砲本身仍是運用庫存品改造而成，不過著眼於提高發射時的初速所需，確實也有對火藥重組彈和強化材質的膛室零件進行獨門研究，亦有彈頭已更換為專用特殊彈的説法。

無論如何，對幽谷這類組織來説，想要維持大規模後勤工作能穩定運行相當困難，運用MS時勢必得以搭配符合既有規格的標準彈藥為前提，這點極為重要。畢竟萬一發生補給中斷的狀況時，也有著可從敵方手中奪取彈藥使用的優點。MSZ-006當然也不例外，何況這是一架可變MS，因此才並未搭載可拆卸的外裝式火神砲，而是選擇採用內藏式的設計。

就結果來説，MSZ-006將火神砲的砲口設置在頭部側面凸起結構處，而且開口還是位在可於大氣層內發揮冷卻機制的進氣口上側。這樣的設置方式存有可能吸入發射煙的風險，因此不免有著出於妥協才勉強如此設計之感。

主攝影機

打從RX-78系MS誕生開始，將收集光學性視覺資訊用主攝影機設置在頭頂處整流罩內的設計就未曾改變，不過這類內部機材已提高性能，並強化變焦機能，就連望遠圖像的解析度也提高了。雖然在人型形態時，頭頂部後側攝影機的視野會被「後襟」給遮擋，更後方亦設有豎立狀的平衡推進尾翼，但這乃是遷就於採用最有可能實現的變形機構，才不得不設置成這個形式；後方資訊也為此改用另一個系統的感測器來收集，至於頭部後側所搭載的攝影機在一般狀態下則是維持離線狀態。正因為是可變形MS，也才容易出現需要做出這類抉擇的情況，可說是相當耐人尋味呢。

有關變形時的研究，需要解決的關鍵性問題之一，就屬變形後該如何維持偵測外部資訊的能力了。變形後也得有著和人型形態一樣能夠偵測周圍狀況的構造，這是非得納入考量不可的必要事項，以傳統非變形MS將主要感測組件集中搭載於頭部，僅在機體各重要部位設置輔助感測器的方式來說，顯然難以充分對應相關需求。為了在變形後也能獲得無損於運作所需的充分資訊，因此評估為頭部和「變形後的機體某處」均設置同等的主感測＆通信系統。考量到仍然得在米諾夫斯基粒子散布環境下運用的可能性，以光學系資訊感測用機器為中心，搭載可偵測到非可見光領域電磁波（紅外線、紫外線、雷達波、微波等各式波長範圍）的感測裝置、雷射送收信裝置，以及視運用環境而定的音響定位裝備等複合器材，這方面的必要性也和以往相同。因此就這個層面來看，要搭載比傳統型非變形MS更複雜的系統、更多的質量，顯然是無可避免的方向。既然要將足以使資訊收集總量在變形前後不會產生落差的多種系統納入設計中，前述的頭部後側攝影機這類問題，也就決定要由作為變形後主要感測裝置的感測器來彌補。

雙眼

雙眼為MSZ-006感測各種資訊的「窗口」，該處內藏的感測機器組件類在架構上和RX-78時代沒什麼兩樣。不過相較於一年戰爭時期的相關機器類，整體已大幅度地小型高性能化，因此在RX-78系MS上不夠完善的感測器均經過強化，透明部位（透明護罩）的物理性強度與電磁波選擇遮擋機能也都獲得了提升。而且同類型的系統，是早在研發「δ鋼彈／百式」時就已經選定搭載。

雖然也有流傳聯邦軍吉姆系MS採用的護目鏡型感測器，在視野角度、整備性等性能面都比雙眼式※更優秀之類的說法，不過從懸吊式座椅已成為現今主流來看，從MS正面位置獲得的掃描資訊原本就有其極限，況且就當今的技術來說，早已能藉由機體各部位感測器、攝影機分析＆整合處理出同等價值的資訊。因此就算聲稱採用護目鏡型只是純粹為了賦予特色也毫不為過，這點對於採用單眼式的MS來說也一樣。反過來說，從機能面對「臉部」造型提出的要求或限制其實也不算多。若是以飛航的觀點來看，頭部攝影機的重要性也會相對低得多。話雖如此，MS終究並未大幅超脫出人類的外形，就這層觀點來看，頭部的定位之所以會和人類大致相仿，也是因為射擊時的主要偵測資訊仍會交由這部分來處理，因此即便時至今日也依然是最重要部位。

現今的感測器系統在小型高性能化方面，有著如同加速度般的進展。相較於一年戰爭時期的MS，設置所需的空間只要前者大約五分之一即可。儘管分析性能已達到10倍之多，但面對分析結果所呈現的圖像，人類多半還是憑藉直覺來做出「判斷」，尤其射擊時更是容易受到對手的動作、正面投影面積與形狀所「欺瞞」，導致精準度大幅受到影響，因此可說是遷就於駕駛員本身的素質。

以現今狀況來說，即使戰鬥區域的米諾夫斯基粒子濃度仍然相當高，但「偵測」資訊的可靠性也變高了，因此連帶出現不再讓頭部這個在射控系統中執掌精細感測資訊處負擔熱輻射機能的趨勢。另外，為了降低被偵測到的風險，熱輻射組件改為設置在手腳的內側，各自針對（紅外線、電磁波等的）頻率進行偏轉調整，藉此降低遭對手分析辨識的可能性。以MSZ-006來說，便是採用讓一部分熱輻射導流板能自動控制的設計，以便朝著不易被敵方偵測到的方向排放出去。

MSZ-006的雙眼內部基本上也設置了數個感測機器。和過去一樣，除了影像感測器外，其餘裝置也都是利用左右兩側的「視差」來提高精確度的系統，不過能藉由合成孔徑、逆合成孔徑※等複合手段獲得雷達圖像，綜合進行複雜的資訊處理，這點倒是和同時代其他MS立足於截然不同的層次之上。

自RX-78起，MS用感測機器就是以光波為主體而呈顯著發展。畢竟自從發現CCD（電荷耦合裝置）影像感測器會受到米諾夫斯基粒子嚴重影響之後，打從一年戰爭起便致力於研發阻隔技術，因此組件整體在容積方面也必然會往擴增的方向發展。

另外，透過各式鏡頭集光形成影像，這方面的基本構造和以往沒什麼兩樣，不過為了滿足從廣角到望遠機能的需求，必須採用複雜的光學系統機構才行。從鏡頭到成像面也必須要有相對應的距離，因此組件得製作成具有一定的深度。不過遷就於阻隔米諾夫斯基粒子影響用的裝置框體尺寸較大，主攝影機也隨之往力求使單一器材具備多功能的方向發展。雖然確實也曾研發出單一鏡頭即可改變焦距，如同生物般的可變焦鏡頭，但在耐用性、集光性上仍存有問題，最後還是未能達到實用階段。

MSZ-006的攝影機本身也是往小型高性能化方向發展，由於阻隔米諾夫斯基粒子影響的重要性也已經降低，因此改採用從CCD影像感測器發展而來的HrCCDE※作為感光元件（包含MSZ-006所搭載的在內，這類光學感測器多半僅純粹稱為影像感測器）。

HrCCDE是具有20倍變焦機能的光學感測器，能呈現具有非常高解析度的可視光影像。就框體本身來說確實相當小巧，不過光學機構畢竟仍是鏡頭的集合體，因此構造上其實和以往的沒兩樣。話雖如此，器材整體的容積已經小得多，況且在極力讓單一器材具備多功能的發展經緯下，經由封裝多種個別具備特定機能的攝影機，構成了屬於CCT（複合攝影機座）形式的單一組件，並且以搭載這類器材定為標準。亦即這類器材是由具望遠、標準、廣角等基礎功能，可個別感測可視光範圍、遠中近紅外線、近紫外線範圍的多種攝影機組合而成。以米諾夫斯基粒子影響程度已經變得比較小的U.C.0087年來說，影像感測器在影像方面至少也稱得上是最可靠的資訊來源，不過這類影像無從用來測定相對距離就是了。

有別於影像感測器，只要搭載專用的紅外線搜索追蹤系統（infra-red search and track system, IRST system），即可針對MS既有的散熱（紅外線域輻射）進行感測、辨識與追蹤。不過紅外線感測器的視野角度較狹窄，必須搭配一般的光學觀測裝置使用才行。而且這終究是一種被動感測裝置，和可視光一樣無從用來測定相對距離。附帶一提，即使目標暫時擺脫機體各部位感測器的監測範圍，亦可靠著其他複合手段，持續辨識該個體（以這種模式來說，駕駛艙內所投影出的影像其實是以人類目視為準，根據現有數據資料和狀態模擬出來的「預測」結果。雖然在無法精密觀測的狀態下仍可對目標發動攻擊，但命中精準度也會變差）。

除此之外，亦設置了瞄準用的雷射激發器，這是左右兩側可獨立

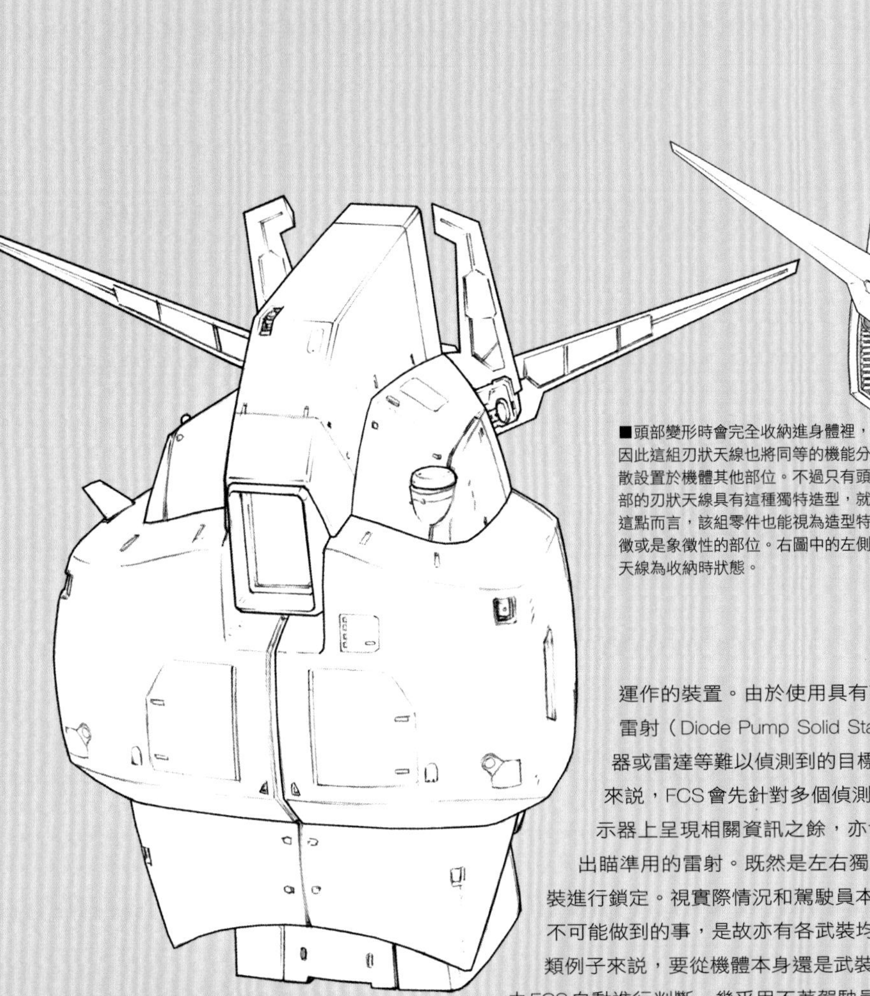

■頭部變形時會完全收納進身體裡，因此這組刃狀天線也將同等的機能分散設置於機體其他部位。不過只有頭部的刃狀天線具有這種獨特造型，就這點而言，該組零件也能視為造型特徵或是象徵性的部位。右圖中的左側天線為收納時狀態。

頭部：初期型 背面

運作的裝置。由於使用具有高精確度、不易受雜訊影響的二極體激發式固態雷射（Diode Pump Solid State Laser），因此就算是影像感測器、紅外線感測器或雷達等難以偵測到的目標，亦可同時左右個別追蹤一個目標。以前述情況來說，FCS會先針對多個偵測目標個別評估威脅等級，據此於駕駛艙內壁的顯示器上呈現相關資訊之餘，亦會依循駕駛員的目標指示和武裝，選擇操作激發出瞄準用的雷射。既然是左右獨立運作，基本來說也就能分別用左右臂攜行的武裝進行鎖定。視實際情況和駕駛員本身的能力而定，就算要同時操作更多武裝也並非不可能做到的事，是故亦有各武裝均個別搭載了同等級測距＆追蹤系統的例子。就這類例子來說，要從機體本身還是武裝激發出瞄準用雷射，亦或是同步進行，這方面可由FCS自動進行判斷，幾乎用不著駕駛員分心進行相關操作。

即使是與同時代的MS相較，MSZ-006的觀測＆辨識能力也顯得極為出色，觀測所得的敵機辨識資訊亦可經由連線與僚機共享。在這個通常會有多種MS出現在戰鬥空域裡的時代中，正確地評估威脅性，能夠將戰況導向有利於友軍的方向發展。「阿含號」隊之所以經常能夠掌握戰場優勢，首要理由之一正在於該部隊擁有「Z鋼彈」，以及具備與其同等偵察能力的「百式」。

雖然機體亦搭載使用一般雷達波的偵察＆測距系統，不過這部分是獨立於雙眼之外，相關事項姑且留待後述。另外，可視光和紅外線感測器除了設置在頭部之外，亦設置於臂部、腿部等處，不過表面的透明護罩在顏色上與裝設處周圍為相同色系，因此從外觀上難以辨識。

雙眼表面透明護罩採用了抗雷射、抗衝擊性能均經過強化的H6型，就連中彈時的防彈性能也獲得飛越性的提升。這是一種經由疊合透明金屬、熱可塑性樹脂、電致變色材料等多達8層材料構成的高透明度護罩，就算是被60毫米火神砲直接擊中，如果只有一發砲彈，頂多只會造成白化，足以防止內部機器受到損傷。由於MSZ-006的透明護罩在前後兩側均設有電致變色材料作為保護層，導致電力的使用量較大，因此當重啟透明護罩機能並隨之釋出能量時，躍遷至可視光波長範圍造成的發光現象也會變得更明顯，不過這方面在運用上並不會構成太大的問題，也就並未特別擬定相關的對策了。

※雙眼式
相對於吉翁系MS多半為單眼式（純粹就外觀來看屬於單眼造型，感測器組件本身仍是複合式，且機體各部位也設有輔助攝影機和感測器），某些聯邦系MS在外形上保有此一特色。這類裝置有著雙眼或雙眼式感測器等稱呼。

※逆合成孔徑
這是利用目標本身移動和機體位置變更取得不同資訊的雷達圖像，經由分析合成出高解析度資訊的雷達。

※HrCCDE
為Hr Charge Coupled Device Image Sensor-Extra的簡稱。

面罩

MSZ-006臉部的面罩部位內藏有主動電子掃描陣列雷達系統。

司掌雷達機能的天線部分是以平板形式設置在面罩內側，該平板設置約4,000個收送信模組天線，如此即可藉由單一雷達系統同時執行多項機能，收集到的掃描結果也能一舉傳輸給主電腦分析處理。如同前述，MS機載的雷達系統可能會遭到米諾夫斯基粒子干涉，雖然在一年戰爭時期一度停留在較原始的水準，不過MSZ-006在這個領域則是一舉開拓出大幅斬獲，無論是單獨作戰行動還是與僚機合作，其出色性能均能展現優勢。

雖然未經確認，不過有情報指出MSZ-006能夠將該系統作為指向性能量兵器使用。這是指當飛彈之類的威脅性目標逼近時，能夠針對目標輸出聚焦後的高功率微波，藉此干擾或破壞飛彈尋標器上搭載的電路。不過MS畢竟是以在太空中使用為前提，內藏電子機器必然經過重重的電磁遮蔽處理，因此這類攻擊手段應該難以發揮效用才是。不過對於電磁遮蔽處理沒那麼嚴謹的飛彈或車輛等目標來說，還是有著足以派上用場的可能性。

除此之外，由於該系統可在短時間內掃描周圍狀況，可有效降低遭敵方雷達警戒系統反向偵測的機會。MSZ-006將偵察視為運用兵器的第一步，亦是首要關鍵所在，才得以憑藉些許優勢勝出。

MS的裝甲（U.C.0080年代）

裝甲材料的變遷

隨著採用可動骨架，身體部位裝甲的設置方式也有所改變。以往是將裝甲外殼和內部構造組裝成一體，藉此維持軀體形狀和構造強度，不過可動骨架本身就足以維持整體形狀，外殼也就不再具備作為整體構造其中一部分的必要性，得以將外裝組件設計成純粹用來保護內部機構的裝甲。過去為了整備起見，必須在裝甲的某些部位上設置艙門，亦基於在受損時能迅速處理起見，於是刻意採用將裝甲分割開來，並且設置可供「鑲嵌」或「拼裝」的內部構造接合部位，使這類裝甲零件能組合成較大的構造體等設計，可說是在某種程度上犧牲裝甲應有的強度，藉此摸索出適於運用的構造。

不過在可動骨架誕生後，裝甲得以視為獨立的外裝組件，為了發揮出裝甲材料本身應有的強度，在設計上也傾向於儘量減少分割成多片零件，更呈現出只要不會構成驅動方面的問題，且成形技術上可行，就會盡可能讓裝甲零件一體成形的趨勢。在裝甲用鋼彈合金生產技術還不夠成熟的條件下，利用傳統的鈦合金陶瓷系複合材質作為裝甲主要材料時，採用前述設計的情況也就格外顯著。

MSZ-006也一樣，構成身體外形的裝甲均盡可能地採用一體成形零件。這個特徵在胸部一帶的裝甲更是格外顯著。畢竟要是採用拼裝接合幅度較多的架構，那麼在強度上會不足以承受變換模式時產生的負荷。就完成的單一裝甲未加工零件來看，在外觀上會設有著沖凸筋和準備用來組裝電子機器框體用的基座。整備用艙門和搭載感測機材所需的開口在裝甲上不會是純粹孔洞，多半會將艙門或艙蓋與裝設處的骨架設計成連為一體，藉此作為裝甲的構造補強材之一。其實聯邦早在一年戰爭時期就將這種技術列為裝甲和構造材成形法之一，並且在一部分機體上達到實用階段。由於需要負荷重量之處得採用多層拼裝黏合的構造，導致整體構造的重量必然會有所增加，因此才會在一體成形技術方面力求精進以解決這類問題，這方面採用藉由磁力來控制素材合金的熱噴塗層，進而積層堆疊成形的技術。不過用這種方式光是要讓一片零件成形就得花上許多時間，況且月神鈦合金在成形時尚有著組織可能不夠均勻之類的問題，就當時的觀點來看，即使這種成形方法很有未來發展性，卻欠缺實用性，這種技術也就並未全面引進生產線採用。

雖然鋼彈合金γ在材料面的合成、精鍊、製造等技術上都有著突破性的改善，但產品所需的成形、加工仍相當困難，非得進一步培育技術不可。該技術發展成熟、得以引進生產線，亦即MSZ-006已能作為量產機的階段，在製造試作機體的時期其實仍有不少未能達到完成境界之處。這是因為不僅規模本身相當龐大，也仍有不少需要專業師傅手工處理的部分，零件的生產良率也稱不上好。雖然胸胴部裝甲一體成形乃是終極目標，但作為交換用零件的裝甲並非全部採用同一個規格製造，同時也試著摸索是否有既能分割裝甲，又可維持住強度的方式。就這種更換局部裝甲的方式來說，確實像RX-78系一樣能維持簡便性，不過一體化裝甲的單一零件構成單位較大，勢必要經由更高層次的品質管理，確保加工精確度不會產生誤差，這也是在製造單一零件時會極為耗時的緣由所在。分割裝甲亦是為了確保裝甲之間的接合強度才會嘗試製造，試作形式是先將無雜質的鋼彈合金γ棒材切削成L字、T字、溝形鋼之類的零件和骨架，並且在裝甲成形時埋入內部。亦有針對在無雜質材料上設置實心釘，藉著與鄰接裝甲彼此嵌組的方式加以研究。該研究確實未能直接發展到實用階段，卻也以此為基礎，研發出裝甲內嵌的製造方法，更應用到變形時用來固定裝甲接合處的扣鎖機構上。

幽谷所運用的機體視時期而定，其實會混合使用這些零件。雖然就裝設在可動骨架上的方式來說，用這種不同的製造方式會較易於裝設裝甲，不過基本思維其實仍和研發RX-78時頗為相似。

相較於第一世代的裝甲用鋼彈合金α，以及進一步改良出的β合金，作為裝甲材料的鋼彈合金γ在強度和韌性上均顯得更高。就連生產性也遠高於難以生產的α和β合金，這個劃時代的改良可說是首要關鍵所在，使得γ合金得以作為裝甲用合金，不過提供該技術情報的克瓦特羅・巴吉納亦有一個交換條件，那就是AE社必須對該技術保密，因此僅有幽谷機體使用γ合金的狀況維持一段時間，這件事可說是令MSZ-006在性能上獲得一大優勢。

裝甲的構造

採用鋼彈合金γ打造出的裝甲，當然不是由多片均一的單層板所構成。如同前述，在成形和加工層面上仍有許多困難之處，為了實現如同既有裝甲的多機能多層剖面式基本構造，製造廠商必須提升自身的技術水準才行，畢竟就結果來說，即使採用相同的材質，裝甲的性能也可能會受到很大的影響。雖然製造γ合金已成為AE社的獨門生意，但要是相關加工技術不隨之有所成長的話，那也只會淪為暴殄天物，因此該公司亦積極致力於研發與改善成形技術。

從剖面來看，裝甲的基本構造可大致分為高密度高強度外層～高黏性中層～輕量發泡層～冷卻層～中密度內層～高密度內層外皮，讓相異層之間能構成材質逐漸產生變化的傾斜機能材料，即可作為裝甲材的「單板」。雖然為了利用讓發泡層遭到破壞來吸收源自外部的能量，因此亦有在高密度高強度的外層表面再加上發泡層的形式，但不管是哪一種做法，作為單位的終究仍是「單板」，裝甲本身就是由使用單板到積層多重單板等各種搭配方式所構成。之所以將這種基本構造做成板形，理由在於過往已經累積培育各種相關技術，製造起來相對地較容易。話雖如此，亦能因應需求加工成必要的形狀，例如以曲面板的方式成形，或是與沖凸筋狀補強構造連為一體的方式成形，這類加工手法也是經由反覆試誤之後培育出來的。

發泡層部位不僅是格狀構造的尺寸和形狀達成輕量化需求，各個格狀構造內還封入惰性氣體以降低可燃性，或是將開放性格狀構造（立體網目構造）彼此連結起來，藉此形成所謂的海綿狀構造以作為冷卻劑流動用通道，甚至還可藉此附加當成輻射緩衝劑流動用通道之類的機能。

雖然RMS-099「里克・迪亞斯」採用了經由積層方式製造的較厚重裝甲，但作為變形可動骨架實驗機的MSA-005「梅塔斯」則是採用單板式裝甲，藉此重點性地針對變形時產生應力所造成的脆弱性和復原性，以及遭外部應力破壞塑性和格狀構造時的衝擊吸收性等項目展開試驗。其目的是充分地研究在大氣層內時，重力和空氣會對機體造成何等影響。畢竟不管裝甲合金再怎麼輕量化，在重力作用環境下終究還是會顯得「很重」，就算能靠著強大推力勉強飛行，在實用層級裝甲強度和機體重量所產生的慣性上也還是要設法取得均衡才行，因此收集這類對於製造MSZ-006來說不可或缺的數據資料，亦是目的所在。

MSZ-006所使用的裝甲尚有另一個特徵，那就是具備經過一定溫度與一定時間的加熱，並且適當地緩緩冷卻後，即可在一定範圍內修復因應力造成的扭曲變形這個機能。這確實可說是某種形狀記憶機能，但實際上早在仍以生產鋼鐵為主流的時代，就已在運用這種手法去除金屬材料在生產過程中所殘留的應力。不過具體地找出以不損及鋼彈合金，亦或是複雜組織構造合金的原有特質為前提，讓這個手法也能順利套用的方式，可說是課題所在。

裝甲的表面處理

雖然關於月神鈦合金的抗腐蝕性也經過反覆研究，不過基於在運用上不必顧及到氧化問題的考量，最後做出無須塗裝防鏽保護層的結論。畢竟從物理觀點來看，就算是有必要用塗料上色作為保護、美化的飛機，這樣做除了增加不必要的重量以外，其實並沒有任何好處，因此以輕量化為目標的話，這可說是得極力避免使用的要素之一。話雖如此，考量到有可能會進行目視範圍戰鬥，施加某些塗裝還是有其必要性存在。基於這個層面的需求，之前吉翁公國軍並非施加塗裝，而是用染色的方式來處理。

「Z計畫」也就這點進行過多方評估，不過就MS運用世代的思維來看，主流想法在於即使是進行目視範圍戰鬥，受到機體本身尺寸很大的影響，設法融入背景的傳統迷彩概念會顯得欠缺實用性，稱不上是有效的欺敵手段，甚至該說反過來作為識別敵我的手段更能發揮效果。因此視機體而定，其實無須顧忌施加具有極高明視度的塗裝。就這個觀點來看，雖然迪坦斯製RX-178「鋼彈Mk-II」屬於少數在太空中採用低明視度塗裝的機體，不過近乎黑色的顏色在太空中也會衍生出吸收熱量之類問題，在運用之際必須充分地做好規劃才行。

AE社在研發新型MS時也基於這類塗料、塗裝的觀點，致力於改良材質，這方面的研究乃是委託旗下金屬表面處理加工專門廠商進行。

經此研發出的，正是可用在鋼彈合金裝甲表面形成工整排列細孔層的技術。該技術在構想上源自舊世紀20世紀末用來為鋁合金進行抗腐蝕＆著色的多孔膜技術。這些細孔可經由填入細微金屬之類發色源達成著色效果，不過這種技術可不是僅限於用來著色，視填入的物質而定，亦足以發揮從遮擋電磁波到熱交換等效用的可能性。除了這種如同染色的著色方法之外，亦同步進行研發可比照傳統塗裝方式使用，而且能形成極薄漆膜的塗料，這方面所獲得的研究成果之一，正是耐熱金屬陶瓷塗料。幽谷從迪坦斯手上奪取到RX-178之後，將該機體重新塗裝成屬於「鋼彈」象徵的三色系配色時，使用的就是這種塗料。

MSZ-006也是使用這種塗料來施加基本塗裝，不過用意在於提高機體衝入大氣層時的耐熱性。

就能夠用來填入多孔狀細孔的物質來說，除了耐熱和著色用的材料之外，當然也進行多方實驗。其中最值得注目的，就屬亦可填入當接觸到粒子光束時，可單方面吸收能量並蒸發掉的材料。雖然這種素材早在一年戰爭後期就有拿來作為抗光束兵器用材料，不過當時用來施加覆膜的技術不夠成熟，塗布後剝落的情況也很嚴重，導致無從充分發揮該素材本身的特性。不過改為填入多孔膜狀構造裡之後，該覆膜即可明顯地藉由投錨效果充分地附著在裝甲表面上，這才奠定可將抗光束覆膜塗布到具有充分厚度且緊密附著的技術。選擇用來實際驗證該技術的機體，正是MSN-00100，覆膜本身是經由塗布耐熱金屬陶瓷漆膜來形成積層。該機體之所以會呈現金色光澤，理由正在於這種積層覆膜對素材造成干涉而產生的發色效果。雖然浸漬法是最適合用來做出均勻覆膜的方法，只是要用這種方式對MSN-00100各裝甲施加覆膜的話，勢必得將各零件浸泡於巨大的槽狀容器裡才行，但這樣一來的作業效率肯定不會有多好，因此才會尋求其他更適於量產的技術。附帶一提，這種覆膜劑本身並未加入著色成分，不過若是有呈現顏色的必要，那麼亦可在最外層塗布屬於染料型或顏料型的有色塗料。

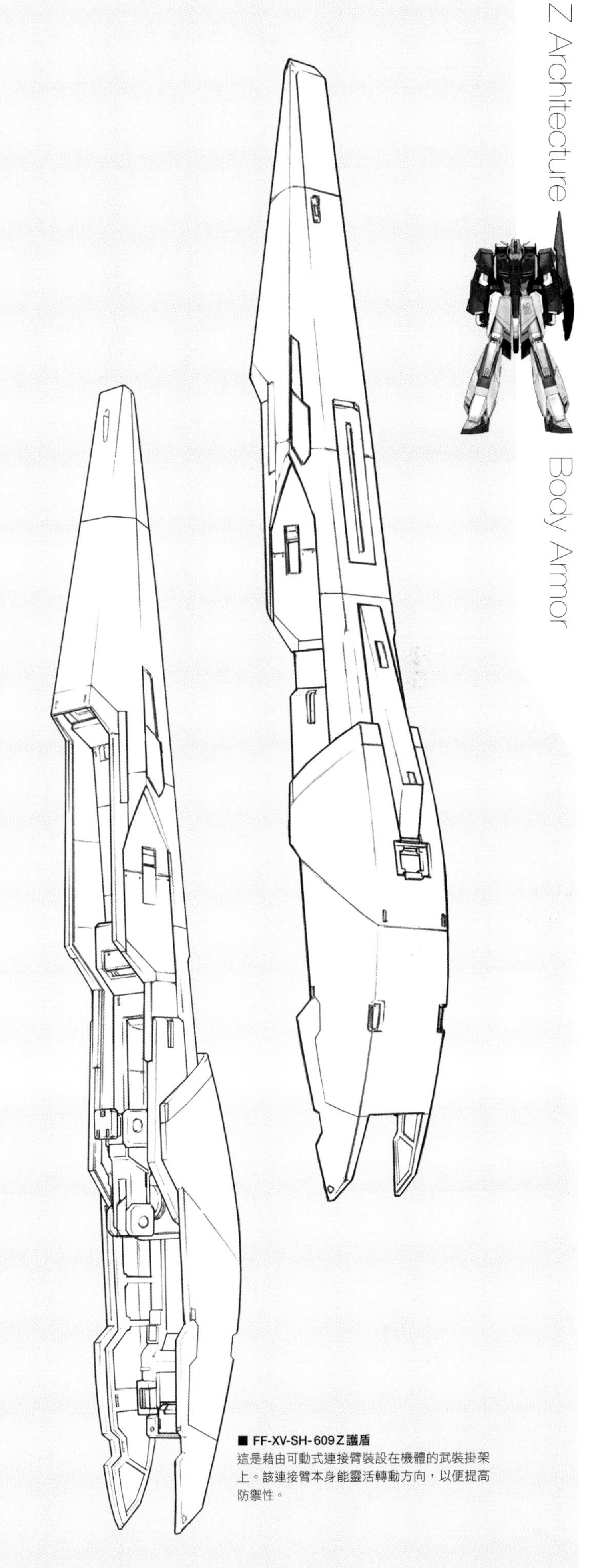

■ FF-XV-SH-609Z護盾
這是藉由可動式連接臂裝設在機體的武裝掛架上。該連接臂本身能靈活轉動方向，以便提高防禦性。

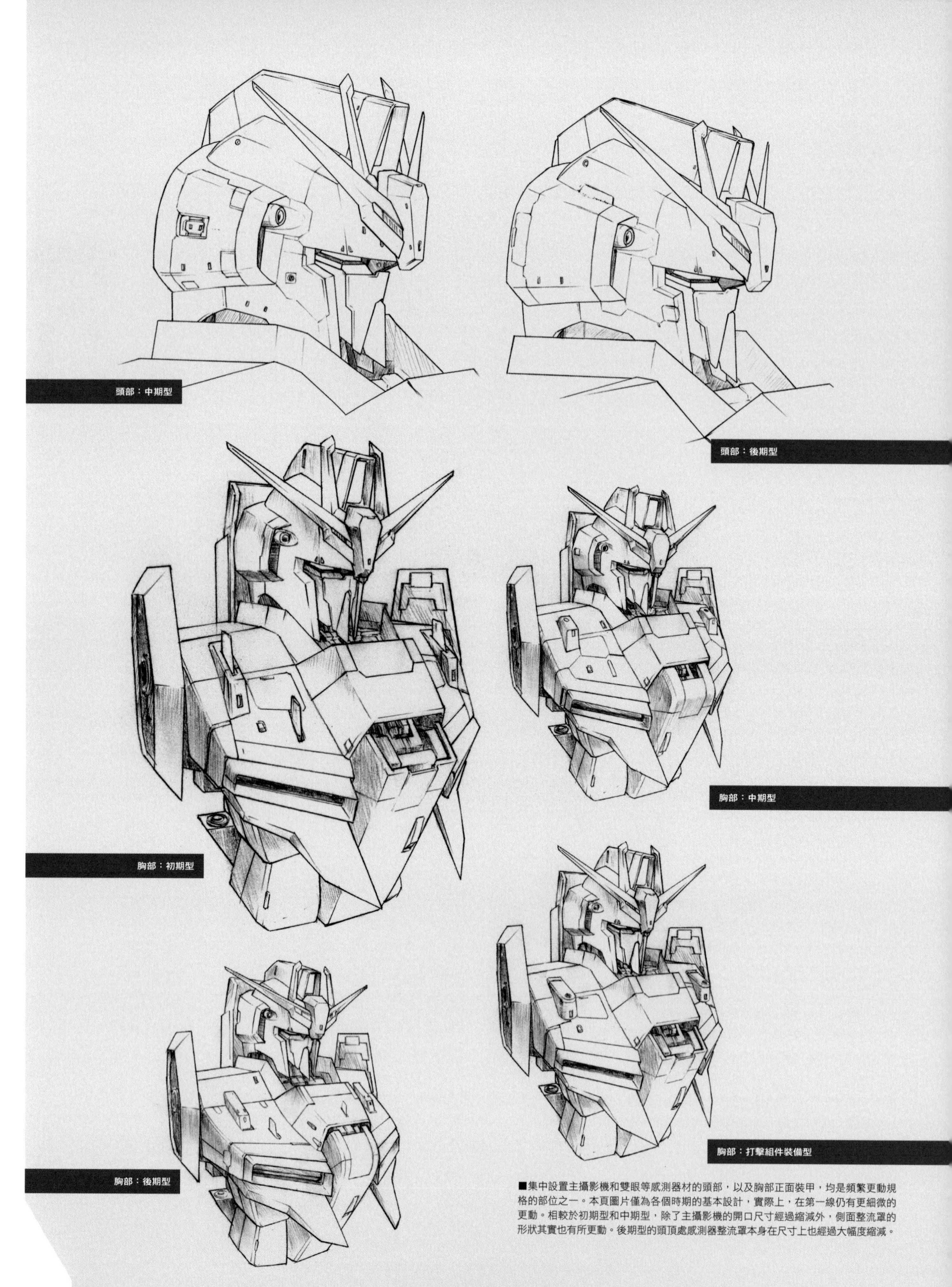

■集中設置主攝影機和雙眼等感測器材的頭部，以及胸部正面裝甲，均是頻繁更動規格的部位之一。本頁圖片僅為各個時期的基本設計，實際上，在第一線仍有更細微的更動。相較於初期型和中期型，除了主攝影機的開口尺寸經過縮減外，側面整流罩的形狀其實也有所更動。後期型的頭頂處感測器整流罩本身在尺寸上也經過大幅度縮減。

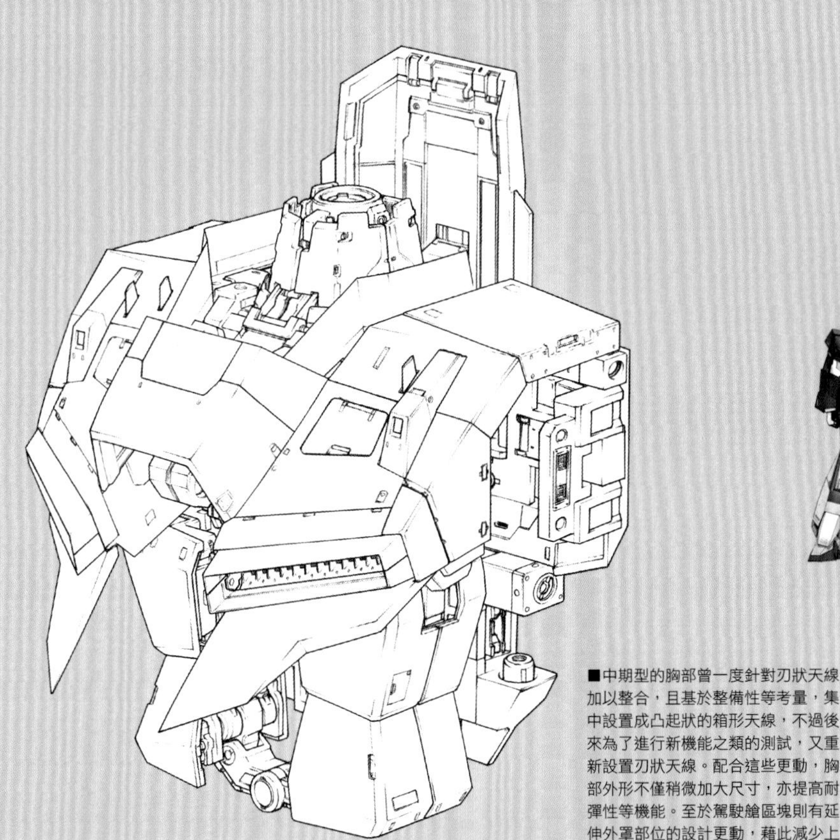

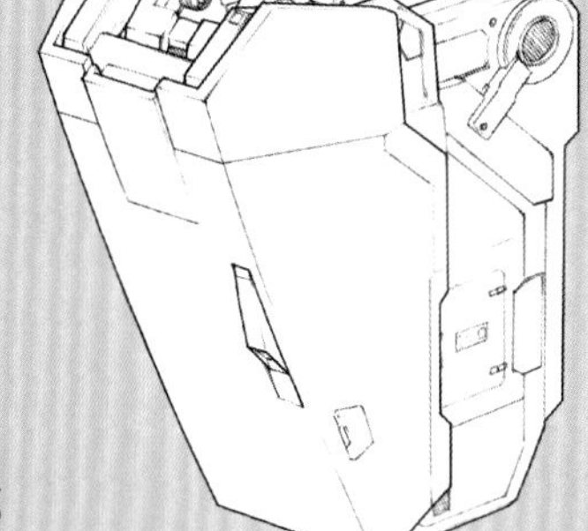

■中期型的胸部曾一度針對刃狀天線加以整合，且基於整備性等考量，集中設置成凸起狀的箱形天線，不過後來為了進行新機能之類的測試，又重新設置刃狀天線。配合這些更動，胸部外形不僅稍微加大尺寸，亦提高耐彈性等機能。至於駕駛艙區塊則有延伸外罩部位的設計更動，藉此減少上側的內部機構外露幅度。

胸胴部

胸部正面

胸部左右兩側槽狀構造在太空用胸部裝甲上可發揮作為逆向噴射口（後述）的機能，內部也搭載相關機器。以MSZ-006搭載的各種機材來說，其實都盡可能地採用足以收納進板形框體裡的套裝組件，藉此提高更換時的便利性。頭部搭載的感測機器也都是基於這個原則設計成規格化組件，但後來過於往特化方向發展，導致能與其他MS共用零件的部分相當有限。大氣層內運用版本則是排除了噴射口相關機器，改為裝設可動風葉和熱交換器，使該處也能作為散熱口使用。不過變形為WR形態時，為了將從正面吸入的空氣給排出，必須在背面裝甲（WR形態的蓋套部位）上設置排氣口或溝槽狀構造才行，況且胸部構造內其實並沒有大幅度的熱源，以MSZ-006的狀況來說，在該部位設置冷卻機構的意義本來就不大，因此至少MSZ-006-1在運用上應該是保持軌道上裝備不變才對。

在衝入大氣層時，只要一將飛航電腦切換為專用模式，機體各部位的開口部位就會同步闔起，藉此保護感測機器之類的裝置。雖然胸部裡的風葉也會闔起，不過照理來說應該要裝設專用的密封塞才對（戰鬥出擊後才進行衝入大氣層作戰的狀況不在此限）。

另外，亦確認到有著在這組噴射口外側增設小型溝槽狀開口的規格，該處在大氣層內可發揮進氣口的機能，用意在於冷卻設置在胸部頂面左右整流罩裡的感測器類裝置，在內部還設有可避免吸入異物的過濾器。在變形為WR形態時，前述感測器類裝置可取代已完全收納進身體裡的頭部處主攝影機和雙眼。整流罩前側設有透明護罩，該部位雖呈現和機體色相近的藍色，但實際上是半透明護罩，因此包含可視光在內的感測性能與頭部相關裝置具有同等機能。攝影機的光學機器部位為複合鏡頭式，感光元件為ARSS。這是為了讓搭載空間能騰出足夠的深度所致。有別於頭部，這個部分無法獨立轉動，是故在MS形態時除了作為精密感測的輔助，或是在頭部受損之際發揮備用機能之外，亦是以隨時收集對駕駛員來說最為重要的機體正面資訊為主。

在該組整流罩感測器稍微往內側一些的位置，亦即胸部裝甲面的平坦處內藏有雷達。該板形整流罩與透明護罩為同等的材料，保有電磁波選擇穿透性之餘，亦塗裝成和機體色相同的顏色。該塗料是以耐熱覆膜使用的成分為基礎，由於視塗裝的顏色而定，感測特定光波時會受到干擾，因此僅能使用在雷達部位上。該雷達與面罩內藏的主動電子掃描陣列雷達系統為同等系統，亦具備利用雷達對敵方進行測距的機能。

MSZ-006在運用初期時還配備通信用刃狀天線。雖然這部分在功能上和MS形態的頭部天線重疊，不過頭部在WR形態時會收納進身體裡，因此才會另行設置這類天線。該刃狀天線在WR形態時不會被遮擋住，得以實現良好的通信狀況，不過以MS形態與後方母艦進行聯絡之際，這部分反而會有通信不穩定的疑慮，因此一變形之後就會立刻切換成以頭部天線為主。

附帶一提，到了中期型時有著整合天線類裝置，將相關機能集中到胸部正面的箱形天線處等調整，目的在於簡化機器和整備作業。另外，WR形態時朝向下方的通信是靠著平衡推進尾翼內藏天線來進行。至於後期型則是在異於初期型的位置上重新設置刃狀天線，用意可能在於驗證為了制訂「Z改」規格而新研發的機器。

胸部裝甲在形狀上其實經過頻繁的微幅調整。這點確實是源自在太空、大氣層內運用時會更換專屬裝甲的「奢侈」設計概念。不過正如前述，這也是受限於一體化裝甲零件尚未建立穩定的供給，為了因應現況才會採取的對策之一。就較易於生產的分割式裝甲來說，多半是使用在沒有衝入大氣層需求的太空環境中，就算是在大氣層內也會採用分割線設置方式比較不會造成空氣阻力的裝甲。

裝甲材質本身是相同的，不過在變形所需空間許的範圍內，太空用裝甲是採用較厚的積層式構造，大氣層內則是相對地採用能減輕重量的單層裝甲。這也是基於雷射兵器和光束兵器在太空中能發揮的效力較大，才會如此對應。另外，即使是大氣層內用版本，亦有供給變形後在外形上具有不同空氣動力效應的零件。這原本是為了驗證純粹在電腦中模擬仍有所不足的空氣動力效應，廠商才會製造出來進行試驗用的零件，不過因為在實際運用上並不成問題，後來也就以備用零件的形式提供給幽谷。無論是哪一種胸部裝甲零件，基於和骨架還有其他裝甲嵌組裝設的需求，當然是比照相同的基本規格生產製造，得以混合搭配使用。另外，單層裝甲和積層裝甲在質量上確實有所差異，不過這方面可經由驅動控制程式自動對應，在運用上並不至於造成太大的問題。除了胸部之外，在更換其他外裝組件時，只要外形和質量分布等資訊有另行登錄在中央電腦的資料庫中，那麼即可正確地驅動。即使登錄資料時有所疏漏，在驅動和變形時的負荷檢測等程序中也會自動校正。要是沒有這個機能的話，像MSZ-006這類TMS就會無從對應機身受損，以及裝備品在作戰中改變（將武裝予以拋棄或與其他機體交換，或是發射出彈頭之類造成的重量變化）的情況了。

從胸前延伸至腹部的艙蓋狀構造不僅是駕駛員搭乘口，在MS和WR形態時也都必須具備能保護駕駛艙的機能，因此連同腰部裝甲在內部採用厚度超出本機體其他部位的積層裝甲。這部分在內外兩側都有施加屬於裝甲表面處理層的多孔膜，並且在細孔中填入輻射線遮擋物質。在把會增加重量的結果納入考量後，作為積層裝甲其中一層的發泡層也封裝了防宇宙射線用緩衝劑。

胴部裝甲是設置在如同肋骨般，從可動骨架上延伸出來的伸縮式接合用支撐架上，而且還藉由如同融合一大半的接合程度予以固定住，以便像外骨骼一樣保護、支撐設置在內部的冷卻用機器以及駕駛艙。

為了讓側腹部裝甲在變形為WR形態時能左右闔起，因此採用箱形構造，側腹內部收納著主電腦等與機體控制相關的主要器材，在WR形態變形完成之際，除了側腹部裝甲本身之外，側裙甲也會覆蓋在該處外側，藉此提供更為完善的防禦。

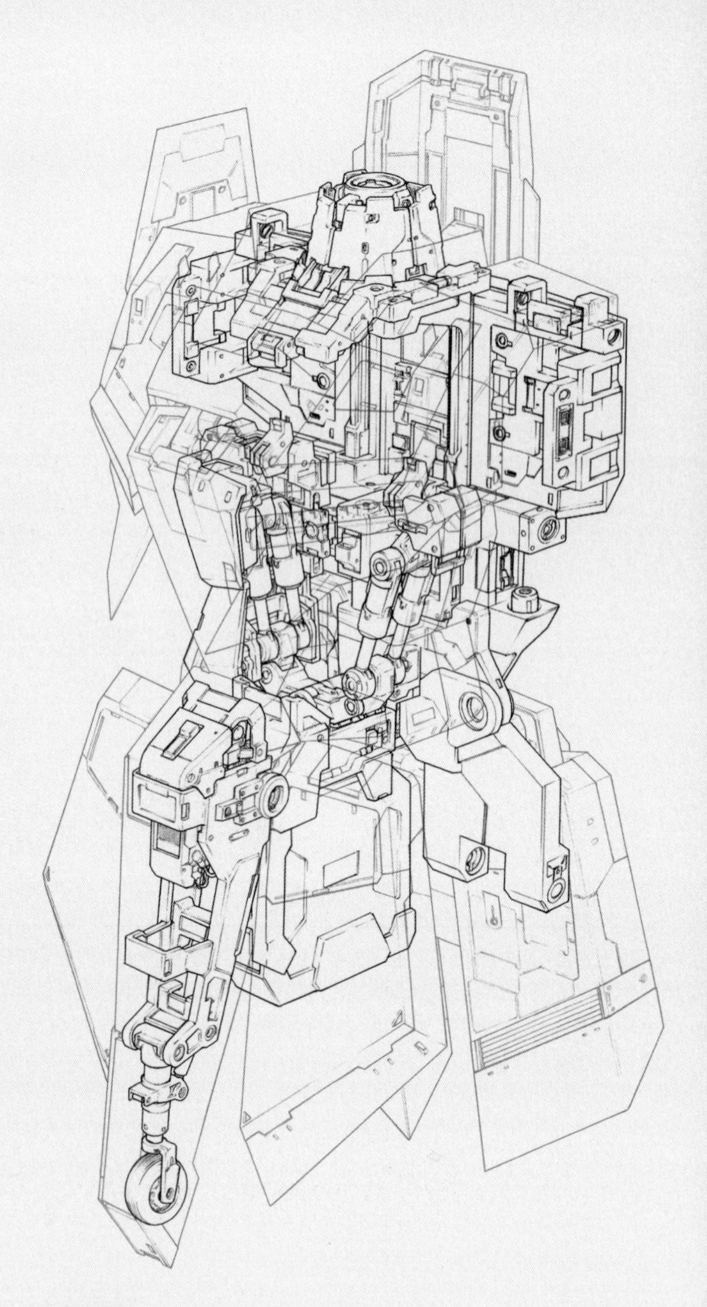

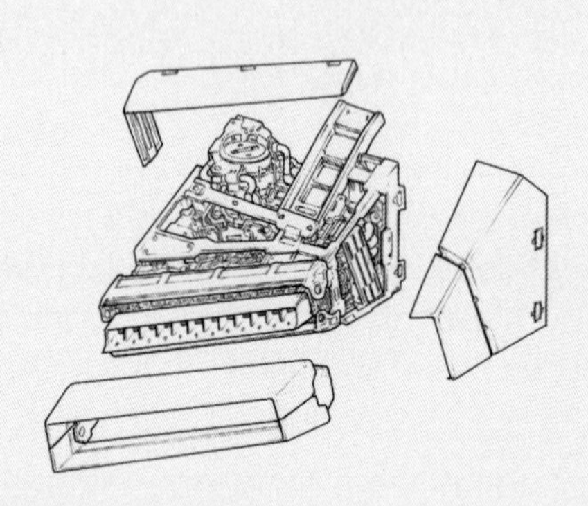

逆向噴射口

胸部左右兩側逆向噴射推進器雖然開口面積較大，但實際上是在一般狀態下僅能以低推力運作的線性尖錐引擎。以MS形態來說，這部分是用來控制俯仰機動，在直線移動時可讓上半身做出往後仰的機動，甚至是讓機體往後方迴轉，亦即做出「後翻滾」運動。

在WR形態時則是用來發揮與「逆向噴射」同等的制動效果，不過因為推力並不高，所以只能利用在為了從敵方射擊線上偏開而進行的微幅減速、控制行進方向上。

往斜下方伸出的板形結構並不是用來讓推力偏轉，而是用來遮擋住噴向駕駛艙區塊、腹部、腰部的額外噴射氣流。

胸部背面

後襟裝甲不僅大幅往上豎起，更往下延伸構成背面部位。這個相當於可動骨架脊柱的部位藉由線性力場馬達來固定住，構成在變形時可經由滑移位置形成飛機機體形狀的基本構造。襟領處的小型開口設有變形用扣鎖機構，該機構為具有電磁機制接合和鎖門式物理性接合的雙重系統，得以確保高強度的接合。由於變形後當然也是藉由電磁機制來固定住可動骨架的可動部位，因此機體在變形後不會產生無謂的錯位偏移，不過固定得太牢靠的話，剛性會過高，導致零件承受過大的負荷，這點在利用MSA-005進行變形試驗時便已知曉，因此講究保留韌性與可撓性的部位僅限於骨架。要找出該如何顧及整體其實相當困難，雖然經過反覆的實驗，不過在歸納出具有最優秀成果的形式時，亦可說是證明MSZ-006作為可變MS的先進性。若是堅持在構造上一定要處處都既紮實又牢靠的話，那麼MSZ-006或許根本沒有機會研發完成。

脊柱正面（機體內部這側）設有軌道，該處架設用來組裝頭部的頸部區塊。為了避免頭部下側中彈，在具有類似電梯構造的頸部左右兩側設有屏風狀裝甲（襟領）。

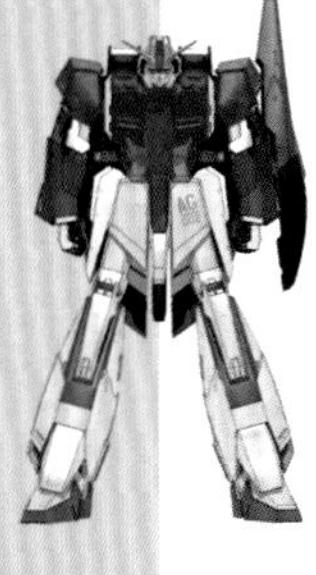

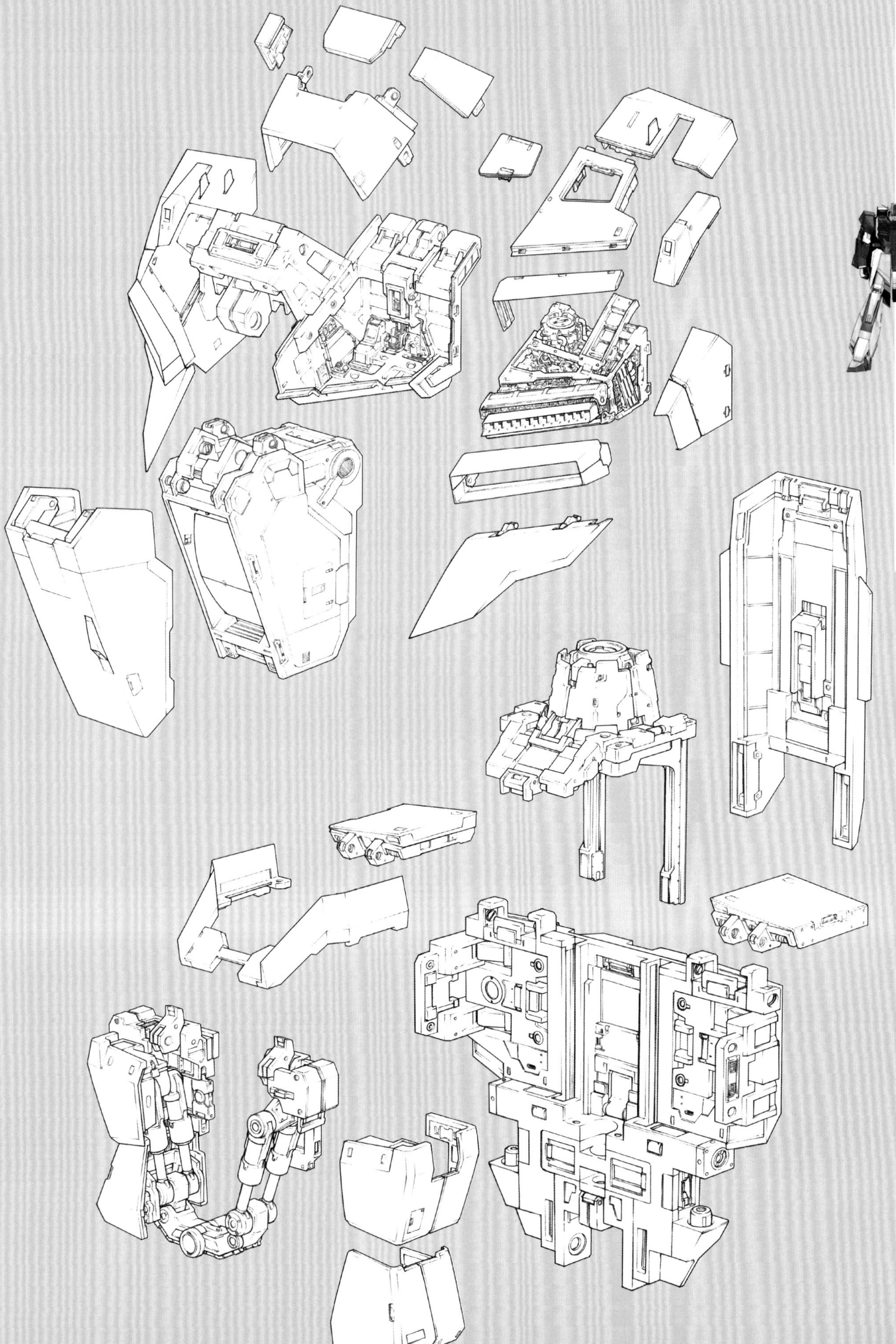

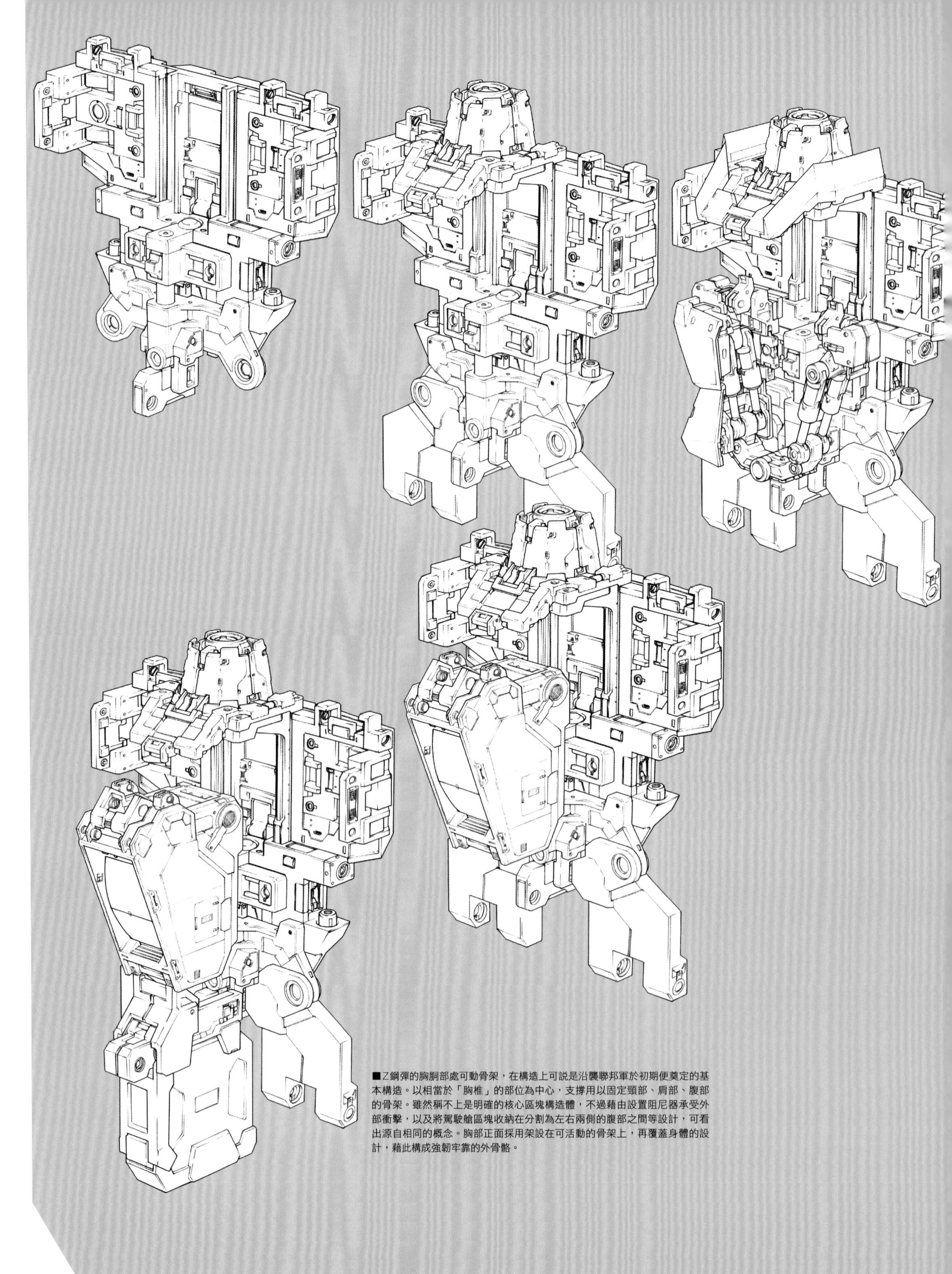

■Z鋼彈的胸胴部處可動骨架，在構造上可說是沿襲聯邦軍於初期便奠定的基本構造。以相當於「胸椎」的部位為中心，支撐用以固定頸部、肩部、腹部的骨架。雖然稱不上是明確的核心區塊構造體，不過藉由設置阻尼器承受外部衝擊，以及將駕駛艙區塊收納在分割為左右兩側的腹部之間等設計，可看出源自相同的概念。胸部正面採用架設在可活動的骨架上，再覆蓋身體的設計，藉此構成強韌牢靠的外骨骼。

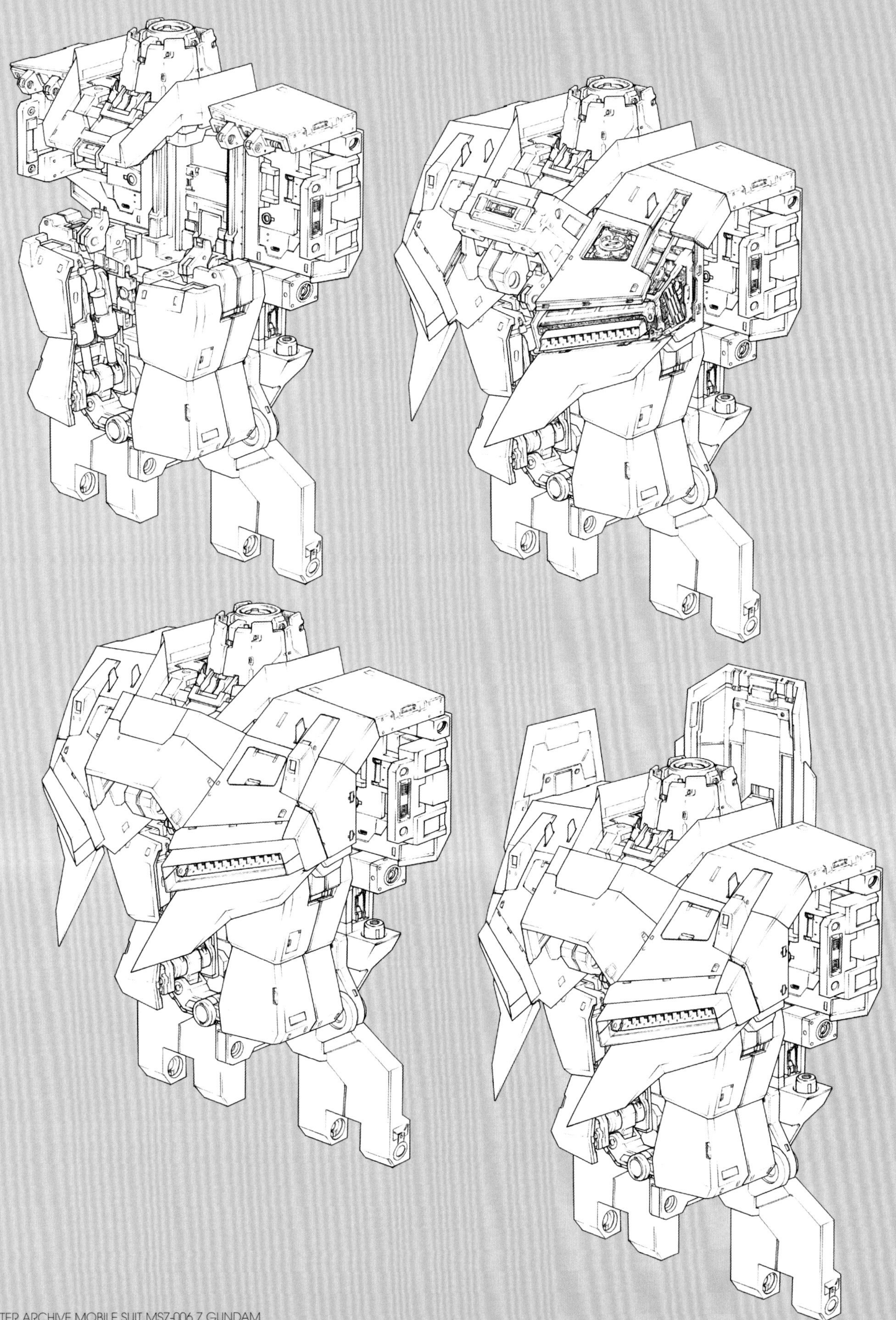

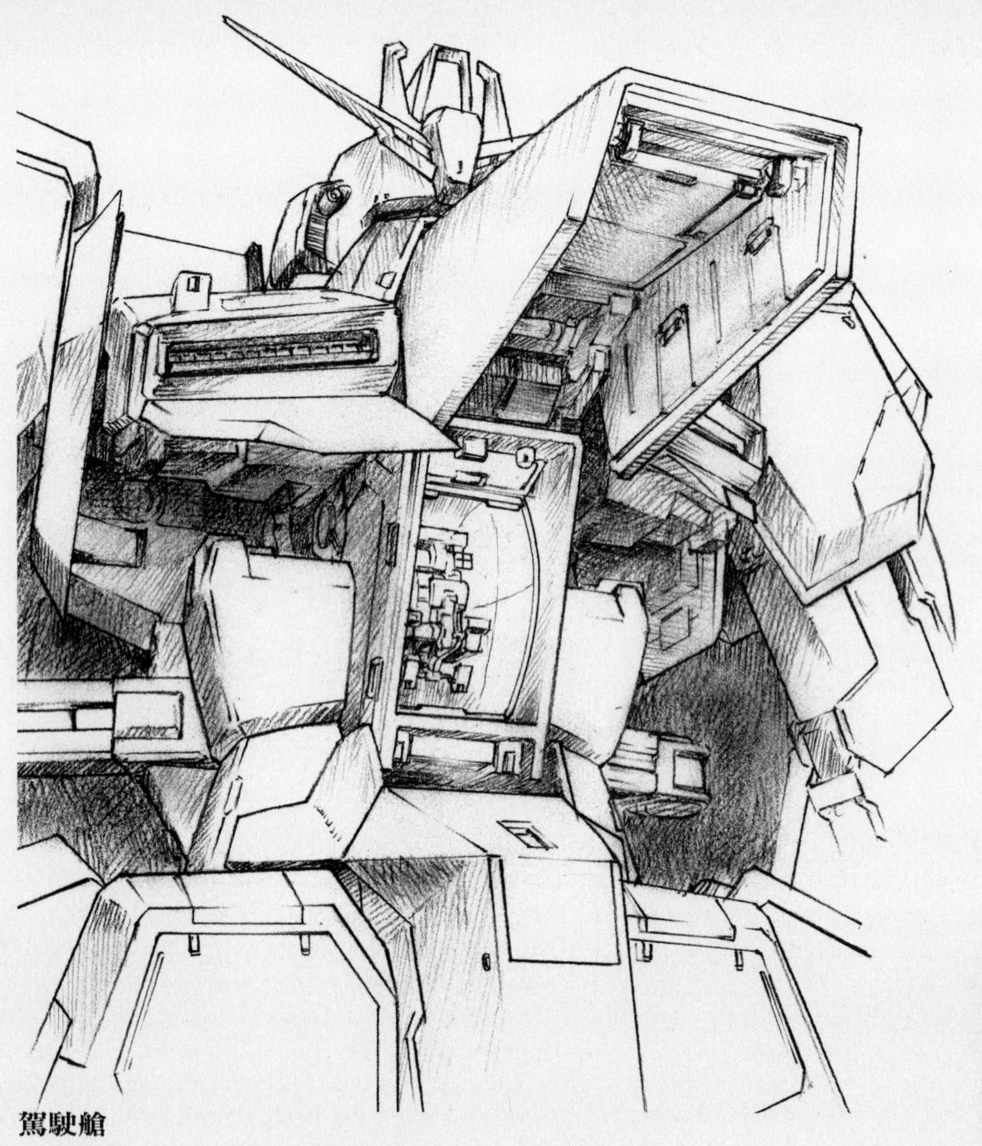

■還就於有限的容積，駕駛艙顯得狹窄了點，卻也採用在當時已列為標準裝備的360度螢幕。以Z鋼彈機身各處設置的感測器來說，足以全方位提供高精確度的視覺資訊，以及水準相當的影像資訊。雖然能否有效辨識其中資訊，並運用在戰鬥行動當中，這方面依然取決於駕駛員的資質，不過與同時代的標準MS相較，Z鋼彈辨識外部資訊的機能和能力已居於截然不同的層次。

駕駛艙

基於變形機構上的考量，駕駛艙區塊並未採用當時已漸漸成為通用規格的球體駕駛艙模組※，而是採用長橢圓體模組。雖然因為外觀而稱為「繭形駕駛艙」，但正式的簡稱為CALSUM-Srd（Srd為橢圓體的簡寫）。不過多半還是純粹稱為駕駛艙模組。附帶一提，就定位來說，MSZ-006這種駕駛艙區塊相當於日後同系MS的原型所在。

這種移動式駕駛艙在MS上相當罕見，為了進行獨特的位置移動所需，因此座椅與其支撐機構亦研發專用版本。不僅以在大氣層內高速飛行為前提設置抗G機能，亦針對單機衝入大氣層能力而規劃與其他MS截然不同的駕駛艙構造方案。

駕駛艙外殼具備耐壓、氣密性想必用不著贅言敘述，但遷就機體內部空間而未能採用與球體相近的形狀，因此為了獲得充分的耐壓效果起見，這部分是以裝甲用的鋼彈合金γ來製造。雖然在半單殼構造的外殼內側尚有另一層殼，該處就已近乎是球體，不過內殼與外殼之間仍填充吸收衝擊用的材料，用意在於盡可能減少振動和衝擊對駕駛員造成的影響。

有別於其他部位的裝甲是以徹底輕量化為原則，作為駕駛艙搭乘口的艙蓋區塊，以及胴部（側腹部）這兩處是由在MSZ-006各部位零件中最為厚重的高強度裝甲所構成。裝甲的背面還用二次裝甲作為基底，藉此追求就算在近接戰鬥之類狀況中遭到物理性的打擊時，亦足以保護住駕駛員和駕駛艙的強度。表層外殼和二次裝甲之間存在著空隙，該處充填衝擊吸收聚合物，使外殼遭到的物理性衝擊不會直接傳達到二次裝甲上，亦或是發揮緩和效果。由於採用物理性質相異的材料作為夾層，因此發揮如同間隙裝甲的效果。

側腹部裝甲並非外裝組件，而是包含可動骨架的一部分在內。看起來或許像是偏離可動骨架的基本概念，但該裝甲亦是擔負起骨架構造體強度的應力構材。嚴格來說，該處為內部具有肋骨狀骨架（costal frame），外側設置雙重裝甲（與艙蓋區塊同等的裝甲）的構造，並且基於造型考量才施加與外裝組件同等的塗裝。

以MSZ-006來說，緊急逃生時並非將駕駛艙模組彈射出去，而是以讓整個駕駛艙區塊能從主體上分

※球體駕駛艙模組
Spherical Control and Life Support Module（簡稱SCALSUM）。這是有註冊商標，在一年戰爭後列為標準規格的MS駕駛艙。為了便於整備、回收等需求，國際法中明定各方勢力都要採用相同規格的模組。MSZ-006的模組雖然在形狀上與標準品相異，卻也是完全比照該規則設計。

※HOTAS
Hands On Throttle-And-Stick。這是為了讓駕駛員的手用不著放開操縱桿就能進行各種基本操作＆戰鬥操作，因此將相關按鈕和開關適當地設置於操縱桿上的設計概念。

離為優先。逃生程序本身是極度仰賴駕駛艙體強度的非常手段，無論是人型或飛行形態，一旦啟動就會排除周圍的裝甲，然後靠著設置於艙體後側斜下方的火箭噴射，藉此脫離原有機體。在大氣層內的程序也一樣，脫離原機體後還會進一步啟動內藏於艙體的降落傘以求順利降落。不過以在大氣層內的狀況來說，比起靠著逃生艙獨自逃生，盡可能留在MS裡待援的生還率比較高，畢竟像MSZ-006一樣備有雙重駕駛艙彈射系統的MS並不多。這方面和一年戰爭時的RX-78「鋼彈」相仿，MSZ-006會如此設計的用意，顯然也在於回收歷來累積的數據資料。一年戰爭後的MS會將戰鬥資料儲存在任務紀錄器裡，雖然座椅處設有紀錄裝置，不過就MSZ-006來說，最好還是盡可能地將已成長&學習完成的中樞電腦本身給帶回來。

駕駛艙模組在底層設有置物櫃，雖然空間有限，卻也收納有標準服、一天份的水和攜帶口糧、氧氣瓶，以及攜行火器等求生套組。

在太空中一般來說，考量到在戰鬥中受創的狀況，駕駛艙內會減壓至只剩0.2氣壓的程度（和處於在待命戰鬥狀態下對外開放的機庫裡相同）。雖然在不穿標準服就搭乘的情況下，還是能增壓到0.7氣壓的程度，但以這個狀況來說，要是不將氣壓調降至與機庫裡相同的程度，駕駛艙蓋是無法開啟的。

懸吊式座椅

MSZ-006的懸吊式座椅系統是由踏板、正面多功能顯示器、包含兩側置操縱桿在內的左右控制台、設置於頭枕左右兩側的顯示器投影系統等設備所構成，乍看之下和通用品相同。不過這些周邊機器在直接採用既有器材之餘，座椅本身和能夠在遭到衝擊和加速時保護駕駛員的懸吊式座椅用浮動系統均為專屬設計版本。特別是僅限於MSZ-006的情況來說，受限於座椅必須設計得比標準尺寸稍微小一點，導致後述的駕駛艙內投影影像會有著視差之類不協調問題，這類影響對於身高在180公分以上的駕駛員會格外顯著。

規格化的駕駛服內藏有能夠以背包為中心，從多個方向將身體給「綁緊固定」的安全帶類構造，駕駛員本身則是能以背包作為插頭固定在座椅上。無論是在大氣層內外，WR形態時的座椅都會往後方傾斜16度，確保駕駛員易於承受來自前方的G力。

顯示器系統

和其他搭載懸吊式座椅的機種相同，周圍全面設置顯示螢幕，不過MSZ-006的螢幕其實稍偏長橢圓體狀，導致投影出來的視界會有點扭曲變形。該影像當然會配合機體的機動行進而移動，不過在習慣一般球體狀螢幕的駕駛員眼中會產生些微不協調感。畢竟這類影像是根據駕駛員的視點位置進行測量後，再經由演算處理才投影出來的，由於無法從根本解決這個問題，因此必須經由實機的模擬學習熟悉（需要花多久時間才能適應當然也是因人而異）。

不只是MSZ-006，對各式TMS來說，為了讓駕駛員在變形前後都能明確地辨識現況，各形態都有專屬的最佳影像投影模式。以MS形態為例，在使用臂部進行作業或射擊之類的狀況下，其實會追加投影從肩部到手臂末端的影像（讓駕駛員能從如同MS頭部的觀點確認外界情況）。另外，由於是以能夠一併看到腳底下狀況的顯示方式為優先，為了避免駕駛員陷入自身正在漂浮的錯覺，因此會把刻意顯示「底面的死角」列為標準模式。投影本身是選擇式的，亦可疊加腿部的影像。除此之外，還備有可投影出機身整體，或是將機體局部用模擬、虛擬（亦可處理成半透明化之類的狀態）形態來呈現的多種模式，駕駛員可自行切換。當然就算是駕駛員「看不到」的部位也仍在隨時進行偵察和警戒，這類地方在利用箭頭之類圖示提醒注意之餘，還會進行局部放大投影，並且顯示分析資訊之類的內容以通知駕駛員。

要切換顯示模式時，必須經由座椅側面的控制台進行操作，選擇武器和發射武器這部分除了使用操縱桿進行操作之外，亦能改用左側控制台的觸碰式開關來操作。特別是以形狀類似飛機的Z系MS飛行形態來說，駕駛員有著僅投影腰部以上範圍的座艙罩模式，以及進一步追加左右下方視界的座艙罩＋（PLUS）模式可供選擇。不過當腳底下有高速流動過去的影像時，有案例指出格外容易令太空居民出身的駕駛員感到不安，於是設置視界限制模式，不過原有模式在從高空進行搜索之際會較便於判斷狀況，加上360度螢幕日益普及，還有能靠著充分的模擬訓練時間進行適應，因此就整體來說，這方面的問題已逐漸獲得克服，現今已有不少駕駛員是採用全視界模式。附帶一提，即使時至今日，Z系MS的駕駛員也仍能根據個人喜好選用適合的模式，不過MSZ-006的駕駛員卡密兒・維登當年就曾表示過，他個人偏好保持在360度視界的模式。

在太空中時，為了讓駕駛員能意識到自己是在MS裡受到保護，因此有時也會刻意顯示出窗框（模擬出來的外框圖像）。

有別於全周天螢幕，正面控制台上另設有三面顯示器。這部分主要是用來顯示座機狀態、飛航圖，以及通信畫面。顯示在這裡的所有資訊亦能疊加到全周天螢幕上，甚至能讓正面控制台的顯示器完全不顯現畫面（透明化），藉此讓正面的視界能更為寬闊。另外，當全周天螢幕的機能停止時，亦可發揮作為備用機器的功能。

操作系統

MS的操縱操作基本上是靠著側置操縱桿來進行，但其握把部位並非「里克・迪亞斯」等機種採用的垂直桿式桿式，而是L形桿。垂直桿式是源自吉翁系MS的操作系，不過AE社本身是以L形桿為標準。一年戰爭後，配合駕駛艙模組的標準規格化，為了讓這兩種形式的操縱桿都能同樣進行操縱，於是將按鈕之類設備也配置成共通規格，在機體運用上也能隨時因應駕駛員的需求更換為另一種形式。在U.C.0080年代後半引進球形操縱桿之前，這兩種形式同樣都列為標準使用規格。操縱桿的按鈕類為HOTAS※規格，亦可輔助性地利用視線或聲控方式輸入操作指令。

WR形態的操作系較為另類，L形操縱桿在設計上終究是以MS形態的操作感為優先，因此即使在形式上與傳統飛機使用的相近，卻還是無法完全仿效。若是Z系MS的駕駛員選擇使用L形操縱桿，那麼就必須進行一定程度的熟習飛行訓練才可以。右側置操縱桿是用來控制滾轉、俯仰的幅度，左側置操縱桿的功能為節流閥，踏板則是用來控制偏航的幅度，這方面和飛機是共通的。

MS形態的操縱操作和既有MS沒兩樣。左右操縱桿是用來輸入改變機體位置、目標指示，以及控制指令，在飛行狀態時，踏板則是作為推進機能的扳機。

操縱系隨著具有變形機構而顯得複雜許多，因此判斷必須要藉由搭載電腦提供輔助才能流暢操縱，更得有備用控制系統才行，可供切換這些和手動操作用的開關類均集中在側面控制台上。尤其是飛行形態為了避免在操作上發生問題，備用操縱桿通常是收納在座椅底下，一旦側置操縱桿在操作上出現狀況，即可改用這套操縱桿進行操作。雖然這套備用操縱桿也能控制MS形態的機體，但在「細膩操作」上應該仍不及側置操縱桿才是，在這種狀況下應以儘速返航為優先。萬一發生這兩種操縱系都故障的狀況，那麼也就只好逃生至機外了。

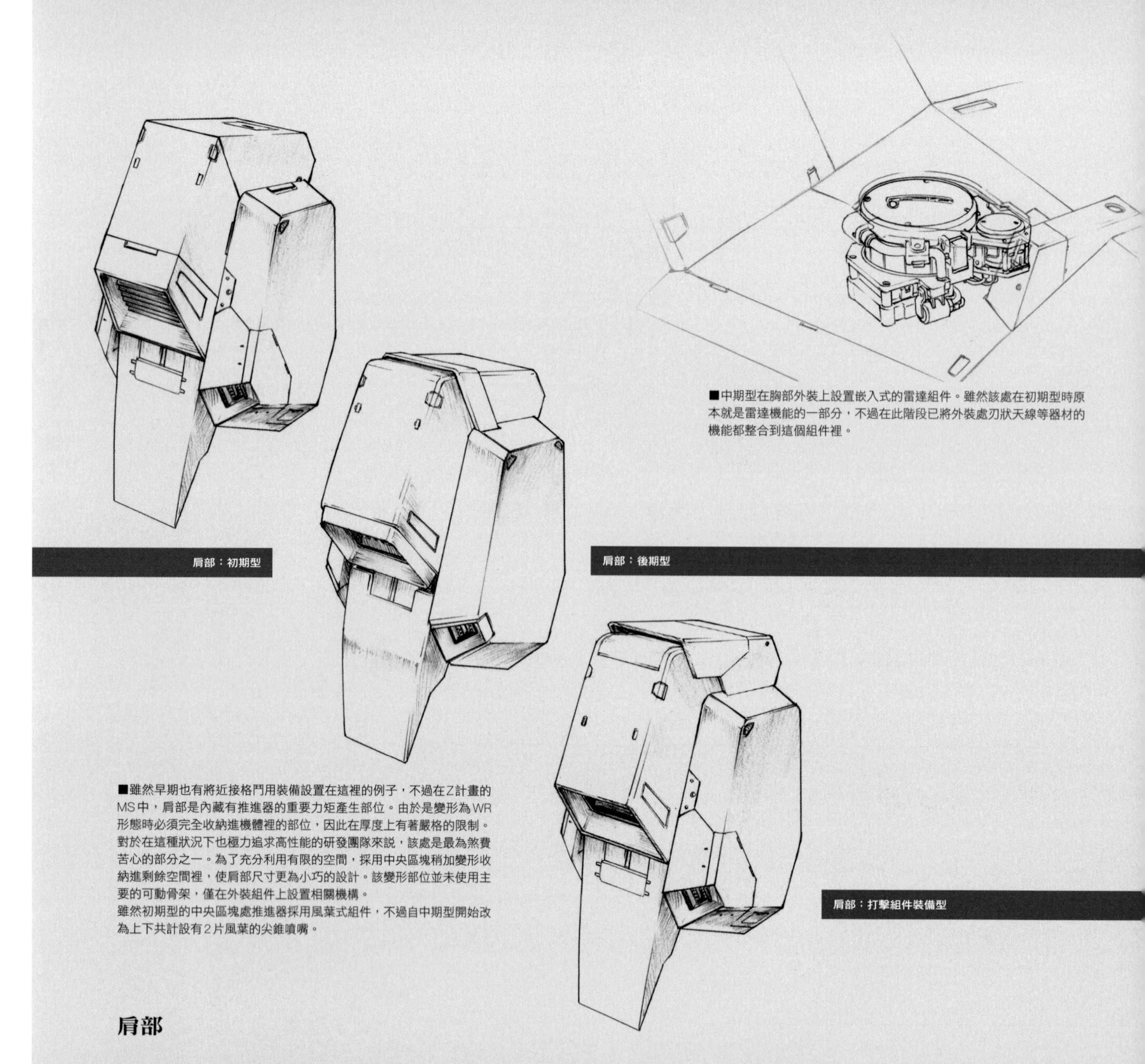

■中期型在胸部外裝上設置嵌入式的雷達組件。雖然該處在初期型時原本就是雷達機能的一部分，不過在此階段已將外裝處刃狀天線等器材的機能都整合到這個組件裡。

■雖然早期也有將近接格鬥用裝備設置在這裡的例子，不過在Z計畫的MS中，肩部是內藏有推進器的重要力矩產生部位。由於是變形為WR形態時必須完全收納進機體裡的部位，因此在厚度上有著嚴格的限制。對於在這種狀況下也極力追求高性能的研發團隊來說，該處是最為煞費苦心的部分之一。為了充分利用有限的空間，採用中央區塊稍加變形收納進剩餘空間裡，使肩部尺寸更為小巧的設計。該變形部位並未使用主要的可動骨架，僅在外裝組件上設置相關機構。
雖然初期型的中央區塊處推進器採用風葉式組件，不過自中期型開始改為上下共計設有2片風葉的尖錐噴嘴。

肩部

雖然是用來保護可動骨架驅動軸的部位，卻也和以往的MS一樣具備複合機能。以MSZ-006的情況來說，為了確保能完全收納進機體內部，肩部整體在厚度上設有限制，前後裝甲僅能設置小型的尖錐引擎。基於人型形態的姿勢控制需求，中央區塊設有可供控制橫向機動的噴射推進器（側面開口處），受到前述限制的影響，容積只能朝垂直方向（上方和外側）擴充，這部分還得利用內部的剩餘空間變形收納，藉此讓肩部整體的尺寸能縮小一點。

肩部裝甲是連接在可動骨架和促動桿上的，得以配合臂部的驅動進行連動，能夠在不妨礙臂部活動的前提下自動調整位置。只有在進行戰鬥之類的情況，尤其是駕駛員積極主導操作之下，這部分才會經由控制全身動作的主電腦控制程式發出指令直接進行驅動，在進行一般的機動、移動之際，其實是由肩部基座處輔助電腦來自動控制從肩部到手掌的動作。這是基於必須控制肩部和臂部內藏視覺資訊感測器運作狀態的需求，用意在於盡可能取得穩定的視覺資訊。附帶一提，為了增加肩裝甲內燃料槽的容量，裝甲形狀和厚度均有所改變。另外，在提高資訊收集效率的考量下，感測器類也經常更新。

雖然能夠用各種形式取得機體周圍的資訊，但在將雷達波轉換為影像、把紅外線畫面轉換為彩色影像等機能上，還是有極為仰賴航電系統性能的一面，儘管本機體憑藉著最先進技術來對應這部分的需求，但在感測器的選擇上還是得不斷地反覆試誤才行。特別是為了化解人型形態與飛行形態在資訊收集密度上的差距，即使打算純粹靠著電腦模擬找出最佳方案，但不確定要素還是很多，結果還是不得不像這樣採取陸續更換、更新的方式來處理。

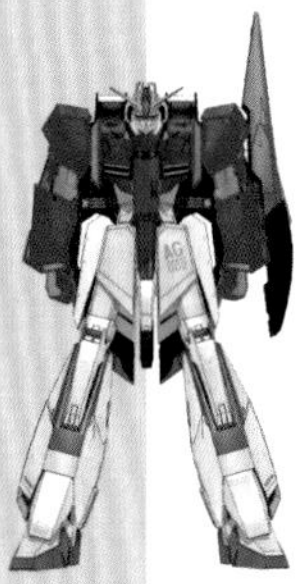

前後裝甲

前後裝甲均在下側設置小型的尖錐引擎，藉此控制機體前後的機動行進。純粹只用1具噴射即可控制身體的扭轉方向，得以迅速地變更機體位置。另外，若是同時搭配胸部和腿部的噴射推進器與線性尖錐引擎使用，更是足以讓機體正面迅速地朝向任一方位。

MSZ-006所配備的尖錐引擎，就特徵來說並非僅止於小型、高輸出功率等性能面上，其首要特徵亦可說是在於輕盈，以及在熱＆物理方面的耐用性上。另外，MSZ-006有著以往各式MS用不著考慮的問題，那就是必須能無縫接軌地在大氣層內外運用，就這個層面來看，該如何做到不必因應外氣壓變化更換噴嘴並延長使用壽命，亦是必須面對的課題。雖然採用針對耐熱性和硬度特化的鋼彈合金系材質（相較於裝甲使用的鋼彈合金γ，不僅強度更高，亦賦予某種程度的韌性）作為素材，不過若是用來製作噴嘴裡的凸起結構時，那麼必須做出用來冷卻的管狀構造才行。即使這種高難度加工技術在當時總算是奠定了，更得以拿來運用，但誕生產成本實在過高，導致其他MS甚少採用這類機構。不過MSZ-006原本就是以無須調整就能在大氣層內外使用為目標，這也是採用尖錐引擎的主要理由所在，其他MS就勉強採用這種機構也沒有任何好處可言。

既然MSZ-006是需要變形的機體，那麼機體表面就得避免設置鐘形噴嘴這類的凸出機構。因此讓肩部前後裝甲內藏尖錐引擎，使整體能呈現厚度較薄的形狀，這種設計可說是最為妥當的。

雖然已經充分考量過耐用性，但尖錐引擎的燃燒溫度較高，因此還是以每出擊50小時（傳統MS用鐘形噴嘴的五分之一左右）就要更換噴嘴的整備頻率為佳。不過MSZ-006畢竟是有著專屬整備團隊和充沛補給的實驗機，就實際運用的狀況來看，顯然是較變通性地採取超出技術手冊規範的方式來處理，至少尖錐引擎的更換頻率就是近乎倍數。另外，在「阿含號」上運用時也有重新評估過噴嘴的零件材料，並且對噴射溫度管理等方面持續地進行調整，最後總算將更換頻率降低到和傳統噴嘴相近的程度。

前後裝甲本身兼具燃料槽的機能。這個裝甲與燃料槽兼備的區塊為匣式構造，可經由更換整個區塊的方式流暢地完成燃料補給作業。不過考量到在「阿含號」等MSZ-006搭載艦以外的地方進行補給，還有在重力環境下進行作業的需求，當然亦能按照傳統方式將燃料直接注入燃料槽裡。由於以該處中彈的情況來說，在大氣層內運用時引發燃燒的風險較高，因此裝甲內的發泡層亦注入惰性氣體。

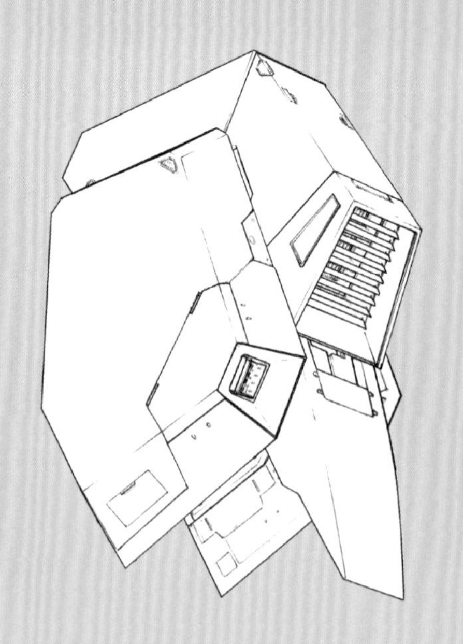

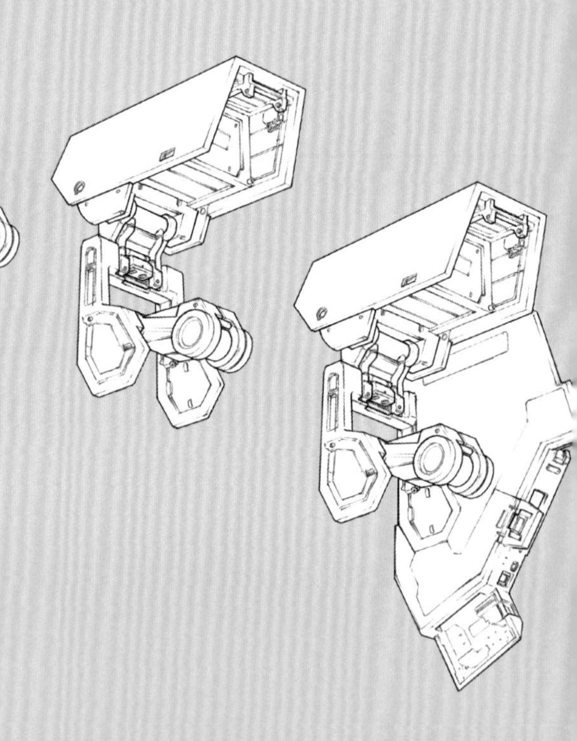

中央區塊

肩部中央區塊在側面設置方向近乎朝下的較大開口，該開口為噴射推進噴嘴。這組內藏式噴射推進噴嘴在輪機部位和噴射噴嘴之間設有可大幅度活動的構造，在變形為WR形態時可配合收納進肩部區塊裡的中央區塊形狀調整位置。

身為可變機的MSZ-006，在設計上原本就受到諸多限制，是否該在肩部設置這類往上凸出的大型推進器一事，其實打從研發「δ鋼彈」時開始就是爭議性的項目。既然肩部在WR形態時會完全收納進機體裡，那麼會就設置這種僅對MS形態有好處的機構提出反對意見，想來也是理所當然的事情。雖然「δ鋼彈」將肩部推進器設計成導流風葉在MS形態時會整個轉往水平方向，但MSZ-006正如前述，研發推進器組件本身可變形的構造，更為了提高瞬間最大推力而將噴射口形狀修改成現今的樣貌。

當肩部推進器和腿部側面線性尖錐噴嘴啟動最大輸出功率噴射時，即可用3G以上的加速幅度將機體整個橫向頂過去。僅靠腿部噴射時，雖然遷就於機體重心位置的關係，無法做出水平機動行進，不過以MSZ-006的狀況來說，這樣即可在維持自身射擊姿勢的情況下從敵方射擊軸線上避開，從這點也足以說明本機體為何有著非凡的對MS戰鬥能力。

前後裝甲的內部不僅都設有燃料槽，而且亦可供前後的尖錐引擎共用。

此外，推進器開口部位的外側還設有感測站。

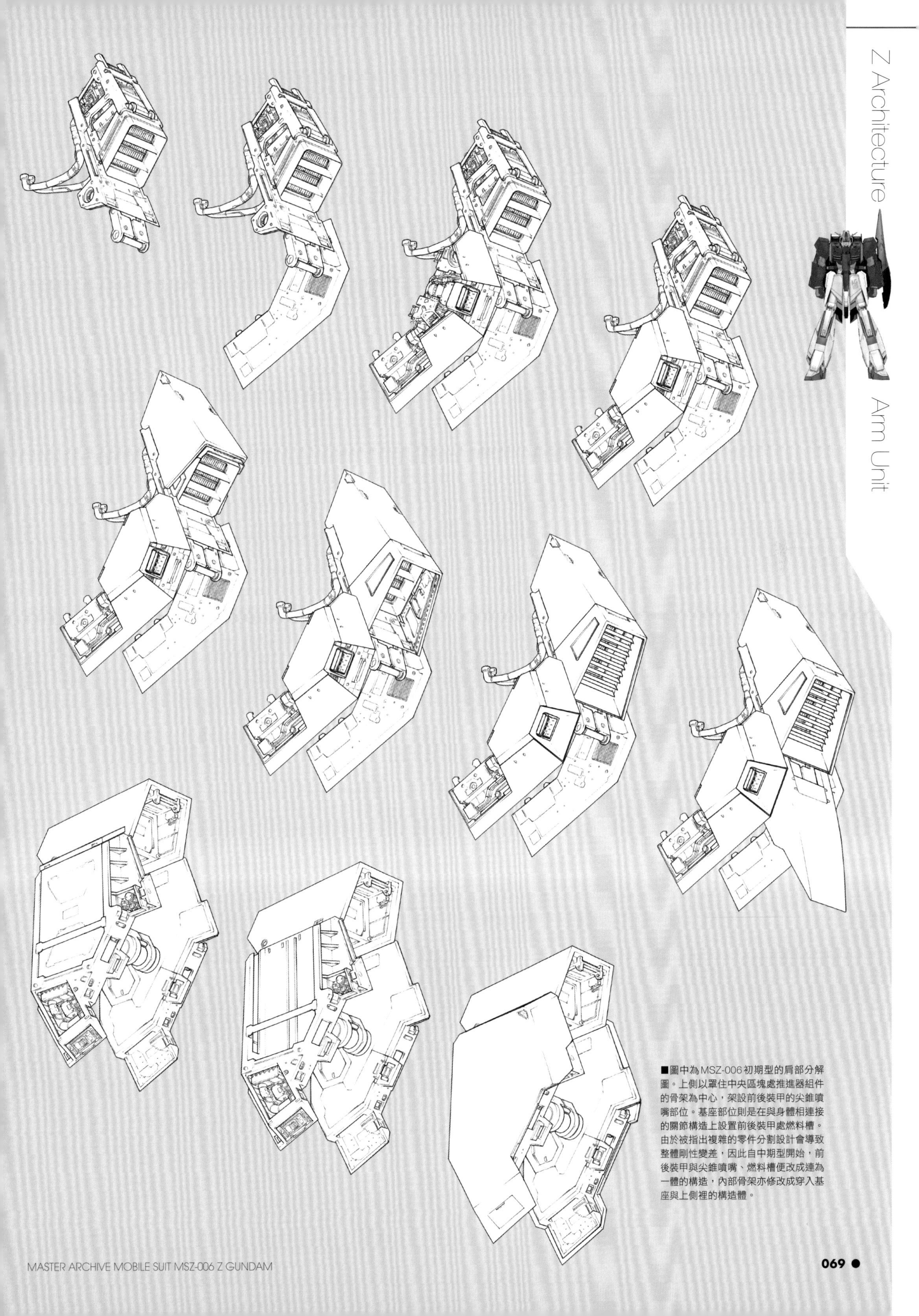

■圖中為MSZ-006初期型的肩部分解圖。上側以罩住中央區塊處推進器組件的骨架為中心，架設前後裝甲的尖錐噴嘴部位。基座部位則是在與身體相連接的關節構造上設置前後裝甲處燃料槽。由於被指出複雜的零件分割設計會導致整體剛性變差，因此自中期型開始，前後裝甲與尖錐噴嘴、燃料槽便改成連為一體的構造，內部骨架亦修改成穿入基座與上側裡的構造體。

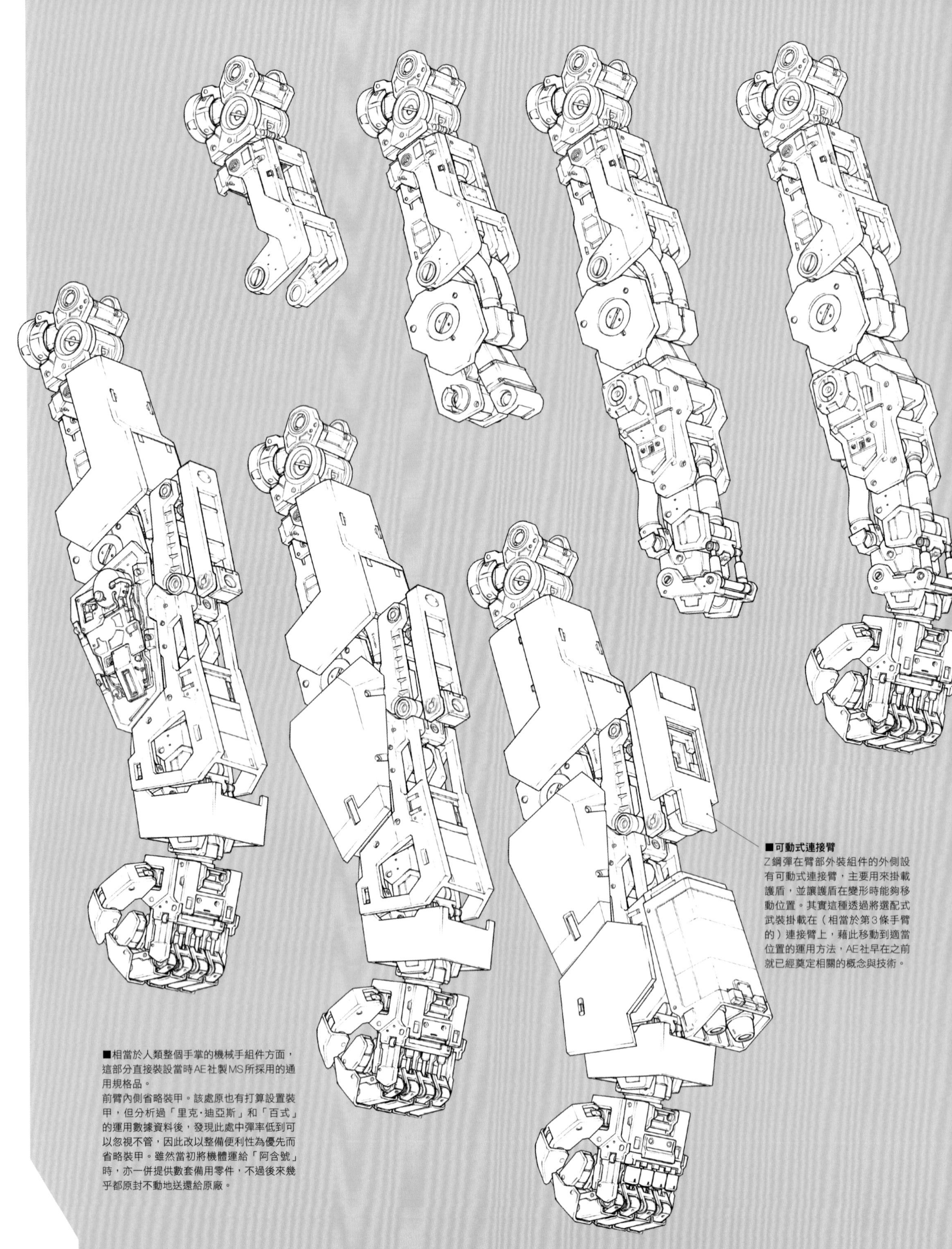

■可動式連接臂
Z鋼彈在臂部外裝組件的外側設有可動式連接臂，主要用來掛載護盾，並讓護盾在變形時能夠移動位置。其實這種透過將選配式武裝掛載在（相當於第3條手臂的）連接臂上，藉此移動到適當位置的運用方法，AE社早在之前就已經奠定相關的概念與技術。

■相當於人類整個手掌的機械手組件方面，這部分直接裝設當時AE社製MS所採用的通用規格品。
前臂內側省略裝甲。該處原也有打算設置裝甲，但分析過「里克·迪亞斯」和「百式」的運用數據資料後，發現此處中彈率低到可以忽視不管，因此改以整備便利性為優先而省略裝甲。雖然當初將機體運給「阿含號」時，亦一併提供數套備用零件，不過後來幾乎都原封不動地送還給原廠。

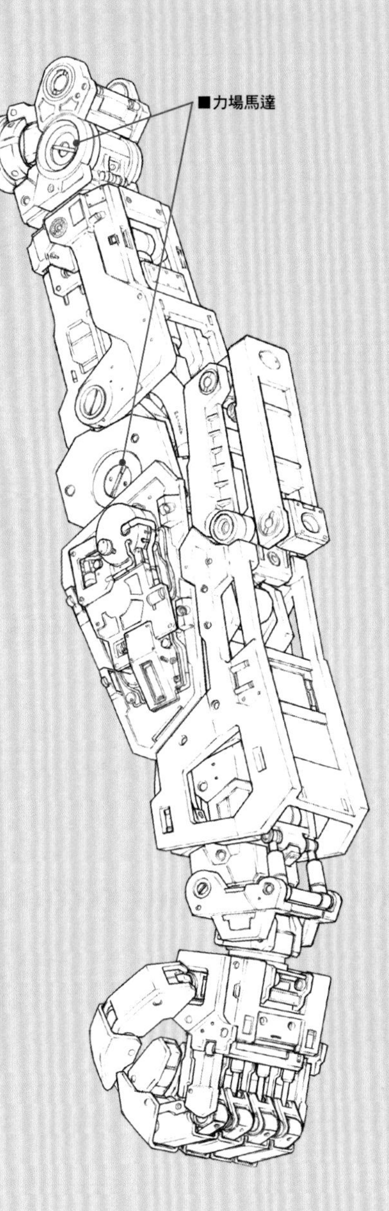

臂部

力場馬達

一年戰爭時期聯邦軍MS就已使用力場馬達來驅動關節，該機構確實可說是當時最先進技術的結晶，但仍在發展途中也是不可否認的事實。輸出功率和物理上的尺寸大小有關這點顯而易見，想要將尺寸縮減到一定的程度以上，這點就當時的技術來說也有其極限存在。RX-78所使用的馬達，其實已經是具備驅動MS所需輸出功率的最小尺寸型號，這部分一旦確定，用來容納馬達組件的套管尺寸當然也就一併定案了。就機體構造的關係來看，最外側的圓筒狀外殼是設置在上臂＆前臂處骨架構造上，要對馬達進行檢查時，則是要先取下小型開口處的裝甲以便進行連線。最外層套管在功能上是用來遮擋力場產生的雜訊，以免影響到周圍（也有反過來利用的情況）。尤其是雖然以往未曾提及，但力場馬達和其他機器一樣有著使用壽限，這方面嚴格規定驅動次數的上限。這部分經由引進磁力覆膜減少驅動時的阻力後，看起來似乎延長馬達的使用壽命，但戰後的研究指出，磁力覆膜對於延長馬達使用壽命不僅未必有效，甚至有可能只是延緩馬達已承受過度負荷的徵狀顯現出來罷了。

隨著力場馬達的控制力場形成技術在戰後有所進步，馬達也往縮減尺寸的方向發展，前述的疑問亦浮上檯面，發現在達到預設的極限數值之前，有可能會突然發生功能障礙一事。起初認為原因出在縮減尺寸的製造技術仍有所不足，導致馬達的品質不夠好（一年戰爭時期也是這麼判斷的），但實際上並非如此，後來發現利用磁力覆膜來提高驅動性能終究是一種「超支」狀態，一旦累積的負荷超過極限就會當場崩潰瓦解，陷入機能不全的狀態。受到力場馬達在性能極限上原本就設計得比額定數值更加充裕的影響，導致起初一直沒能找到真正的原因何在，但在為了研發可變MS而審視過去的數據資料時，總算歸納出這個事實。

對可變式可動骨架來說，採用小型高輸出功率型力場馬達絕對是不可或缺的，但比起傳統MS的驅動負荷，變形對馬達造成的負荷肯定在那之上，為了運用上的安全起見，是否該頻繁地更換馬達就成了一大顧慮。

AE社提出一個劃期性的構想來解決這個問題。那就是設置能夠從馬達的套管進行連線，藉此促成重新形成力場的系統。雖然該技術被列為公司內部機密，外界無從獲知具體內容，但應該是研發出能夠從關節部位馬達套管的小型開口處溝槽連結轉接器，藉此重新形成力場的專用機材。第一線人員是用「冰敷」之類的詞彙來形容，總之此舉能夠大幅延長馬達的使用壽命。

這種小型馬達是設置在可動骨架的末端部位裡，然後用裝甲完全覆蓋住該處。肘部等處並未像傳統MS一樣再用附加的裝甲覆蓋，為了減輕構造重量，骨架本身就兼具作為馬達處裝甲的機能。該概念是AE社經由研發RGM-79Q「吉姆鎮暴型」等機體奠定，這種方式被稱為「內置」（built-in）型。由於對可變MS來說，外裝式的關節部位附加裝甲可能會妨礙變形，因此若是未能奠定小型馬達和冰敷技術的話，MSZ-006在形狀上肯定會和現今有著極大差異。

有別於前述問題，馬達構成零件在物理上的消耗亦非得納入考量不可。磁力覆膜確實能利用電磁機制讓馬達內部的接觸部位呈現懸浮狀態，就理論來說能夠讓活動時的阻力變成零，但轉動時產生產生的反作用力也會對零件造成強大的負荷，導致耐用性在小型化之後會變得比舊有形式更差。因此就算MSZ-006能憑藉前述冰敷技術重新形成穩固的力場，亦根據這點將輸出功率設定得較高，卻也還是得採用和傳統MS相近的汰換頻率更新馬達才行。

附帶一提，就多半是在軌道上運用的MS來說，打從一開始就是以能夠在部署單位進行全面性整備為前提設計。畢竟不可能花費莫大資源與時間，將龐大如MS的機體逐一送回廠商整備修理。因此就算是遇到需要修理或更換的狀況，亦得在第一線經由更換組件的方式恢復運作機能，當真有必要時才會送往後方進行處理。

前臂部位的設計

臂部裝甲的剖面之所以基本上為方形，其實是出自於以變形為前提的設計，不過這部分與可動骨架之間是由促動器來連接，有著可藉此在變形時調整相對位置，以免妨礙到可動骨架移動位置的構造。畢竟以傳統MS的關節構造來說，根本無從做到這種能靈活地自由調整的程度。

手腕的內側在交貨給幽谷之初同樣設有裝甲，但後來顯然是被第一線人員給拆除掉了。原因在於用來驅動手肘和手掌的動力管頻頻有故障狀況，為了便於維修檢查起見才會這麼做。動力管本身是傳導流體脈衝的重要機器，不過保護罩並未比照傳統採用可動管，而是被稱為「金屬彈性體」的新素材。

該素材是當年執行G-4計畫※之際，對月神鈦合金配方進行多方嘗試時偶然發現的，但當時並未達到實用階段，成了就此被遺忘的材料之一。後來某名AE社研究人員在重新整理過往的研究資料時，

※G-4計畫
「G-4」不僅代表「研發繼RX-78-3之後的機體」，同時也象徵由陸海空宇宙四軍種個別研發的「次世代鋼彈」。一年戰爭後期，以「亞雷克斯」為暱稱的RX-78NT-1「鋼彈NT-1」即出自這個計畫，並以投入實戰為目標研發而成。

偶然注意到相關訊息，更發現這種材料有可能在「Z計畫」中派上用場。其強度確實不及作為構造材用的月神鈦合金，但至少也比鋼鐵更為出色，最重要的在於這雖然是一種合金，卻具有某種程度的彈性。將其配方予以重組並試驗性地拿來實際運用後，發現對於反覆扭曲彎折的負荷幅度終究不如橡膠或合成樹脂，還是會因為金屬疲勞而斷裂。話雖如此，只要能在掌握其極限的前提下運用，那麼這可說是非常具有未來發展性的素材。

事實上要是沒有這種素材的話，MSZ-006在變形機構上的變動程度可能會更大。畢竟變形時會彼此銜接的各裝甲邊緣都焊接這種「金屬彈性體」層，藉此發揮填滿裝甲之間縫隙的功能。不過這種新素材在製造上需要特殊的技術，而且當達到一定程度以上的厚度時，各部位會產生不均勻的組織，因此以MSZ-006當時使用的狀況來說，厚度達20公釐就已是極限了。但反過來說，這樣一來裝甲接合處即可預留30公釐以上的間隙，相較於間隙控制得極為緊繃的原有設計，在變形機構上得以保留些許餘欲，這點可說是令WR形態更不容易產生破綻了。

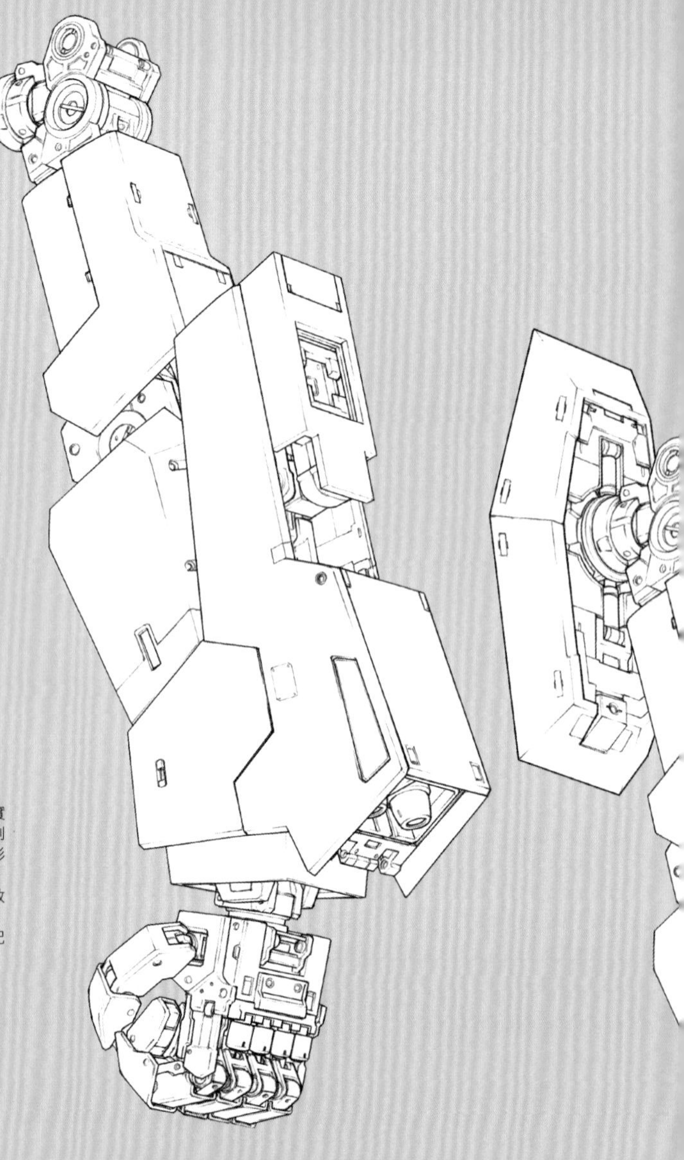

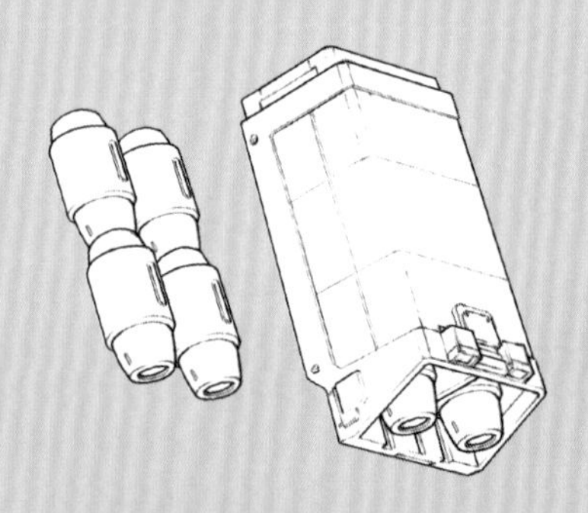

■內藏武裝並非配備光束兵器，而是採用實體彈兵器一事，亦是Z鋼彈的特徵所在。受到機體本身運用概念，以及設計上的限制所影響，此機體在實戰中使用榴彈的機會較多，後來為了讓這組榴彈發射器能進一步發揮效用，前臂處外裝組件也施加大幅度的改良。目的在於增設供彈機構，以便藉由增設選配式彈匣裝填砲彈。

臂部榴彈發射器

根據經驗法則，為了讓臂部更易作為兵裝平台使用，前臂部位選擇採用有著明確平面架構的設計，這樣一來會較便於靈活設定武裝掛架的位置，亦易於裝設選配式裝備的轉接器。和肩部一樣，遷就於變形方面的需求，包含選配式裝備在內都都受到頗大的限制，但這樣一來，也得以近乎無視於對變形和空力造成的影響，拓展出讓MSZ-006足以對應廣泛任務的可能性。

前臂處榴彈發射器就是其中之最。打從研發作業的紙上設計階段開始，MSZ-006就是一架把單機執行任務能力發揮至最大極限納入考量的機體。以光束步槍為標準裝備，盡可能使整體輕量化並運用高效率兵裝可說是前提所在。雖然在大氣層外時，可以利用WR形態機體底面（護盾）掛載超絕火箭砲，甚至是質量在該武裝之上的超絕MEGA巨砲，但在此狀態下卻無從執行原本設想的衝入大氣層任務，因此MSZ-006在臂部組件上備有可發射300毫米實體彈兵裝的發射器。該發射器內部彈倉是以裝填一排2顆，兩列合計4顆（左右臂共計8顆）的臂部榴彈為標準，亦可增裝內藏有自動裝填裝置的選配式彈匣。「阿含號」搭載的MSZ-006是自中期起開始配備這種榴彈用彈匣，更換前臂處外裝組件後，上側新增供彈口，讓彈匣得以經由該處陸續將榴彈裝填進內部彈倉。這類修改之所以易於進行，理由正在於臂部採平面架構設計。發射機構的電磁器材收納在手肘側面裡，基於保護此機構的考量，該處裝甲比其他部位增厚若干。不過在「阿含號」運用期間取得的選配式彈匣無法收納進WR形態內部，因此變形為該形態時必須裝設在護盾後端，或是位於後裙甲上的掛架處，使用完畢後便直接拋棄。

臂部榴彈發射器並非特別設置進行對MS戰，原訂用途其實是在地面上破壞戰車、裝甲車等傳統兵器，亦或障礙物。不過經由機體完成後進行的運用試驗，其用途也獲得拓展，交機給幽谷時已成了具備極為多樣化用途的兵裝。不僅陸續研發出榴彈、穿甲彈，可對周圍散射許多質量彈的散彈，還有自衛用的煙幕彈、干擾絲、熱焰彈，以及將多枚飛彈集中收納在飛彈櫃裡的子母飛彈，甚至是進行工程或回收等作業時可派上用場的錨索組件等多樣化彈種，供「阿含號」規劃運用。但就作戰實際運用來說，過於明確地訂定用途，反而在出擊準備上造成困擾，因此最後多半是選擇搭載榴彈，或是以破壞敵方感測器系統為目的而搭載散彈。

該發射器採用的是電磁式發射機制，砲彈達到飛離機體一定距離的時間點後，就會啟動能在短時間內發揮高推力的自體噴射式推進裝置，進而加速飛向目標。遷就於臂部的設置空間有限，砲管的長度有所不足，導致相較於超絕火箭砲之類的武裝，這個裝備的發射初速明顯地慢了許多。雖然在太空中仍派得上十足用場，但在大氣層內的飛行距離就明顯受限，因此才會另行研發出子母飛彈。這種飛彈發射出去之後，保護殼就會在空中排除飛散，收納於內部的飛彈也會同步將火箭發動機點火，並且朝向預設的目標飛過去。榴彈、穿甲彈、散彈在命中精準度上原本就不太值得期待，與其稱這是積極進行攻擊用的武裝，不如說裝備目的是用來散布自衛用彈幕來得貼切，子母飛彈就是為了彌補這兩者之間的落差才被研發出來，不過隨著駕駛累積更多操縱經驗，以及掌握發射砲彈之際的臂部角度和時機，此裝備也逐漸展出作為有效攻擊兵器的一面。

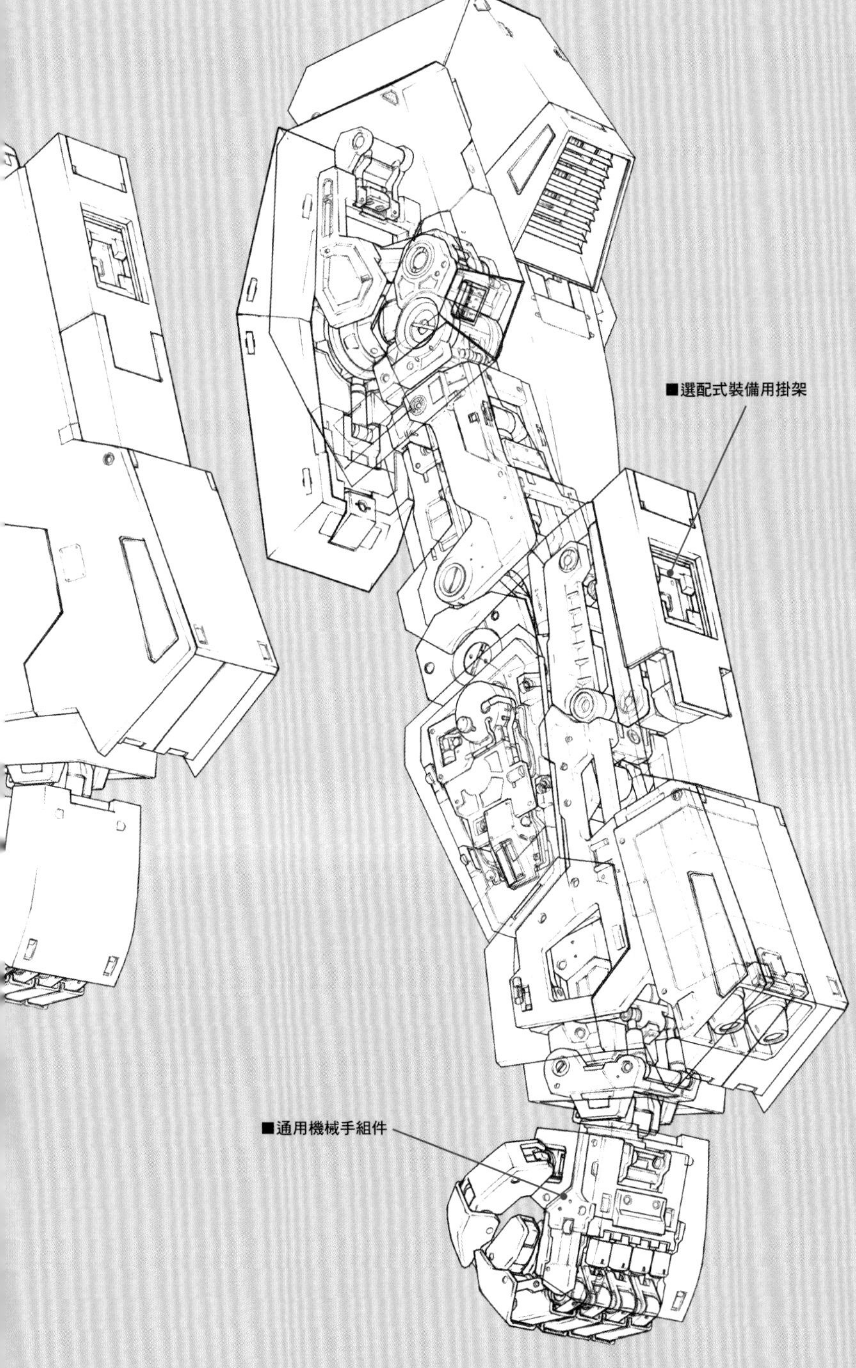

選配式裝備用掛架

打從研發之初，這個可供掛載護盾等選配式裝備的掛架就是採用AE社既有規格零件，可是經由試作機進行評估試驗後，發現掛架基座承受到超出預期的負荷。因此對原本是設置在可動骨架上的這組掛架進行改良，重新設置成在主骨架內備有如同將掛架用骨架給圍起來的補強構造，藉此提高整體的剛性。另外，掛架本身的素材也經過重新審視評估，研發出在硬度與韌性方面具有出色均衡性的新組件。不過樣式本身仍和其他MS採用的標準規格（UMS＝Universal MS Standards）相同，因此亦可掛載一般MS用的裝備。

通用機械手組件

在MSZ-006的所有組件中，機械手（手掌）是少數屬於AE社製通用組件的部分。該通用機械手組件相關詳情請見過去發行的刊物文獻，在此僅說明概要。

就像武裝和裝備品設有任何MS都能夠運用的原則一樣，機械手組件本身的尺寸採用共通規格，這點相信已用不著贅言敘述。雖然與前臂部位相連接的手腕裝設座可根據不同時期區分為多種型號，但到了U.C.0080年中期時，除了RMS-117「卡爾巴迪β」之類基礎設計較舊式的機體以外，其餘機種幾乎都已統一採用共通的「B-2規格」。

MSZ-006本身是以使用頗具重量的武裝為前提，手腕裝設座部位在採用具有相同規格的力場馬達和可動骨架之餘，在構造上也設計得比RGM-86R「吉姆Ⅲ」、MSA-003「尼摩」等同時代的MS更為堅韌。雖然是以B-2規格為準，不過受惠於奠定獨有的可變用可動骨架技術之賜，得以具備出色的反應能力和精密動作能力。因此MSZ-006在射擊時的穩定性和正確性兩方面都有著飛躍性的提升。不過既然機械手組件本身是通用品，那麼免不了仍存有著可說是個體差異的「品質波動」。考量到性能極限，研發團隊在評估MSZ-006本身的高性能是否足以抵銷個體品質差異的問題時，其實是傾向另行研發專用機械手組件。

為了控制光束步槍之類的攜行式光束兵裝，相當於掌心處設有連接插槽，以及可和MS主體相連的能量充填連接器。MS的機械手不僅可作為工程用機械手，亦等同於傳統戰鬥機的掛架（派龍架）。

掌心和手指內側均設有20公釐厚的金屬彈性體作為保護，這部分除了防滑功能之外，亦有助於和兵裝的握把部位形狀（以一定規格內的形狀為準）相密合。

相當於手背護甲處在裝甲內部設有彈匣式180毫米彈的發射機構，能自由選擇裝填內含可對應空氣外洩之類狀況的密封劑（俗稱「捕鳥膠」的黏補膠）、偽裝氣球、滅火劑等成分的多種彈頭。彈匣本身可不分種類裝填，一般來說可裝填共計6顆彈頭。在食指和中指根部則是各設有一個發射口。一般來說多半會採取左右手個別裝填黏補膠和偽裝氣球的形式。這部分是靠著壓縮空氣，從彈匣裡把彈頭給發射出去。

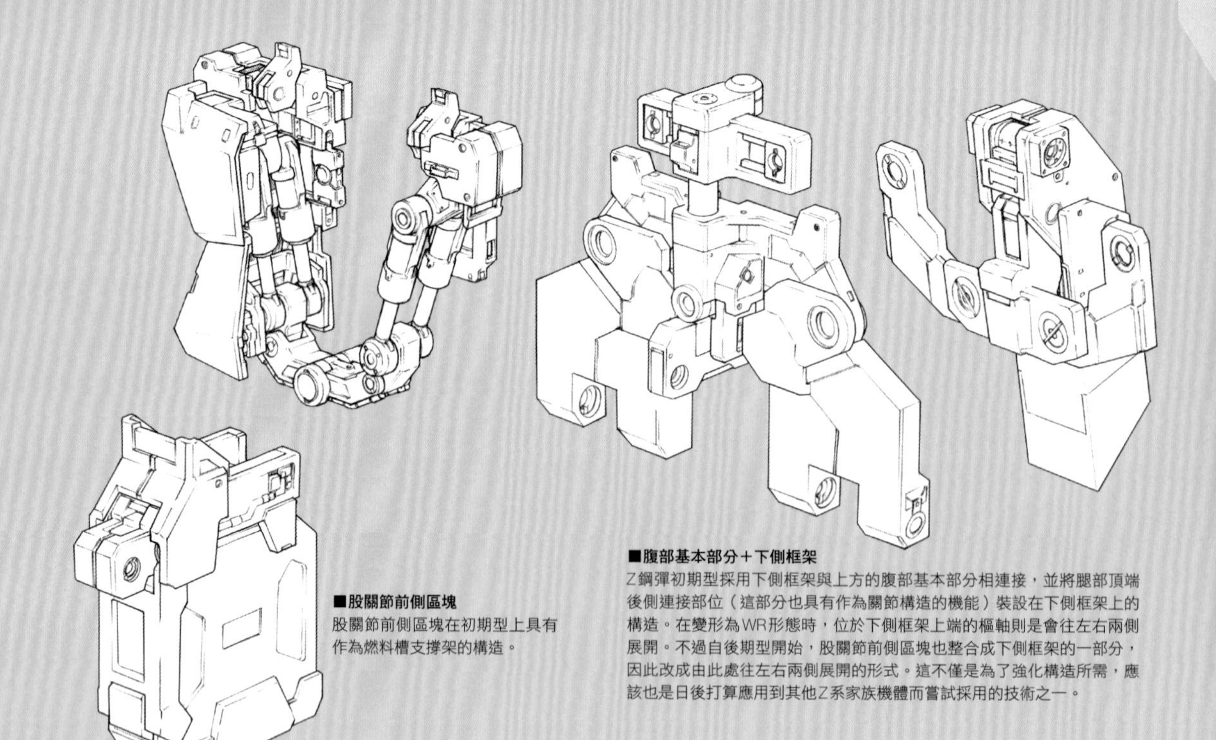

■股關節前側區塊
股關節前側區塊在初期型上具有作為燃料槽支撐架的構造。

■腹部基本部分＋下側框架
Z鋼彈初期型採用下側框架與上方的腹部基本部分相連接，並將腿部頂端後側連接部位（這部分也具有作為關節構造的機能）裝設在下側框架上的構造。在變形為WR形態時，位於下側框架上端的樞軸則是會往左右兩側展開。不過自後期型開始，股關節前側區塊也整合成下側框架的一部分，因此改成由此處往左右兩側展開的形式。這不僅是為了強化構造所需，應該也是日後打算應用到其他Z系家族機體而嘗試採用的技術之一。

腰部

腰部構造

對人型MS來說，腰部的股關節一帶可說是負荷最為吃重之處，由於這裡亦集中設置可動軸等機構，因此在研發時可說是花費不少心思的部分。雖然就傳統MS來看，這裡的構造強度設計已達完成境界，不過以MSZ-006來說，該部位必須兼具變形機構，導致要從構造上予以補強會相當困難，於是只好把原本僅作為裝甲的鋼彈合金γ轉為應用到此部位上。基於這層經緯，在採取以往被稱為腹部基本部分的高強度構造物，亦即腰部基座上設置轉動軸，藉此支撐上半身之餘，亦將下側框架（股關節區塊）固定在基座上，確保MS能穩定地擺出站姿和運行動作，不過MSZ-006可供運用的空間相當有限，導致腹部基本部分的厚度設計得相當窄。儘管如此，想要將這部分全部改用鋼彈合金γ來製造的話，在成形技術方面其實也頗為困難。在這層限制下，製造方式也就改為先拿屬於一般構造材用的月神鈦合金製造零件，再於表面設置桁架和隔板等構造，然後用物理手段將鋼彈合金γ鑲嵌其中作為補強。雖然為了進行前述加工而構思各式各樣的作業方式，但這些其實都是應用自強化可動骨架，或是接合骨架與裝甲等工程的方法。

早在執行「δ計畫」之初，其實就已經發現可變形機體的首要問題，那就是MS形態的關節可動範圍和變形所需可動範圍未必一致這點。即使不難讓股關節與參考自人體骨骼的股關節構造脫鉤，但光是如何確保強度足以對應變形需求，再加上如何完全固定MS形態時用不著的變形專屬可動部位，就有必要多方嘗試才行。

最後決定採用以往各式MS不曾搭載過的新型構造，亦即讓下側框架變形為WR形態時能夠大幅往左右兩側展開的設計。用來驅動該處的力場馬達就整架機體來說，輸出功率甚至還在膝關節之上。另外，亦內藏線性馬達作為輔助機構，使得該處的複雜程度和單一區塊重量僅次於引擎。之所以需要高輸出功率，一方面是為了驅動，另一方面亦是要藉由馬達的力場控制予以制動和完全固定。該處在構造上當然也一併運用到扣鎖機構，以求固定得更為牢靠確實。股關節構造本身是由環架式力場馬達所構成的球形關節（具有如同全方位連結機構的可動軸），藉此確保可動範圍的靈活度。

應用在臂部章節解說過的冰敷技術，使腰部得以像手肘、膝蓋一樣用促動器移動裝甲位置，不過因為關節構造相當複雜，無法兼用手肘或膝蓋的促動器，必須裝設專用系統才行（比照肩部）。即使其維修檢查和傳統MS截然不同，性能維持也更為繁雜，卻也藉由冰敷技術確保關節驅動部位，得以擁有「高規格」的性能表現。

腰部下側框架

雖然腰部下側框架的複雜構造正如前述，不過為了保護這裡的可動部位起見，在可動骨架上設有宛如縱向覆蓋住的框架，這部分亦使用裝甲等級的鋼彈合金γ。當然在構造上也是希望利用這組框架來提高腰部整體的扭轉剛度。另外，下側骨架的前側上端備有掛架（剛性經過強化處），能作為掛載選配式裝備的掛架使用。即使這組掛架被中央裝甲所覆蓋住，卻也設有開口狀的閘門（移動至上側時），該處通常是用來在WR形態時掛載護盾的。雖然要掛載MEGA火箭巨砲之類的其他裝備時，必須改為配備不會覆蓋住該掛架的小型護盾才行，不過暫且不論掛載著選配式裝備的狀態，就算拋棄掛載的裝備，亦會因為護盾面積變小而喪失衝入大氣層的能力。

中央裝甲下端部位內藏有感測站，在MS形態時可收集斜下方和正下方，亦即主感測裝置死角部位的資訊。該感測站表面是用透明護罩覆蓋，還施加與周圍外裝組件相同的塗裝。在WR形態時，則可直接發揮針對下方和後方進行警戒的功能，這點也相當重要。為便於更換零件和整備，這部分當然也備有多件的同型零件。配合感測器的改良升級，除了形狀上多少有些更動之外，在主要設想於大氣層內運用的卡拉巴專屬機體方案當中，亦備有可供配合地面攻擊需求掛載感測器莢艙之類裝備，而特意加長的版本。

為了偵測驅動系統異常，該處感測器皆維持在隨時監測關節部位的模式，一切狀況也都會即時傳輸中樞電腦。腿部的運動、荷重、損傷檢測系統，亦另行設置在膝蓋和腳踝等處；不過為因應同步確認引擎運作狀況的需求，也一併設置了監測裝置之類的器材。

股關節區塊底部並未設置相當於外裝組件的零件，從底下可看到這裡呈現骨架外露的狀態，不過正如前述，該處是MSZ-006整體可動骨架中具有最厚實外板構造的部位，因此不成問題。

ARGAMA

前裙甲

懸吊式前裙甲也是製作成相當厚的積層裝甲。理由不僅是用於保護股關節區塊一帶的驅動部位，內部亦裝設感測器，亦或是內藏增裝燃料槽，在設計上具有多功能的用途。

前裙甲在研發之初，也是設計成純粹的裝甲，但也隨即更動了規格，在內部騰出可供增設燃料槽的空間。亦試作經由改造，使該空間能用來搭載偵察用攝影機等觀測用機器，或是可內藏小型推進器的版本，在形狀和用途方面相當多元。不過內藏燃料槽就有如總是將高風險物品掛載在腰際一樣，駕駛員對這類設計的評價並不好。為了改善這點，接下來亦試作強化內壁、具有指向性，在發生萬一時能夠讓爆風朝向外側散發的裝甲。雖然這樣一來也令人顧慮防禦外部攻擊的性能是否會變差，但針對外側裝甲內部的發泡層、充填層的形成模式進行多方評估後，成功地製造出在遭遇外部物理性衝擊時的防禦力和以往同等，內側則是只要受力在其十分之一以下就會瓦解的裝甲。另外，推進噴嘴也經由評估設置具有安全閥機能的機制，肩部裝甲等處亦陸續更換成這種形式的裝甲。

在變形為WR形態時，前裙甲會往內側折疊起來，將下側框架夾在中間；就如同股關節區塊的裝甲，與後裙甲中央部位之間則是靠著電磁扣鎖連接固定住，使這一帶呈現箱形構造。不僅如此，臂部也會利用機械式、電磁式扣鎖，連接固定在這一帶，為已展開的股關節部位骨架充當補強機構。完成收納狀態後，各裝甲和臂部等處便構成一個集合體，形成牢靠的機體基礎構造，更能利用臂部的掛架之類機構來固定住平衡推進翼。雖然臂部能收納在大腿個別往外側移之後所騰出的空間裡，但為了騰出這個容納空間，實質上也令前裙甲的厚度受到限制。另外，基於同樣的理由，前裙甲也盡可能地設計為面構成較單純的形狀。之所以設有斜向的稜面，據說是基於在地面戰時可能遭到步兵攜行兵器攻擊的考量，但這部分未能找到明確的佐證。

附帶一提，前裙甲內藏燃料槽與肩部的同樣都是匣式構造。

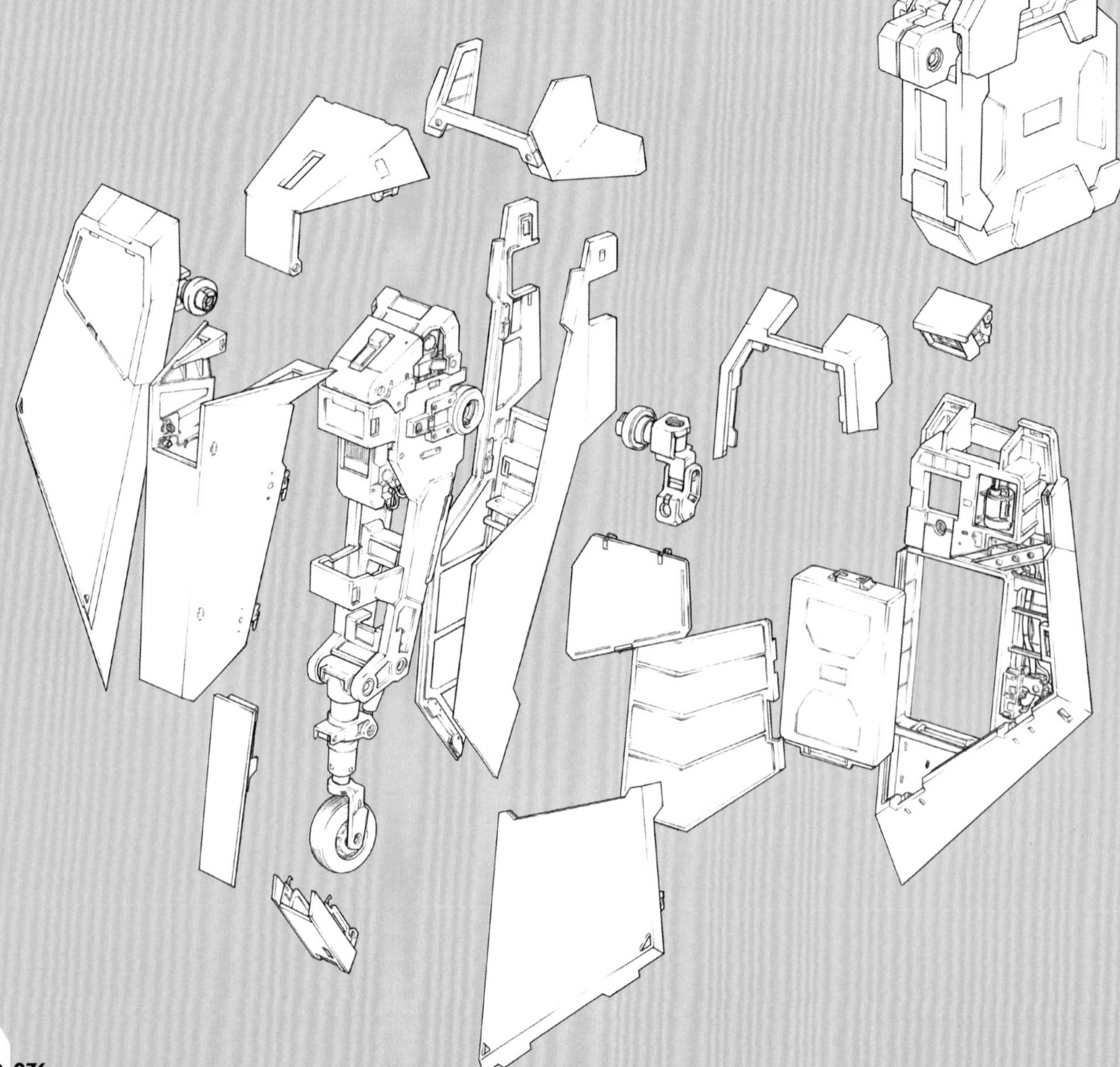

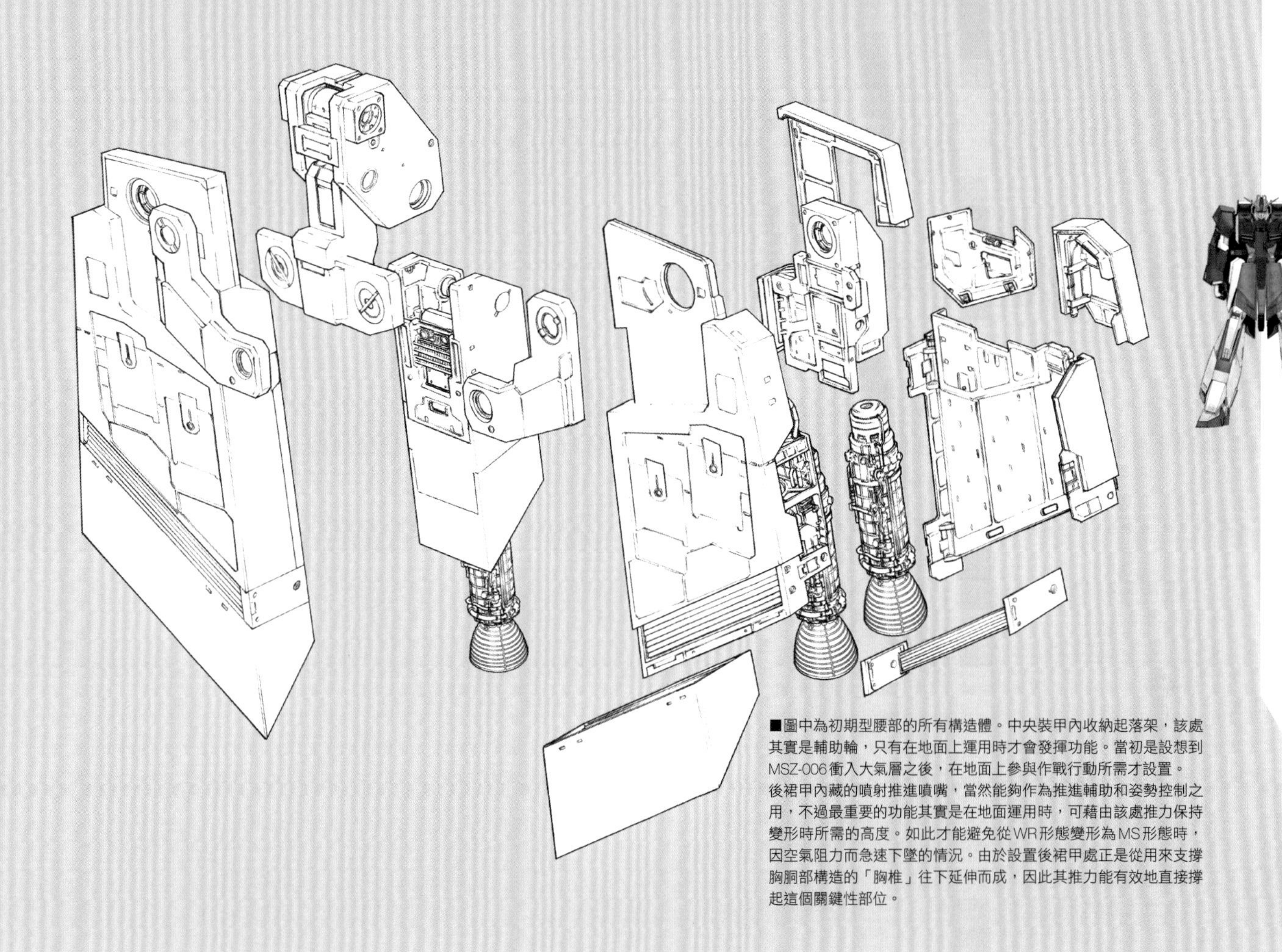

■圖中為初期型腰部的所有構造體。中央裝甲內收納起落架，該處其實是輔助輪，只有在地面上運用時才會發揮功能。當初是設想到MSZ-006衝入大氣層之後，在地面上參與作戰行動所需才設置。後裙甲內藏的噴射推進噴嘴，當然能夠作為推進輔助和姿勢控制之用，不過最重要的功能其實是在地面運用時，可藉由該處推力保持變形時所需的高度。如此才能避免從WR形態變形為MS形態時，因空氣阻力而急速下墜的情況。由於設置後裙甲處正是從用來支撐胸胴部構造的「胸椎」往下延伸而成，因此其推力能有效地直接撐起這個關鍵性部位。

後裙甲

後裙甲是設計成作為輔助推力來源的推進器設置平台。雖然也曾構思過要搭載從大氣層內到太空都能無縫接軌地運用的高效能引擎（馬達），但實質上的主推進器已搭載於小腿和平衡推進翼上，於是也就將後裙甲處推進器的機能侷限在輔助推力上，並且以配備火箭發動機為優先。附帶一提，純粹就數字上來說，MSZ-006總推力可達到將近自身重量的4倍，不過有別於飛機之類載具是以所有推進器均連續產生推力為前提，再加上即使是WR形態也有局部噴嘴與機體行進方向的推力線並不一致，因此前進推力實質上應該只有四分之三左右。

中央處火箭發動機與「梅塔斯」搭載的主推進器同為AE社製AE-R-03-1800B（鐘形噴嘴）。自中期型起，則是換裝成由該噴嘴發展而成，備有氣尖噴嘴的AE-R-03-2000AS。

在左右兩側各以2具為一組，共計搭載4具的噴嘴則為AE-R04-1600AS。這是由AE-R-03-1800B施加小型高性能化改良而成的馬達，但是相較於03系列，其燃料消耗效率並不好，因此自中期型起便換裝為雖然推力稍低一些，卻採用03系列燃燒器機構的AE-R-03-1600ASX。

這些火箭發動機確實亦可在大氣層內運用，不過以一般飛機的運用高度來說，在燃料消耗效率方面欠佳，而且還無法長時間運作，因此本機體若是降落至地球上行動的話，那麼還是以換裝成渦輪噴射引擎為前提。

在這類情況下搭載的引擎，亦是配合固定火箭發動機用骨架的規格設計而成，早已將便於裝設進裝甲裡納入考量。吸進空氣後則是靠著裝甲裡設置的可變閥門，確保流動通道，不過此法在運作效率上也欠佳，在實驗階段就偶爾會發生失速的狀況。另外，由於還必須設置可供搭載兵裝的選配式裝備用掛架，因此最後決定避免設置進氣口開闔機構和流量調整之類複雜的多重機構，實際運用機體的裝甲形狀也經過更動，更製造噴射引擎專用的裝甲。在這層經緯下，當需要將火箭發動機換裝成噴射引擎時，採用直接更換整個後裙甲區塊的方式來處理。

後裙甲比前裙甲更長，中間部位幾乎整個都是燃料槽。另外，由於後裙甲並沒有必須配合變形為WR所需而預留空間的限制，因此尚有著全長和厚度增加三成，以便加大燃料槽容量的版本存在。

後裙甲上側是藉由活動式骨架與腹部基本部分相連接，還設有在構造上經過強化的選配式裝備用掛架。左右兩側各設有一具掛架，可供掛載備用光束軍刀、光束步槍用能量彈匣、臂部榴彈發射器備用彈匣之類的裝備。變形為WR形態時，可取代收納進機體內的臂部，將光束步槍掛載於這裡，不過這時並非直接裝設在掛架上，必須搭配專用的掛架座才行，因此右側掛架實質上是以隨時裝設著掛載光束步槍用掛架座的狀態為準。附帶一提，為了攜帶數個光束兵器用能量彈匣或臂部榴彈發射器備用彈匣之類的彈匣，亦備有專用的貨櫃掛架座。

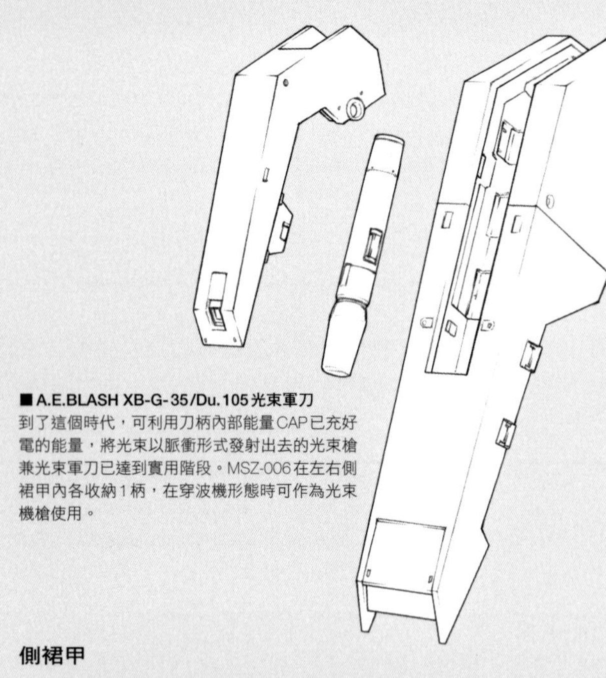

■A.E.BLASH XB-G-35/Du.105光束軍刀
到了這個時代，可利用刀柄內部能量CAP已充好電的能量，將光束以脈衝形式發射出去的光束槍兼光束軍刀已達到實用階段。MSZ-006在左右側裙甲內各收納1柄，在穿波機形態時可作為光束機槍使用。

側裙甲

雖然側裙甲在MS形態時當然具有作為裝甲的效果，但實際上是以當作攜行武器用掛架，還有WR形態的機體上側構造為優先。生產機體確實是將可供收納光束軍刀的刀鞘列為標準裝備，不過亦有著可將收納部位整個換裝，以便搭載飛彈掛架或固定式光束砲（作為WR形態的主要兵裝）等選配式裝備的計畫案。MSZ-006採用的光束軍刀不僅是格鬥戰用兵裝，更是經由附加如同光束手槍的機能才達到實用階段，因此姑且使用這種新型光束軍刀作為WR形態的固定武裝。

光束軍刀在收納狀態時，可為刀柄內部能量CAP充填能量；不過當作為光束軍刀使用之際，由於該容量的輸出功率有限，因此一般來說會連接在位於掌心處的能量供給插槽上，以便直接使用來自機體本身的能量。當這種光束軍刀連接在側裙甲裡的插槽上時，即可在僅開啟收納處艙蓋的情況下，直接利用來自機體本身的能量發射脈衝式光束彈，可藉此在近程範圍內攻擊或牽制敵方，亦即能如同手槍般使用。這種攻擊手段不僅能由駕駛員自行操作，還能經由與迴避威脅程式同步而自動開火，對於位在頭部火神砲攻擊死角的目標也能發揮一定效果。

雖然該脈衝式光束發射機構應用I力場動態控制的新技術，不過畢竟是仍在發展中的構想，其實難以維持固定的威力，而且射擊軸線也不能自由調整移動，導致命中精準度並不算好。這種斷續性發射方式不需要用力場進行高強度控制，因此消耗的能量也不多，不過發射之際必須花一些時間在壓縮程序的蓄能階段上，導致發射頻率僅止於每秒2發的程度。另外，每一發光束彈的威力也比作為軍刀使用時低了許多，不過若是在約100公尺的極近交戰距離內，那麼還是有著照射0.2秒就幾乎足以貫穿80毫米等級一般裝甲（鈦合金陶瓷複合材質裝甲）的性能。

用來懸吊前裙甲和側裙甲的部位均內藏有線性促動器，能配合腿部活動讓裙甲自動開闔，以免妨礙到腿部的動作，這點和傳統MS一樣。不過操作促動器等驅動系的，嚴格來說並不是外裝組件部位，而是用來掛載這些的掛載骨架。掛載骨架上設有供油、供電、冷卻口等機構所需的連結口，以便沿著支撐材的內側，亦或是外側設置配線、配管。

側裙甲在變形時的移動幅度較大，導致可變機構難以流暢地移動位置，在初期階段經常發生故障，不過隨著採用屬於新型機構的環架式力場馬達，可動軸能夠自由活動的幅度也增加了，得以順利解決相關的問題。

※作為軌道上兵器的MS
雖然分類上會隨著研究者而異，時至今日這方面也仍有爭議存在，不過ORX-005「蓋布蘭」、RX-110「加布斯雷」、RX-139「漢摩拉比」等機種確實是最具代表性的機體。即便仍有程度之別，不過既然在設計上是已考量到不同於MA「通用性」的MS，那麼實際上在面對於廣範圍進行某種程度戰鬥的「戰爭狀態」時，必然會往考量局地戰需求的機體發展，這點也已獲得證明。附帶一提，亦有將「朱比特里斯號」製造的PMX-003「THE-O」納入這個範疇，而且還分類為MA的研究者存在。

※受損時對步行造成的影響
不只是MSZ-006，以MS的步行控制來說，就算在不可抗力的情況下，被迫使裝備變更為和戰鬥開始時不同的狀態，其實也還是能發揮某種程度的「補償」能力。不過當損傷幅度超過該補償能力的範圍時，那麼就會和人體一樣，為了彌補不足，剩下的正常部位必然得承受較大負荷。舉例來說，受創損失其中一條手臂後，即使在返航後進行修理、更換零組件的作業，乍看之下完全恢復原狀，但腰部和腿部的驅動系統往往早已承受超乎尋常的負荷。

下肢

相較於原本就兼具軌道上和陸上戰鬥概念的傳統型MS，MSZ-006在運用思維上可說是明顯地傾向於航宙＆航空範疇。以使用AMBAC進行姿勢控制（這點常遭誤解，即使AMBAC是能夠迅速改變機體方向的機動手段，但想要改變軌道高度＝變更速度，就得消耗龐大的能量做出機動行進，因此幾乎是派不上用場）的MS來說，打從誕生以來就具備手腳這種構造。不過在此時期已有完全不把登陸需求納入考量，純粹作為軌道上兵器的MS※問世，MSZ-006亦是被「劃分」在這個範疇裡的MS之一。

腿部要是沒有設置觸地面，其實也可以歸類為「手臂」的一種，用不著多說，在MSZ-006身上也是作為步行之用。話雖如此，腿部步行機能對MSZ-006而言其實是次要——說得更清楚明白些就是「多餘的附加機能」——之所以會保留這個構造，理由在於該處其實是用來掛載發動機組件，並且作為可以控制高推力型機動用引擎控制噴射方向的機械臂，這才是真正的主要用途所在。

隨著發動機從傳統設計中的胸部改為裝設在腿部裡，機體重心也變成在更低的位置，不過這亦是本機體配備平衡推進翼的前提所在。無論是在地球、殖民地、月面，凡是要往返地面，本機體就得靠著自身的力量飛行，那麼本機體在計算重量平衡時勢必 將平衡推進翼也納入其中才行。平衡推進翼本身當然是選配式裝備之一，因此對於外裝組件和武裝很可能得配合作戰需求進行更換的本機體來說，步行程式也必須能靈活對應各種大小參數變化才行。這方面取決於前述主電腦的出色性能。舉個較極端的例子，就算在戰鬥中受損，導致失去其中一側的平衡推進翼，其實也不會損及步行機能本身※。

就機體的步行特性來說，隨著重心變低，直立穩定性也增加了，照理來說應能減輕膝關節的負荷才是，只是在這層影響下，似乎也欠缺能利用不穩定狀態來發揮的機動性。不過將MSZ-006的整體裝備也納入考量時，重心會隨著平衡推進翼回到上半身一帶，且偏往背面。本機體的運動控制方式與傳統MS相異，基本姿勢控制中須由股關節、膝蓋、腳踝等可動部位搭配組合才得以實現，腿部構造整體等同於一套「緩衝減震器」。要是沒有這個控制概念，各驅動部位每一刻都會承受過量負荷，估算驅動部位平均壽命大概僅傳統機體的一半。

因此純粹從「腿部」機能性來看MSZ-006的腿部時，其性能就整體來說僅止於和傳統機體同等的程度，不過那也已經是必要且足夠的，而得以實現這點的控制系統本身則可說是極為先進。

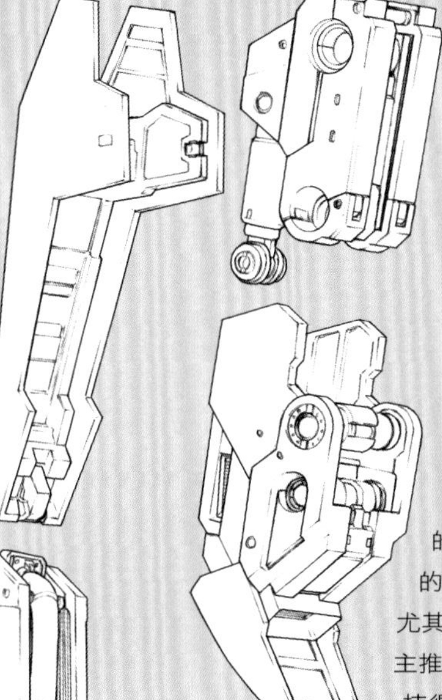

大腿部位

大腿部位掌控可動骨架和股關節、膝關節的驅動，還內藏有用來緩衝的數個促動器＆阻尼器。這些大部分是連接在各個可動骨架之間，一部分則是固定在裝甲外殼上，以便配合變形時維持空間所需進行驅動。由於控制上頗為複雜，因此左右骨架分別搭載控制用電腦，以便個別控制動作；主電腦在監控運作之餘，一旦發現狀況就會直接下達指令進行調整。這樣一來，變形時的動作可由腿部輔助電腦管理，減輕主電腦的負荷。不過戰鬥之際，還是會由主電腦統籌控制全身的動作。

另外，為了控制後續的小腿處引擎進氣口開闔等機能，這套腿部輔助電腦亦能在獨立體系中運作。

膝關節

膝關節原本是按照傳統通例設計成上下二軸式的機構，但這樣一來在變形為飛行形態時，膝蓋以下引擎搭載部位貼近機體的緊密程度會有所不足，於是才更改為新增一軸的三軸式機構。這樣一來確實解決緊密程度的問題沒錯，不過為了避免關節在人型形態時顯得不夠穩定，亦嘗試了各種固定方式。最後決定仰賴物理性的扣鎖機構，以及力場馬達的旋轉驅動控制來處理，雖然促動器能藉由電磁扣鎖避免關節軸彎曲到不必要的幅度，但這樣也會在構造上累積大幅度的疲勞，使這裡成零件消耗量頗大的部位。尤其是小腿部位因為設有發動機和高輸出功率主推進器，所以在重力環境下的直立狀態能維持得極為穩定，不過在高機動或是嘗試藉由AMBAC進行姿勢控制時，受到小腿的慣性質量影響，導致膝關節得承受更大的負荷。在這層經緯下，驅動次數也設下上限，作為在達到疲勞極限前更換零件的依據。暫且不論人型形態的可動範圍，就理論上來來說，三軸關節機構確實可全部運用在AMBAC上，但基於避免在控制上變得過於複雜，加上希望更有效率地運用膝蓋以下可說是過剩的質量，於是制訂了減少使用其中一軸的方針。

就WR形態時的推力方向控制來說，腿部原本沒有必要變形才是，不過既然MSZ-006的WR形態是衝入大氣層用，自然也就有其必要性，以便在衝入大氣層時形成衝擊波面，令平衡推進翼以外的機體構成部位可收納進其整體面積內。就衝擊波面而言，腿部藉膝關節變形機能摺疊成適當角度，可說是最有效率的做法。

另外，就作為推進組件的小腿部位來說，考量到得將強大推力傳導至機身整體，膝關節構造必然成為弱點所在。無論這個部位製造得多堅韌牢靠，終究無法擺脫潛在的脆弱性。因此變形時反過來利用這點，藉由增加大腿部位、小腿部位，以及膝關節構造彼此緊密相連的面積，進一步加上物理性的扣鎖機構予以固定。關節的驅動部位採用電磁扣鎖，正如前述，不僅造成過大負荷，效率也不佳，不過引進這種構思後，總算得以運用數個扣鎖機構達到完全固定的程度。具體來說，扣鎖機構在左右大腿部位背面共設有2處、左右膝關節上下兩側共設有4處，以及平時被遮擋而看不到的左右小腿內部骨架設有2處，亦即共計有8處。

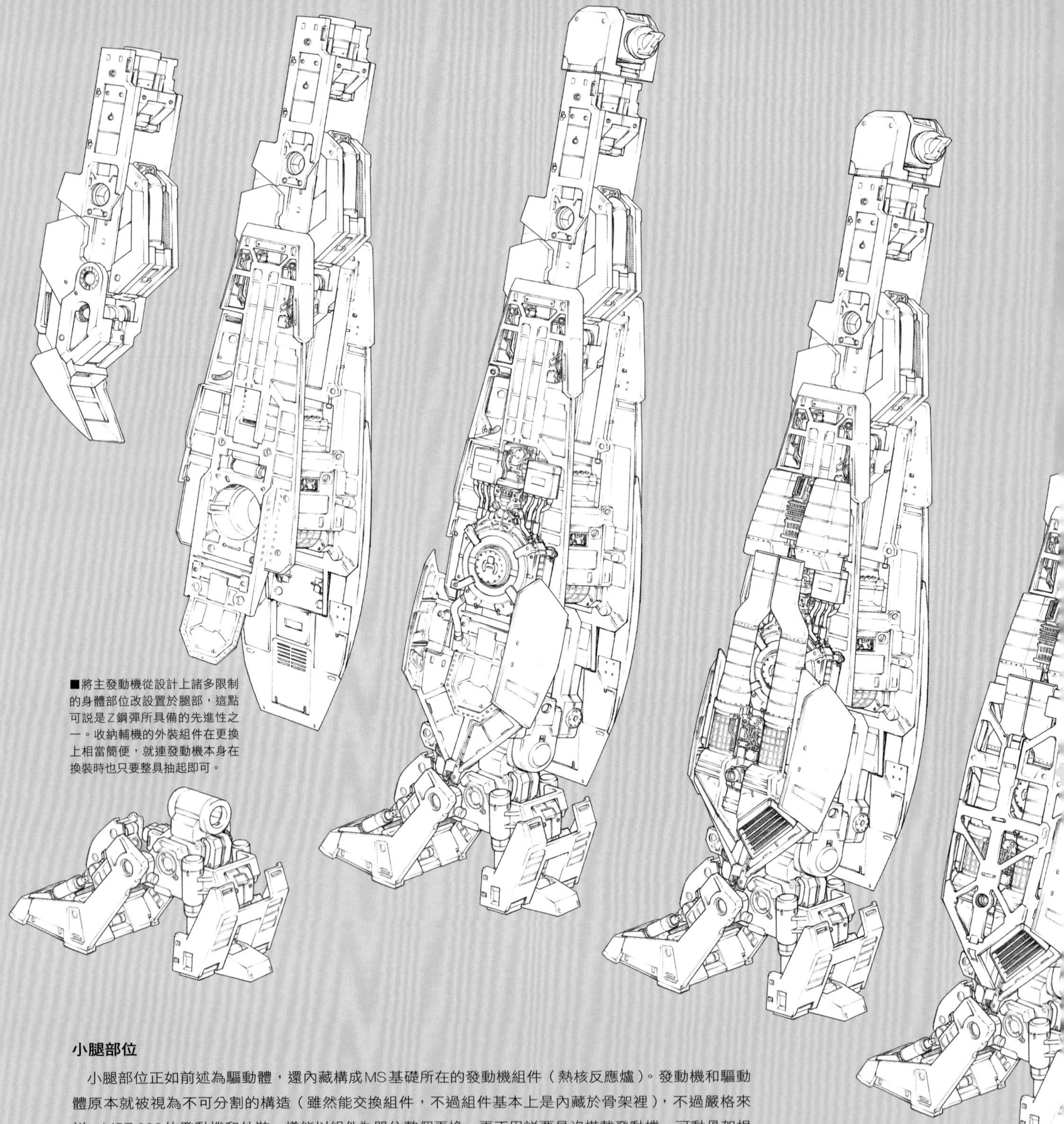

■將主發動機從設計上諸多限制的身體部位改設置於腿部，這點可說是Z鋼彈所具備的先進性之一。收納輔機的外裝組件在更換上相當簡便，就連發動機本身在換裝時也只要整具抽起即可。

小腿部位

小腿部位正如前述為驅動體，還內藏構成MS基礎所在的發動機組件（熱核反應爐）。發動機和驅動體原本就被視為不可分割的構造（雖然能交換組件，不過組件基本上是內藏於骨架裡），不過嚴格來說，MSZ-006的發動機和外裝一樣能以組件為單位整個更換。更不用說要是沒搭載發動機，可動骨架根本無從啟動運用，因此每具發動機都有搭載的必要性，把可動骨架視為1級結構體、外裝組件視為2級結構體時，小腿部位主發動機即可說是居於1.5級的定位。

超小型熱核反應爐是以夾在小腿骨架之間的形式搭載於左右兩側，在藉此直接驅動位於下端的2具，以及小腿背面的1具熱核火箭引擎之餘，亦能運用產生的帶電粒子為全身各驅動部位供給電力。

設置於小腿背面的推進用熱核火箭引擎搭載了一般鐘形噴嘴，該噴嘴能往上方左右兩側擺動15度，可藉此偏轉推力的方向。另外，亦備有在大氣層內運用時專屬的衝壓噴射引擎組件和噴嘴。對MSZ-006來說，為了獲得最大速度，這部分結合小腿下端引擎所得的腿部推力極為重要，不過這幾處之所以並非搭載在大氣層內外均可使用的尖錐引擎，理由顯然在於燃燒壓力過大會導致必要的冷卻機構難以確保可靠性。相對地，改為採用歷來有諸多MS搭載過，技術層面問題幾乎已全數克服的鐘形噴嘴，即可確保MSZ-006的機動性。附帶一提，引擎和噴嘴的交換作業相對地易於進行，由於1具約3個小時即可完成更換作業，因此在執行衝入大氣層任務前進行換裝便成為前提所在。

在WR形態時，覆蓋住引擎的整流罩會往前滑移，藉此讓噴嘴外露。位於整流罩前側的開口部位可直接作為進氣口使用。腿部的彎曲摺疊式變形機構在這時還能發揮另一個效用，那就是進氣口能遠離通過大腿頂面的低速氣流。

噴嘴在MS形態時為收納狀態，不過當必須要使用到最大推力之際就會自動展開。由於整流罩上端會干涉到膝蓋的活動範圍，因此在收到來自駕駛員操作的噴射指令時，機體的姿勢、關節的驅動都會經由自動控制進行調整。

小腿部位裝甲並非一般的裝甲用鋼彈合金γ，而是以該合金為基礎，再加上平衡推進翼和護盾也有運用的超耐熱金屬陶瓷複合材質，藉此提高耐熱性。這個複合材質層相當厚，是用熱噴塗方式為鋼彈合金裝甲施加覆膜而成。但這樣一來也會令散熱效率變差，導致得在裝甲各處設置散熱口才行。在太空中行動時，所幸能將熱量傳導到作為姿勢控制用推進器排出質量的燃料上，然後予以排出，這才解決相關問題。在主噴嘴下方設有偏轉推力用控制版，這部分同樣是以鋼彈合金為芯，施加超耐熱金屬陶瓷複合材質的覆膜。

小腿外側裝甲備有可在大氣層內吸入空氣，以便供下端處兩具推進引擎使用的可變式進氣口。小腿部位下端內藏的熱核噴射引擎，是由可變剖面積機構噴嘴（斂散噴嘴）發展而來，為先進斂散噴嘴，亦簡稱為ACDN。該進氣口閥門可因應需求自動開闔。附帶一提，這個閥門是針對太空戰鬥特化的規格，到了後期型時則是把進氣口機構本身給省略掉，以便將原有內部空間全部改為設置燃料槽。

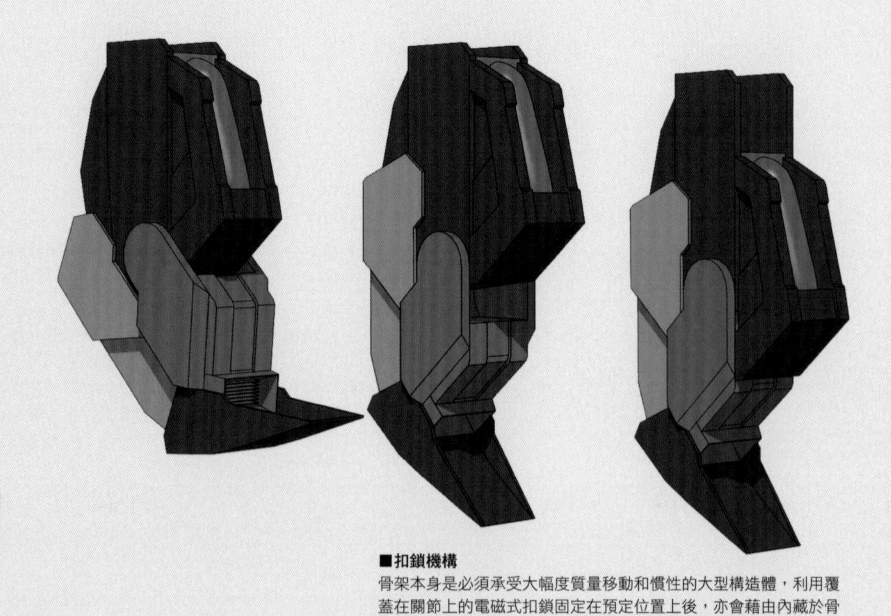

■扣鎖機構
骨架本身是必須承受大幅度質量移動和慣性的大型構造體，利用覆蓋在關節上的電磁式扣鎖固定在預定位置上後，亦會藉由內藏於骨架裡的物理性繫縛機器（卡榫插槽式）予以完全固定。在骨架外側附加可配合前述運作，提供驅動輔助和限制可動範圍用的線性力場促動器（未必是油壓桿或活塞的形式，亦有著屬於滑移式的板形構造），以便在就定位時發揮輔助扣鎖的功能。

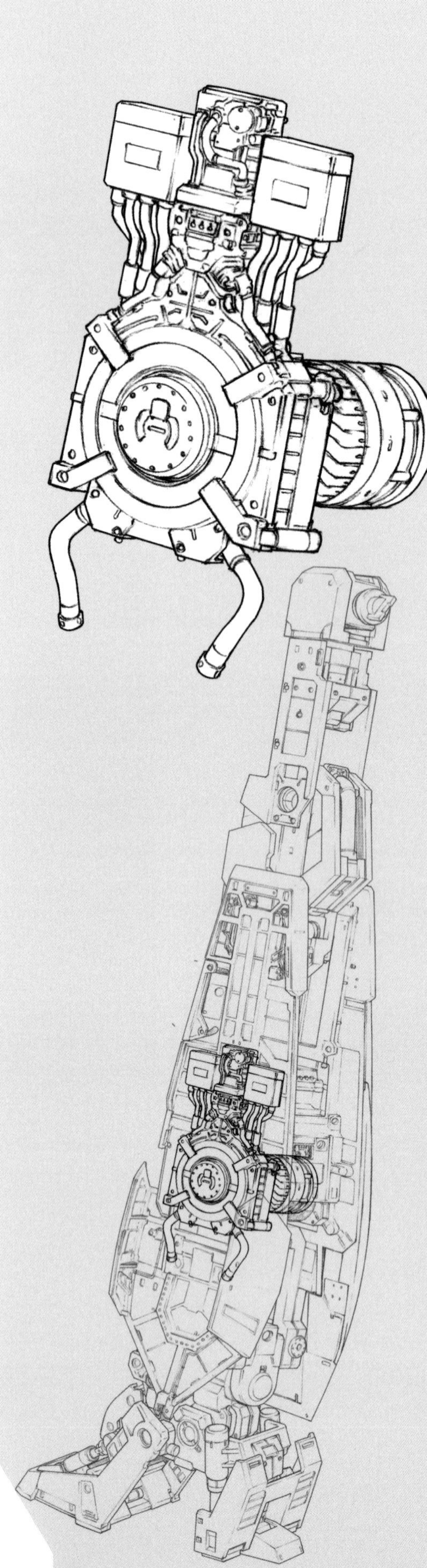

發動機

在MSZ-006誕生之前，將作為主機的發動機設置在駕駛艙周圍，藉此把MS和駕駛員雙方的重要防禦部位整合為一體，可說是MS設計概念的主流所在。這個部位相當堅韌牢靠，而且幾乎被各式機器給塞滿，骨架設計也無從輕易更動。因此MS的設計只要大致底定，接下來也就無法貿然施加可提升性能的改造了。在這種情況下，以MS-06「薩克Ⅱ」為代表，有著諸多衍生機型的MS之所以能夠「擴充」，其實是以該機體本身的設計為基礎，配合運用目的「變更設計」，進而造就出的不同機體。雖然也有某些衍生機型只是把腿部或推進背包之類組件更換為高性能版本，但這實際上是無視於原有設計中制定的安全係數，在體認到強度或穩定性、續航力等方面有著可能會變差的風險下，純粹打造成名副其實的「局地戰」規格，也唯有相當熟悉MS操作的駕駛員才能充分發揮其特性，可說是在異於一般運用狀況下產生的變通手段。

就舊式MS的延壽策略來說，有著提升包含AMBAC在內的機動性、強化武裝等方式可行，但無論是要提高各部位的驅動輸出功率，還是要把推進引擎換裝成高性能型，要是作為主機的發動機在性能上不足以對應，那麼一切都只是空談。雖然亦有據此評估更換主機的方案，但更換主機不僅得顧及本身的外形，亦得把設置輔機和配管等需求一併納入考量才行。況且還有著針對搭載輔機等器材的容納空間等要素進行綜合評估之後，據此設計定案的骨架，這些幾乎都是專屬的特定規格，因此幾乎找不到任何未經處理就能直接搭載新型機器的例子。

相較於傳統MS，MSZ-006在設計概念上有著極大的轉變，在機體架構上可說是以就算需要更換主機也能靈活對應為目標。基於未來應該會搭載日後研發出的高性能發動機這個展望，利用腿部外裝組件內側尚有剩餘空間一事，採取把主發動機半嵌組進骨架裡的裝設方式。這樣一來就算主發動機在設計上有所更動，導致會凸出原有的組裝槽，其實也只要重新調整外裝組件處燃料槽的形狀即可對應。附帶一提，在腿部設有控制發動機用的專屬電腦，讓這部分獨立於主電腦之外亦是前述概念的一環。

就將主機設置在身體裡的傳統搭載方式來看，確實有著能提高機體穩定性和把重要防禦部位整合在一起的優點，但反過來說也會欠缺擴充性。相對地，MSZ-006後期型就成功地換裝輸出功率提高約10%，尺寸也略大的APR-75-Z4發動機，而且配合換裝時的需求，不僅外裝組件在形狀上有著大幅更動，就連燃料槽的容量也增加約20%。

有了這個經驗之後，AE社研發的MS甚至有了將發動機改為設置在肩部之類地方，不拘於傳統設計概念的機體登場。

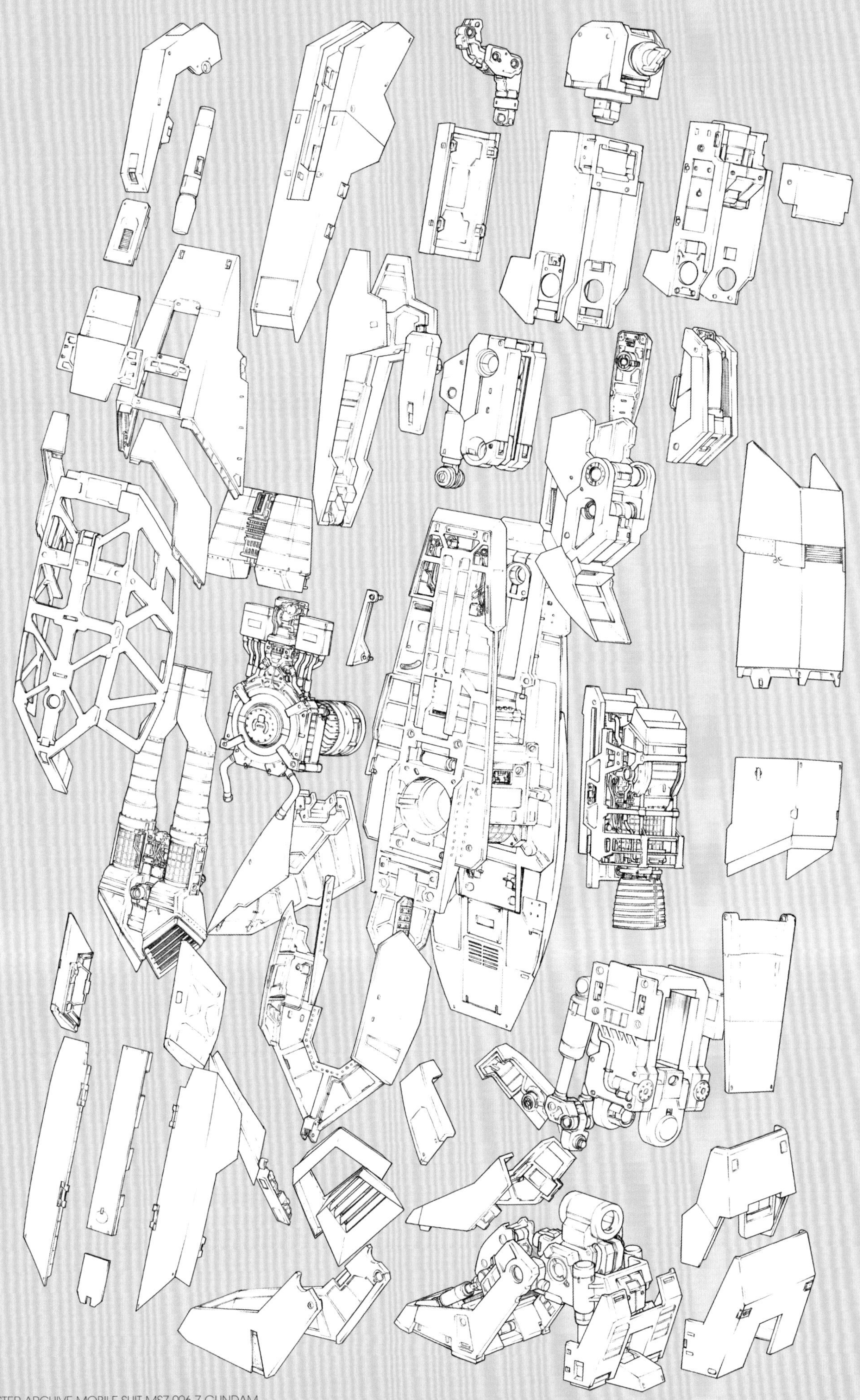

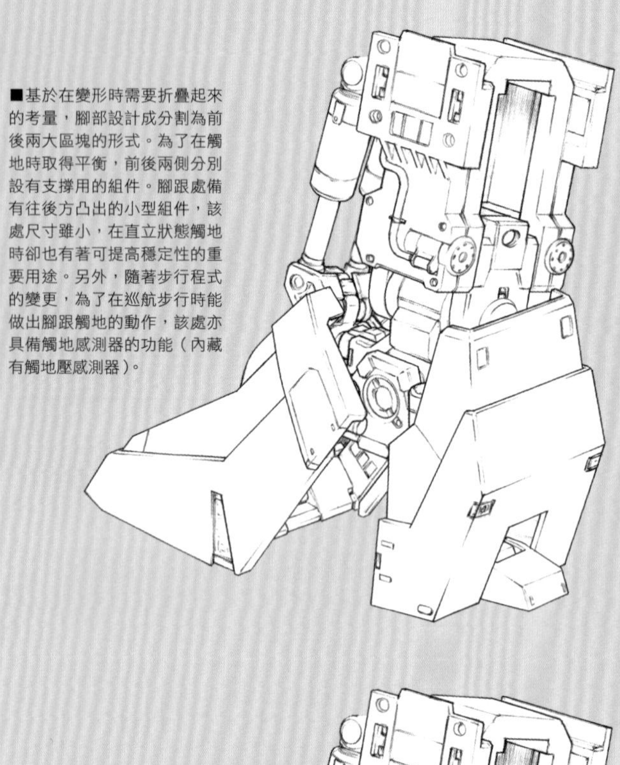

■基於在變形時需要折疊起來的考量，腳部設計成分割為前後兩大區塊的形式。為了在觸地時取得平衡，前後兩側分別設有支撐用的組件。腳跟處備有往後方凸出的小型組件，該處尺寸雖小，在直立狀態觸地時卻也有著可提高穩定性的重要用途。另外，隨著步行程式的變更，為了在巡航步行時能做出腳跟觸地的動作，該處亦具備觸地感測器的功能（內藏有觸地壓感測器）。

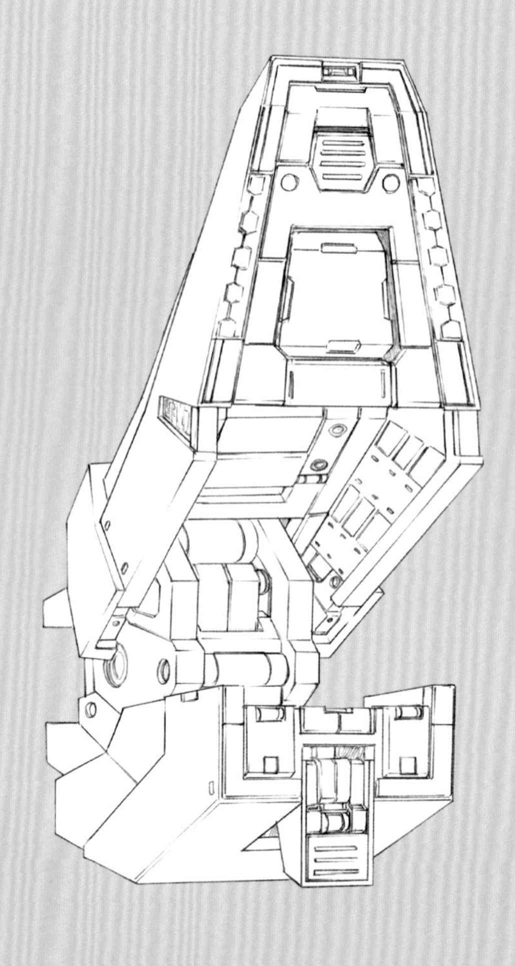

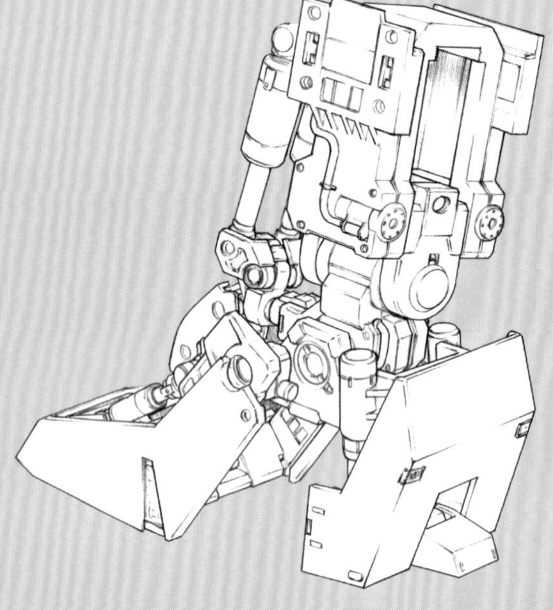

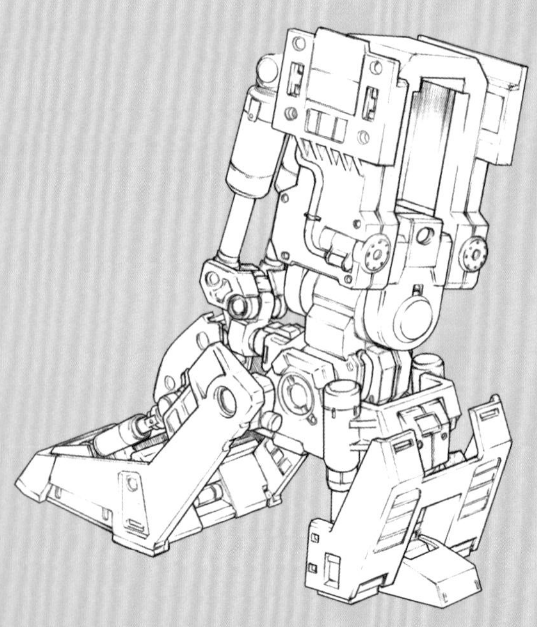

腳部

由於腳部必須支撐住機身整體的龐大重量才行，因此內藏有足以與股關節匹敵的大扭力型力場馬達，以及大型的促動阻尼器。另外，內部還設有蓄熱裝置，而且在機體內主要部位循環的冷卻劑中，有一部分就是經由一併設置在這裡的熱交換器進行冷卻。以MSZ-006來說，既然主機是設置在小腿部位裡，那麼該冷卻系統也就格外重要了。

腳底素材有局部採用具備高度熱傳導率的材料，當機體站到運用基地的專屬平台上後，連接埠就會自動開啟，以便和平台上的連接器還有冷卻劑循環管線相連接，並且立刻展開冷卻劑的熱交換程序，以及蓄熱裝置的強制冷卻作業。在太空中運用機體時，這個系統可說是格外方便好用，不過就技術層面來說，其實是繼承了早在「基座承載機」上就已奠定的技術改良發展而成。

不僅限於MSZ-006，當返航後就貿然靠近機體的腳邊，這絕對稱得上極度危險之事，若是不慎碰觸，該處蓄積的高溫灼燙程度可不是一句重傷就能描述。為了提醒相關人員注意這件事，MSZ-006相當於靴子的部位才會刻意塗裝成紅色。雖然在改善蓄熱裝置之後，這類問題立刻獲得解決，但該處溫度仍然不容小覷。

左右兩側其實亦預留可供搭載感測器的空間，但實際上只有在運用途中的某段時期曾搭載過相關裝置。初期型正如前述，靴子部位的熱輻射會導致對人＆對器材感測器在精確度方面變差，在實際運用上幾乎無從發揮效力。由於後來並未特地使用到這個部位，因此便設置裝甲板加以保護。雖然AE社研發團隊裡也有評估過利用該處設置姿勢控制用小型推進器的方案，不過經由模擬實驗與直接運用AMBAC相比較後，發現噴射輸出功率的效能並不理想，最後也就放棄這個方案了。附帶一提，MSZ-006的靴底並未搭載姿勢控制用噴嘴之類的裝備。

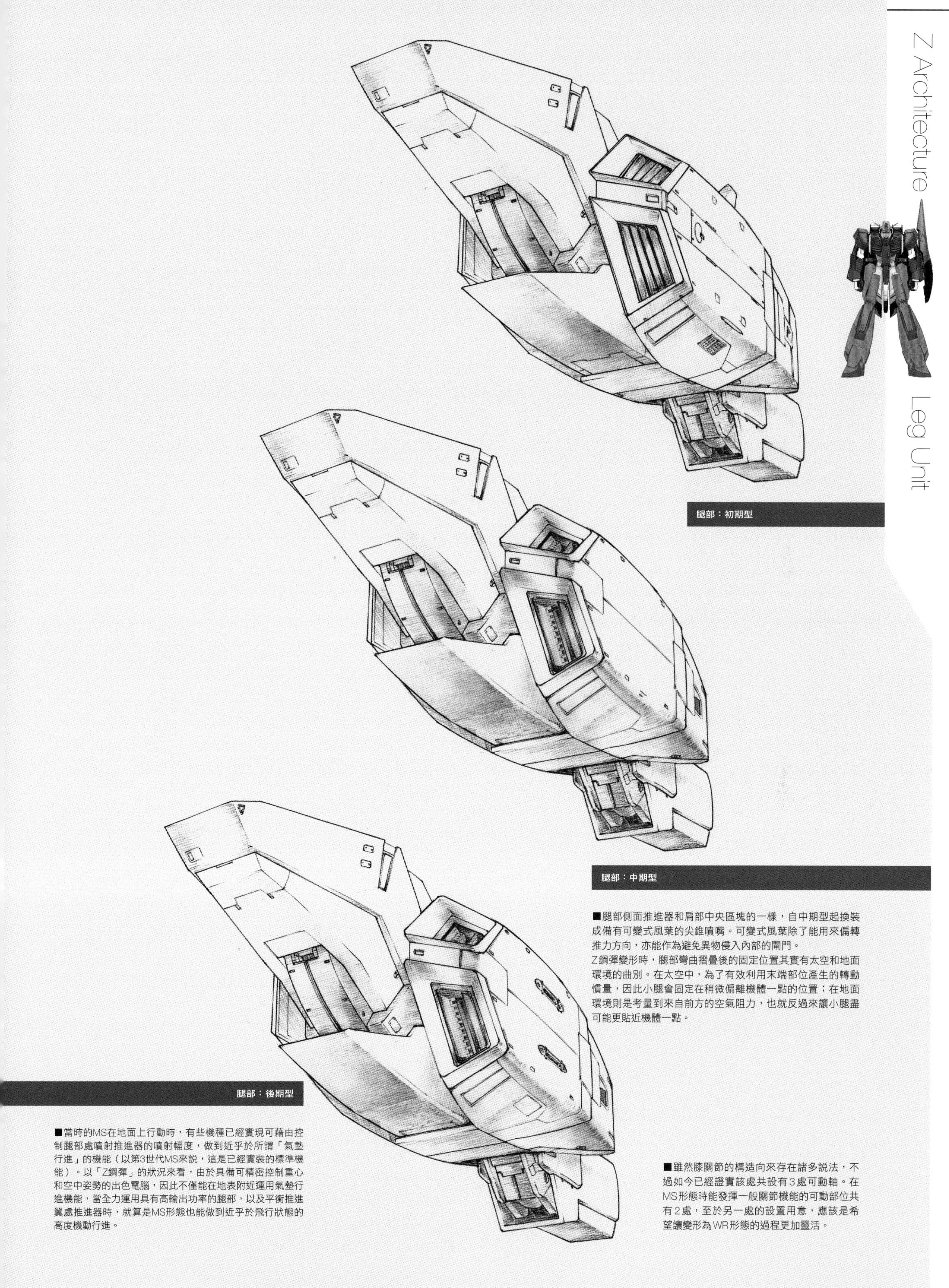

腿部：初期型

腿部：中期型

■腿部側面推進器和肩部中央區塊的一樣，自中期型起換裝成備有可變式風葉的尖錐噴嘴。可變式風葉除了能用來偏轉推力方向，亦能作為避免異物侵入內部的閘門。
Z鋼彈變形時，腿部彎曲摺疊後的固定位置其實有太空和地面環境的曲別。在太空中，為了有效利用末端部位產生的轉動慣量，因此小腿會固定在稍微偏離機體一點的位置；在地面環境則是考量到來自前方的空氣阻力，也就反過來讓小腿盡可能更貼近機體一點。

腿部：後期型

■當時的MS在地面上行動時，有些機種已經實現可藉由控制腿部處噴射推進器的噴射幅度，做到近乎於所謂「氣墊行進」的機能（以第3世代MS來說，這是已經實裝的標準機能）。以「Z鋼彈」的狀況來看，由於具備可精密控制重心和空中姿勢的出色電腦，因此不僅能在地表附近運用氣墊行進機能，當全力運用具有高輸出功率的腿部，以及平衡推進翼處推進器時，就算是MS形態也能做到近乎於飛行狀態的高度機動行進。

■雖然膝關節的構造向來存在諸多說法，不過如今已經證實該處共設有3處可動軸。在MS形態時能發揮一般關節機能的可動部位共有2處，至於另一處的設置用意，應該是希望讓變形為WR形態的過程更加靈活。

生化感測器

MSZ-006「Z鋼彈」雖然在外觀上並沒有顯著改變，不過還是可以區分為從U.C.0087年7月出廠後活躍僅僅4個月的「初期型」，以及在該年12月施加改良，後來也就此持續運用下去的「中期型」和「後期型」。

初期型和自中期型起的真正差異何在呢？那正在於與提升機體性能同步進行的「新人類對應規格」改良升級。雖然無從確認施加這個改良的經緯，不過身為MSZ-006專屬駕駛員的平民少年卡密兒・維登向來以具備高度新人類能力聞名，顯然正是為了配合他的能力才會變更規格。

那麼MSZ-006究竟施加了何等改良呢？就現今留存的整備資料來看，其中有著該機體追加裝設名為「生化感測器」的裝置這類紀述存在。

生化感測器可說是能接收新人類發出的感應波，並且藉由米諾夫斯基通信對機外砲台之類機器進行無線操作的「腦波傳導裝置」簡易版本。研發出這個裝置的，正是完成MSZ-006的亞納海姆電子公司（以下簡稱為AE社）。

腦波傳導裝置本身應用可偵測由腦部發出的感應波，藉此來操作義手或義足之類小型機械臂的技術。之所以會進行該裝置的研究，用意在於找出不會被能干擾電磁波傳遞的米諾夫斯基粒子所影響，能照樣進行類似電波通信的手段，但目的並不在於提高機體本身機動性，而是企圖利用無線操控方式發揮廣範圍射擊之類的機能，亦即提高攻擊性能。

後來隨著一年戰爭結束，吉翁公國軍研發出的腦波傳導裝置相關技術由地球聯邦軍所接收。這些技術被視為機密，僅交由奧古斯塔研究所和村雨研究所等新人類研究機關繼續進行研究和研發。不過即使被視為機密，還是有吉翁系技術人員帶著腦波傳導裝置相關技術投效AE社，也就此與地球聯邦軍走上相異的技術研究發展路線。

在一年戰爭後到格里普斯戰役的這段期間裡，腦波傳導裝置的使用方法出現一個轉變。以往使用腦波傳導裝置時都是著重在攻擊性上，如今則是開始評估該如何運用在機體的控制上。

隨著新人類的相關研究和數據資料日益增加，歸納出具備新人類能力的駕駛員在進行戰鬥時，多半都能做到近乎於預知的攻擊和迎擊行動。不僅如此，甚至亦有數據資料指出，其反應速度快到連既有機體控制用電腦都跟不上的程度。因此地球聯邦軍在新人類研究這個領域中，通常是致力於提高新人類用機體的機動性。

至於吉翁陣營對於腦波傳導裝置的研究則是使用在從敵方死角、偵測不到的距離進行攻擊。相對於此，是否能讓高機動型機體可以更確實地做出敏捷動作，這可說是地球聯邦軍的主流思維所在。而且一年戰爭後亦有整合雙方概念繼續進行研發的腦波傳導裝置技術存在。

至於AE社在研發腦波傳導裝置方面所獲得的成果之一，正是「生化感測器」。

生化感測器是作為可配合新人類所發出的感應波，使機體能提高從動性的機器進行研發而成。由於不必對機體外部釋放出感應波，可以純粹地將感應波使用在控制機體上，因此成功地縮減腦波傳導裝置系機器的尺寸。這樣一來就算是傳統MS的大小也能搭載。

也就是說，在思維上其實和腦波傳導裝置技術的原點很類似，就像利用腦波來操作義手或義足一樣，如今也是運用腦波來控制MS的活動。就算機械性的射擊和變形等部分實際上還是需要用操縱桿進行操作，不過隨著運用到推進器和噴射口等處進行的姿勢控制能夠憑藉腦波進行操控，機體的反應確實也有著顯著提升。

雖然AE社原本就是以搭載生化感測器為前提進行研發的，不過據說真正得以完成的關鍵，其實在於吉翁殘黨軍勢力，亦即阿克西斯陣營所提供的技術。

搭載生化感測器之後，MSZ-006的機體從動性獲得大幅提升。可供作為佐證的，正是和腦波傳導兵器搭載機體交戰的數據資料。

Z鋼彈曾和阿克西斯領導人哈曼・坎恩搭乘的腦波傳導裝置搭載型機體AMX-004「丘貝雷」、帕普提瑪斯・西羅克憑藉獨門技術研發出的生化感測器搭載型機體PMX-003「THE-O」、作為強化人用可變MA而研發出的腦波傳導裝置搭載型機體MRX-010「腦波傳導型鋼彈Mk-II」等機體交戰過，據說在和這些搭載腦波傳導裝置系機器的機體戰鬥時也都能略占上風。

雖然不確定真正的詳情如何，不過亦有目擊證言指出，在和前述這些腦波傳導裝置系機器搭載型機體交戰時，Z鋼彈做出有如讓一般攻擊性和防禦性能都獲得提升的超規格舉動。

甚至還有報告提到曾目睹Z鋼彈將光束軍刀放大到遠超過容許值的尺寸、產生了足以把MEGA粒子砲反彈回去的力場狀能量幕，以及讓機體輸出功率大幅提升之類在一般MS運用上不可能發生的現象。這些應該只是把新人類在MS戰中大幅度發揮才能一事過度誇大才產生的傳聞，但曾並肩作戰的士兵們都認為確實曾發揮出那等性能沒錯。

反過來說，要是這些超乎規格的舉動都是事實，那麼新人類的能力本身其實無異於人類尚無法掌控的技術，這同時意味著生化感測器本身也超出可提升機體從動性的機器這個範疇，當中更蘊含著可接收新人類能力，進而作為武裝「增幅器」使用的可能性。

其證據在於繼MSZ-006之後研發完成，搭載分離變形機構的可變MS，亦即MSZ-010「ZZ鋼彈」同樣留有搭載生化感測器的紀錄。雖然是題外話，不過MSZ-010在能夠分離運作的各模組上均搭載腦波傳導裝置終端機，由於這些均可對生化感測器產生反應，因此據說影響範圍也變得更加寬廣，可說是一架超越MSZ-006的新人類規格機體。

就這些情況來看，生化感測器儼然成了能夠提升MS機體性

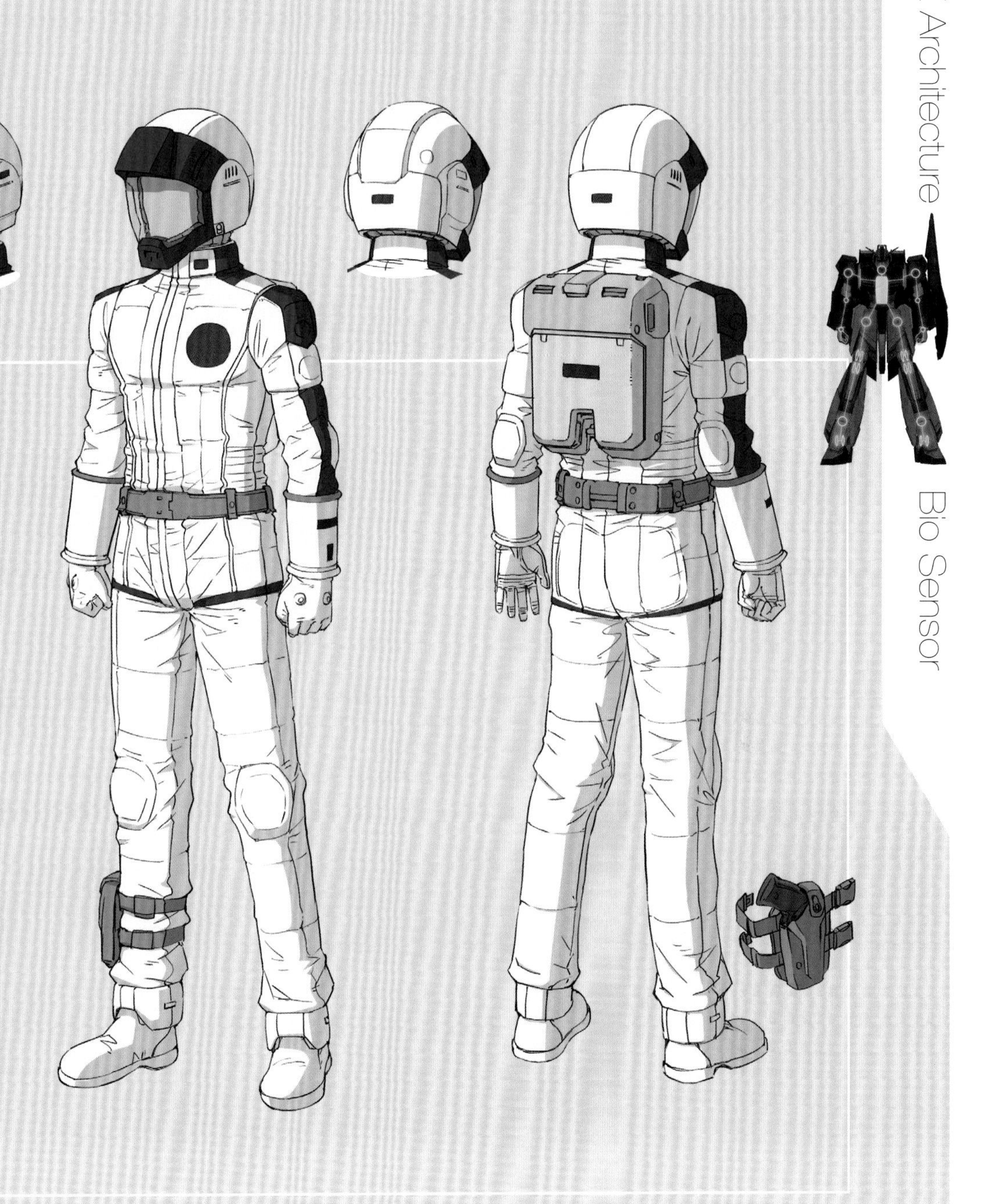

■駕駛員用標準服
這是在U.C.0080年代後半，不分聯邦軍、幽谷、阿克西斯勢力，廣為各個陣營使用的MS駕駛員用標準服。供MSZ-006-1號機駕駛員卡密兒‧維登使用的標準服，亦有留下為了收集生化感測器的數據資料所需，因此一併提供專用頭盔的紀錄。雖然無法明確辨別使用該頭盔的時期，不過應是在格里普斯戰役進行決戰之際，亦即格里普斯2號攻防戰前後才實際佩戴，並投入參與戰鬥。
手槍用槍套除了有能夠把手槍整體收納起來的標準型之外，亦有更適合實戰使用的塑膠製版本。

能的萬能機器。不過就研發兵器的觀點來說，這終究只是個過於特別而難以運用的技術罷了。

要是沒有具備新人類能力的駕駛員存在，那麼生化感測器也就無從發揮其機能。相較於一般駕駛員也能使用的引導砲和反射式引導砲之類準腦波傳導兵器，以及能偵測到無新人類能力駕駛員的微弱腦波，屬於新吉翁陣營機體所搭載的一般用腦波傳導裝置，生化感測器在軍事技術方面的實用性還是偏低。因此即使已經時至U.C.0095年，搭載過生化感測器的，依舊僅止於MSZ-006和MSZ-010這兩架由新人類搭乘的特殊機體。

話雖如此，隨著生化感測器技術的研究有所進步，光是靠著思考就能讓MS的手腳像自身手腳一樣揮舞，足以完全同步操縱的時代或許真會到來。

在U.C.0087到0088年的這段期間裡，有著以生化感測器為基礎，往新人類對應機器領域更深入地進行研發的傳聞，但這些特殊技術被列為最高等級的軍事機密，因此詳情不明。不過對於MS的操縱和控制方面來說，這確實是蘊含著高度可能性的技術沒錯，由生化感測器進一步發展出來的新技術，或許會在不久之後的未來登場吧。

Z鋼彈的運用實績

在格里普斯戰役、第一次新吉翁戰爭這長達兩年的戰鬥中，MSZ-006「Z鋼彈」一直是作為幽谷的主戰力在運用。特別是在格里普斯戰役中的活躍表現，可說是近乎完全發揮出原先所設想的能力，這一切不僅要感謝搭載艦「阿含號」所屬整備人員的辛勞，擔綱設計與製造的亞納海姆電子公司（以下簡稱為AE社）派遣工程師駐艦，全面提供支援亦是功臣所在。

既然運用MS可說是以在戰場這種嚴酷環境下使用的工業產品為前提，那麼就必須定期進行細膩的整備，不然就無從保證可以發揮100%的能力。MSZ-006具有身為AE社旗機的角色，就某方面來說也因此在運用層面獲得遠超乎一般MS的待遇。從運用兵器的第一線來看，這才是所謂的「理想」狀態，但這類例子不僅在一般時期就算少數，更用不著說在進行實戰的環境下是何等罕見至極。

理所當然地，在累積相關經驗和提升效率之後，這種充沛過頭的支援體制也有所調整。不過要是沒有這段期間的反覆試誤，以及進行與零件改良升級等要素相關的研究，那麼這些在運用上必須十分細膩謹慎，俗稱「Z系」的MS群肯定無從在聯邦軍中穩居一定地位。

接下來，本章節將以格里普斯戰役時期的「阿含號」和「Z鋼彈」為中心，試著從整備與運用的觀點進行解說。

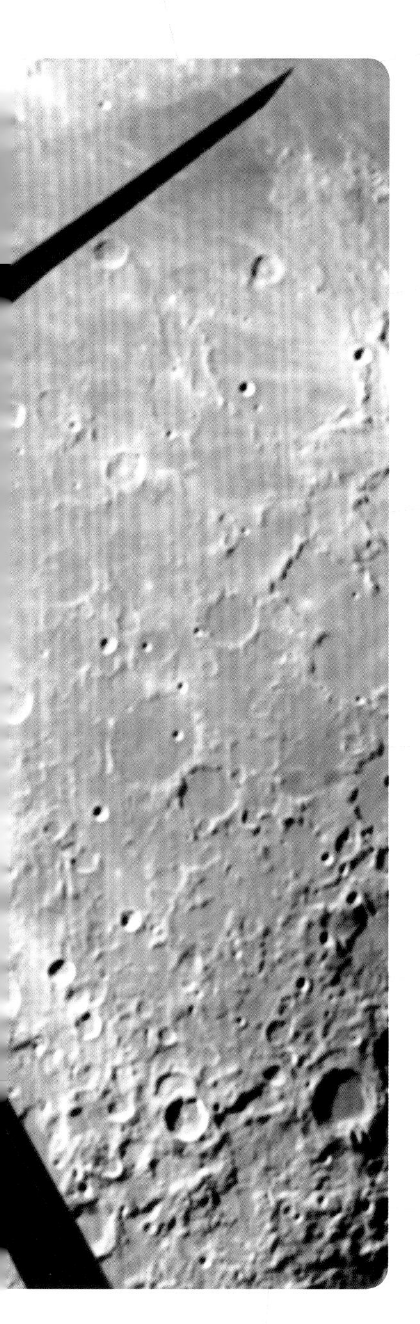

Z鋼彈的整備體制

U.C.0087年6月，趕在「Z鋼彈」交貨和開始運用之前，AE社的技術團隊就經由船塢艦「玫瑰人生號」派駐到了「阿含號」上。在5月分派出艦載MS執行賈布羅空降作戰後，「阿含號」便前往「玫瑰人生號」進行包含重新裝設隔熱傘在內的整備＆補給，不過當時也就已經有AE社的工程師團隊轉乘至該艦上。隨著新的駐艦團隊加入，兩組團隊已共計有23名成員，接著更有另一組團隊在領取到MSZ-006之後沒多久就前來會合。

工程師團隊編組完成後被賦予的任務，用不著多說正是為了讓MSZ-006能運用得更加流暢而便宜行事。除了整備作業、擬定整備時程計畫、備用零件的管理＆使用規劃之外，亦包含將透過執行整備作業所得的各種狀況與見聞逐一回報給總公司，以求在日後的MS研發作業中能派上用場等任務在內。

AE社打從之前就有著將社員派駐至太空戰艦上，以便對新部署MS提供相關支援的制度。這一方面也是基於聯邦軍的要求，因此駐艦社員也就以軍中雇員身分在艦上執行任務。其主要目的，在於從機械層面配合各MS所需制定整備方法，以及因地制宜修訂技術手冊。當然亦要經由實際運用歸納出各種可能發生的問題，藉此取得可供機體和系統升級用的資訊，這部分也極為重要。AE社之所以想要強化與軍方之間的往來，藉此了解軍方的組織和運用哲學並運用在研發機體上，理由在於該公司認為這樣做有助於提高企業價值。即使這個方針確實發揮一定效果，卻也留有讓產業間諜趁虛而入的可能性，導致聯邦軍後來心存芥蒂。以U.C.0087年當時的情況來說，一線級戰艦幾乎都已無從實施這個合作制度。

AE社認為參與幽谷的組織運作一事，可說是能藉由實戰為MS研發這個主要部門注入嶄新活力的絕佳機會。這已經超乎純粹的支援業務範疇，由此也可窺見該公司懷抱著有如政治野心的盤算。對當時的AE社來說，這也是為了顛覆由迪坦斯主導MS研發這個體制的布局，因此對內外極力宣揚以MSZ-006為首的該公司製MS有多麼出色，絕對有其必要性。

獲選成員是由AE社MS研發部四課的副主任里葉羅・納若卡擔任負責人，召集資深人員和前途大有展望的年輕一輩所組成，可說是廣集各方人才。另外，MSZ-006的研發成員中亦有3位獲選擔任顧問參與其中。這是預料到在作戰行動中無法和總公司聯絡，為了能便於在第一線迅速下達判斷所做的安排。

據說為了社員與其家人的安全起見，AE社也做好與迪坦斯打情報戰的準備。畢竟要是「阿含號」駐艦社員的身家來歷和個人資料外洩，迪坦斯有可能會藉此對其家人不利（在幽谷成功搶奪到RX-178「鋼彈Mk-Ⅱ」的青翠綠洲事變中，針對日後成為MSZ-006駕駛員的少年卡密兒・維登，迪坦斯確實曾以他的母親為人質進行威脅，企圖藉此奪回機體，但後來演變為「報復」行動，導致人質慘遭殺害）。因此該公司準備離職、借調等種種「掩護身分」，利用情報操作手段干擾迪坦斯的情報部。在「阿含號」駐艦社員中，甚至有人即使時至今日仍被認為是在毫無關係的其他殖民地相關企業上班，可見這方面做得有多徹底。當然實際上調派至這類相關企業去的是另一個人，整個安排機制就是如此。雖然已知負責指揮這部分工作的，應是AE社底下名為AEC寰宇事務的部門，不過也只曉得那是個專職維護機密的組織，除此以外的詳情完全不明，即使時至今日該部門也從未公布過組織架構、人員規模之類的任何資訊。甚至有說法指出，該部門其實是足以和聯邦軍情報部相匹敵的情報機關。

Z-技術服務團隊

派遣至「阿含號」上的AE社技術團隊，總稱為「Z-技術服務團隊（ZTS）」。賦予ZTS的任務可大致分為兩類。其一是全面性支援與運用MSZ-006相關的業務。他們在太空中是和幽谷的「阿含號」所屬整備人員合作，在地面上也會和卡拉巴的「奧特穆拉號」所屬整備人員合作，以便一同從事MSZ-006的整備任務。另一則是針對MSZ-006的內藏機器，以及供給這架機體的選配式兵裝等物件進行評估。

不過就這兩大類的技術支援來看，考量到MSZ-006本身有著幾乎等同於試作機、實驗機的性質，嚴格來說是無從區分的。一般而言，研發兵器時對於機能和零件是得區分開來逐一花時間進行驗證的。但MSZ-006完成部署的那瞬間就已身處實戰環境中，幾乎不可能特地騰出時間去進行相關試驗。因此除了要在戰鬥出擊中收集各式數據資料之外，還必須要有經驗豐富的操作員就這方面慎重地進行分析才可以。引進的裝備當然也僅限於在效果、基本技術、設計等方面均已經過一定程度實際驗證的。畢竟絕對不容發生在戰鬥中出現致命性的故障，導致MSZ-006機體本身和駕駛員陷入極度危險中的狀況。而且這些支援業務在替裝備進行實戰部署的最後調整、收集研發新裝備所需的數據資料等方面均能派上用場，同時亦對於提升MSZ-006整體的性能和戰鬥力有所貢獻。

AE社對MSZ-006所懷抱的期待，並非僅止於成功研發出可以實際運用的機體，亦十分希望取得有助於日後研究研發的「經驗」。因此對ZTS下達只要發現有些許需要調整或改良的空間，即可根據第一線的判斷直接處理的指示。這是為了讓技術團隊能夠不再像以往一樣只會在研究室裡「紙上空談」，才會如此要求。雖然運用之初不僅得設法掌握住更換消耗品零件的時間點，並且具體地寫進技術手冊裡，還得經由反覆試誤找出問題何在，不過Z計畫就是像這樣在交貨後透過實際運用取得各種數據資料，進而應用在後續的研發作業中，才得以成為真正令AE社起死回生的計畫。

雖然在把戰鬥當成家常便飯的「阿含號」上，有著許多曾在一年戰爭時歷經過實戰，累積不少經驗的整備人員，不過他們對於包含一般整備業務在內的作業格外堅持己見，經常拒絕聽從ZTS的意見，導致彼此的關係可說是劍拔弩張。在ZTS與艦內整備人員雙方都抱持著高度專業自信的情況下，想要流暢地進行作業也難。雙方之所以能日漸圓融相處，負責統籌「阿含號」艦載MS整備的阿斯特納吉・門德茨上士（當時），以及MSZ-006主要駕駛員卡密兒・維登可說是厥功甚偉。

相關詳情留待後述，但為了慎重起見，還是要先說明在「阿含號」上與MSZ-006整備相關的ZTS團隊，以及艦內整備人員編制狀況為何。

「阿含號」的首席技師為阿斯特納吉上士，對於MSZ-006之外的艦載MS負有全責。他在一年戰爭時曾到金平島加入莫斯科・漢博士率領的磁力覆膜研究團隊，打從戰後聯邦軍與AE社有所往來那時起，他就是常進出月面AE社工廠的技術士官之一。不僅如此，在夏亞，亦即克瓦特羅・巴吉納上尉帶來以鋼彈合金γ為首的阿克西斯系技術後，他亦參與引進＆分析的事務。雖然詳細的經緯不明，但他也就此以幽谷成員的身分搭上「阿含號」，並且負責所有艦載MS運用方面的事務。阿斯特納吉的頭銜並非官方職稱，不過他居於能夠被稱為技術總監的地位，MSZ-006的整備當然亦是由他負全責，但阿斯特納吉本身不是只要管理這架幾體這架機體就好。

在阿斯特納吉之下，尚有為個別艦載MS負起整備責任的機工長（CC）。不僅是日常的整備作業，就連中長期的整備時程也是交由這名CC負責安排。阿斯特納吉會以CC提供的資訊為根據，在以布萊特・諾亞艦長和克瓦特羅上尉為首的艦上主要人員決定作戰時程之際，就整備人員的觀點陳述相關意見。

CC通常會對負責一架機體的4～6名整備員做出指示，以便進行日常的整備作業。整備員確實有只負責特定機體的，不過對於累積諸多經驗，在各方面專業知識均相當豐富的整備員來說，有許多人會負責一部分機體，甚至是所有機體的特定部位整備作業。擔綱兵器的不僅要熟悉兵裝硬體，對於有必要就機體本身進行調整的FCS、機體的運動控制亦要有深入了解才行。另外，亦有包含可動骨架在內的驅動系、推進引擎系專家在。以負責維修航電系的整備員來說，更是得從事軟硬體兼具的系統調整和升級才行。至於要連線至主電腦程式部分時，則是要由具有機密存取權限的人來執行。

在這樣的基本組織架構中，ZTS成員原則上是專門負責MSZ-006的，因此「阿含號」所屬整備人員會用「ZTS那夥人」或是「工廠來的」之類綽號稱呼他們。ZTS起初也對避免侵犯到「阿含號」所屬整備人員的職務、劃清範圍抱持顧慮，不過隨著戰鬥白熱化，一同克服多場實戰的考驗後，雙方之間也建立起信賴關係，最後總算得以看到不分你我通力合作的整備光景。整備人員也會就MSZ-006以外的機體尋求技術層面建議，這方面的運用資訊亦透過ZTS回報給AE社。

名為卡密兒・維登的駕駛員

若要探討與整備MSZ-006相關的事務，那麼就絕對無從忽略在格里普斯戰役時幾乎等同於該機體專屬駕駛員的卡密兒・維登。MSZ-006能與他邂逅，可說是一件出奇幸運的事情。

之所以這麼說，並非純粹因為卡密兒即使時至今日也仍被視為最出色的新人類之一，而且還以駕駛員身分讓MSZ-006發揮莫大戰鬥力。當然若是省略詳細的分析，僅就結論來看的話，那麼應該也可以這麼說沒錯。就操縱才能來看，卡密兒確實是一名出色的駕駛

員。但除此以外，亦有其他可說是足以讓MS發揮出戰鬥力的才能存在。卡密兒正是一名具有多元才能的罕見少年。

就絕大部分的一般駕駛員和整備人員來說，受到隸屬於軍隊的性質影響，在職務方面幾乎毫無例外地都受到嚴格的劃分。特別是在處於非戰時的狀況下，就算是分派給自己駕駛的機體，駕駛員通常也不會親自參與整備。他們平時會把生活重心放在磨鍊戰術和駕駛技術上，過著跟訓練生時代沒什麼兩樣，一切按照時程表規定行事的日子。

這點就算是在幽谷的「阿含號」上也幾乎沒兩樣，不過實際上隨著戰爭狀態一直持續下去，為了與負責整備自己座機的整備人員維持信賴關係，駕駛員還是會主動參與機體的整備作業。畢竟在不是缺了手臂或斷了腿的狀況下，好歹也會希望自己出擊時使用的機體能處於萬全狀態，這可說是人之常情。即使如此，駕駛員通常僅對MS的構造和系統有著大致了解而已，絕大多數也只具有取得證照所需的最低限度知識，因此就算參與了整備，通常也僅止於幫忙整備人員搬運零件或道具之類的瑣事罷了。

卡密兒在這方面的表現就截然不同。他在就讀理工學系期間，原本就有整備小型MS的經驗。相信用不著多說大家也曉得，要從事與小型MS相關的課外活動，那麼不僅要學會操縱技能，亦得具備與整備和機械相關的知識才行。另外，當時他就已經從父親的電腦上閱覽過理應列為機密才是，屬於RX-178「鋼彈Mk-Ⅱ」的設計資訊了，據說甚至還到達足以了解整體設計的程度。由於具備豐富的專門知識，因此打從加入「阿含號」那時起，他就參與整備自身座機RX-178「鋼彈Mk-Ⅱ」的作業。雖然起初只是從旁支援整備人員，不過他也逐漸能曾從兼具駕駛員與整備人員雙重身分的觀點提出意見，為整備作業提供一定程度的指導方針，對於令RX-178這架在「阿含號」乘組員眼中充滿諸多不明技術的MS得以維持高度運作率方面亦有所貢獻。根據事前獲得的情報，以及實際與卡密兒接觸的經驗，ZTS給予他相當高的評價，這點也促成日後由他擔任MSZ-006專屬駕駛員一事。

為了讓MS能充分地按照自己的想法動作，駕駛員會對整備人員提出各式各樣的要求。例如從操縱操作層面追求機體從動扭力的時機和速度，或是司掌操縱操作本身的踏板和側置操縱桿在物理觸碰上該有多「硬」，有著不少基於個人感覺來調整的部分。不過這類

感覺上的事情沒有基準可言，幾乎都會隨著駕駛員當天的身體和精神狀況而有所變化。「我希望能這樣調整」的要求可說是既曖昧又隨興，但整備人員還是會盡可能地照做，而且不僅要決定在物理上該如何調整，更非得在出擊之前的短暫時間內執行完成不可。即使如此，按照要求把關節驅動時機調整零點零零幾秒之後，有時的確會說「OK」，但亦有不管怎麼調整，駕駛員都還是喃喃抱怨不已的情況。對整備人員來說，自己整備的機體狀態攸關駕駛員生死，因此還是會儘量配合處理到讓駕駛員能在覺得滿意的狀況下出擊。

這點對卡密兒・維登來說也一樣。只要覺得在操縱感上有些許差異，他就會自行驗證數據資料，據此進行調整。他不會完全依賴感覺，而是會以資料為基準做出合乎邏輯的判斷，然後落實到MS的整備作業上。就算遇到了需要整備人員提供專門知識協助的狀況，他也不會僅訴說發生什麼症狀，而是會先推測並歸納可能的問題點，有時還當真下意識地找到了癥結何在。在整備人員當中，也有人把卡密兒這類舉動視為有心減輕自身負擔的善意表現，但實際上並非如此，這不過是他基於學生時代經驗所培育出的高效率思考方法罷了。

駕駛員的個性所在多有，既然有人能憑藉天生領袖魅力或單純的和善個性吸引周遭人心，那麼當然也會有著像卡密兒一樣，與整備人員之間具有「共通語言」，能夠圓滑地溝通意見，進而建立起信賴關係的人在。率先察覺卡密兒的素質，並且積極地安排讓他在「阿含號」內參與第一線MS整備作業的，正是阿斯特納吉上士。雖然也有這是布雷克斯准將、漢肯艦長等首腦陣容為了讓他能盡快融入幽谷所做的安排，但提出建言的其實是阿斯特納吉。

無論如何，MSZ-006交貨給「阿含號」後之所以會交由卡密兒・維登擔任專屬駕駛員，肯定是他在這方面的資質獲得認可沒錯。由於MSZ-006既是實戰機，亦具有驗證機的性質，因此要勝任駕駛員一職的話，一般來說必須具備足以在聯邦軍這類組織中擔任「測試駕駛員」的素質，可見卡密兒在這方面的才能有多麼備受期待。

Z鋼彈的評估試驗

MSZ-006送抵「阿含號」之初，無論是機體本身或隨附裝備都幾乎沒有運用數據資料可言。就純粹經由理論和模擬測試建構出的新型MS來說，應該要經由實際使用找出不妥當的地方，並且據此改良得更為精煉，這樣才能底定可供進行量產的規格。以MSZ-006的狀況來看，雖然這架機體當然有著進行量產的遠景，但畢竟是採用最新穎的概念建構出可動骨架，並且套用在TMS上所製造出的最初期完成體，為了讓日後的設計層面能更具效率起見，因此被賦予實際驗證相關理論與機構的重要任務。在這層經緯下，MSZ-006在完成部署時就已具備一定的性能，所謂的最後調整或許還比較接近設法掌握住性能過剩之處何在。

話雖如此，在有了前述的卡密兒・維登擔任駕駛員後，得以順利地在實戰期間進行該實際驗證的計畫，這點肯定也讓MSZ-006各方面達到成熟階段的效率獲得飛越性提升沒錯。

一般來說，越是有經驗的資深駕駛員就越不希望更換座機。這並非有無適應能力的問題，而是兵器最該講究的就在於可靠性。會對新型機體這個字眼雀躍不已的，其實僅有經驗尚淺的駕駛員，駕駛員要是對才剛開始部署沒多久的MS毫無戒心，那麼八成是還不成氣候的傢伙。當然也有著不同於測試駕駛員，只是純粹想要搭乘新型機體，希望能親自實踐從未有人體驗過的事情，更把這此事視為人生意義的人存在。但卡密兒・維登不屬於其中任何一種，他對機體沒有過度的執著，對於裝備也不會有所堅持。只要是ZTS方面希望他協助測試新裝備，就算看起來毫無意義可言，他也會完全照要求去做。

另外，身為測試駕駛員也得具備多種才能。畢竟任務內容並非總是要向極限挑戰這種充滿刺激感的事情，舉例來說，為零組件進行效果測量就會令人覺得乏味無聊。這類任務得在反覆飛行中逐一調整零組件的參數，就連操作本身亦得完全按照指示，精準正確地去做才行。想要毫無怨言地默默進行到完成，肯定必須要有十足的耐性才行。

在U.C.0087年8月阻止迪坦斯的阿波羅作戰之後，ZTS便前往格拉納達工廠安排試驗階段的日程，接著更配合此事，調度了大量的MSZ-006相關零件和裝備到「阿含號」上。推動Z計畫的AE社計畫團隊原訂要以複數同型機進行評估試驗階段，這時也改為許可集中到MSZ-006的一號機身上（提及當時的狀況，在ZTS中擔任機體構造專家的米凱吉・史坦格連曾這麼說「備用零件多到（在那個時候）」足以再多製造2～3架「Z鋼彈」的程度）。

雖然時間相當短暫，但MSZ-006在該時間點就已收集到了龐大的戰鬥數據資料，以及裝備的運用數據資料，前述由卡密兒提供的情報更堪稱是無價之寶，因此獲得高度肯定。就操縱才能來說，他被譽為「天才」的評價即使時至今日也仍廣為眾人所知，不過從研發駕駛員的觀點來看，他其實也稱得上是極為優秀的人才。在分析資訊之際，有時推測也會成為重要的提示。駕駛員隨口一句話亦有可能成為找出問題何在的關鍵。卡密兒・維登的直覺相當精準，足以從諸多可能性中確實地找出問題點何在。計畫團隊企求做成的成果，隨著他的出現而得以成為現實。

Z鋼彈空降地球

MSZ-006原本就是基於在對地球上的據點發動攻擊時，可作為幽谷陣營MS部隊先鋒的高機動戰鬥MS運用這個前提研發而成。

然而到了真正完成部署時，當初打算投入的賈布羅攻略作戰早已結束，無論是AE社或ZTS都認為MSZ-006今後應該沒有空降至地球上的機會了。不過這個機會竟在U.C.0087年10月突然造訪。在意外的戰況發展下，卡密兒・維登搭乘的MSZ-006變形為穿波機，並且以用機背載著克瓦特羅・巴吉納上尉座機MSN-00100「百式」的狀態，首度執行衝入大氣層程序。

雖然ZTS一度陷入慌亂中，卻也還是先為了2架機體都順利抵達平流層一事感到開心不已。然後也隨即開始評估等到MSZ-006與卡拉巴會合後，可以接著進行哪些大氣層內運用試驗項目。就這個時間點來說，該機體作為在軌道上運用的TMS確實已近乎達到完成階段，但儘管曾在地球上另行對個別裝備進行測試過，全面裝設完成的本機體卻未曾有過任何的大氣層內飛行數據資料，因此這對AE社來說也是個絕佳機會。

另外，這對卡拉巴來說也是出奇的幸運發展。雖然AE社與卡拉巴之間持續在進行購買新型MS的談判，但儘管拿MSZ-006具備的高性能作為訴求，毫無任何與在地球上運用相關的客觀評價也是事實，這點令卡拉巴首腦層級始終保持審慎以對的態度。不過對卡拉巴來說，引進旗機也是勢在必行。卡拉巴確實希望像幽谷一樣，擁有足以作為象徵的駕駛員或機體，但可能的話最好是兩者都有。畢竟就該時間點的情況來看，一年戰爭中的傳奇英雄阿姆羅・雷上尉（當時）已經加入卡拉巴，會想要能擁有足以與他相匹配的機體也是合情合理（據說阿姆羅・雷本人也表達過希望能有MSZ-006等級的機體）。

因此ZTS團隊也隨即有所行動。從「阿含號」上調度相當於三分

之二成員的17名人員後，更與來自月面技術團隊和地球總公司的人員重新整編為兩組團隊，就此前往「奧特穆拉號」。

MSZ-006在地面上運用時遇到的第一個狀況，正是在大氣層內巡航之際浮現的振動特性問題。有別於氣流或在穿音速域產生衝擊波時所造成的抖震，這是在某種特定高度（空氣密度）、特定空速時會令引擎產生振動，導致對機體某處承受負荷，進而造成龜裂的現象。要是置之不理的話，有著在巡航或戰鬥中發生嚴重問題的危險性。由於在軌道上運用時並沒有空氣這個要素，因此這個問題之前一直未浮上檯面。

雖然相較於同時代的TMS，MSZ-006的穿波機（WR）形態已經算是十分洗鍊了，但在空力方面的水準還是不及真正飛機。就算能藉由境界層控制面的連續性，亦還是有著銜接得不夠流暢之處。與其稱原因在於MSZ-006是出自以月面為據點的設計團隊之手，不如說是TMS本身仍在發展途中，況且在運用比重上多半還是以MS形態為主來得貼切。儘管在採用模擬測試進行的設計驗證中花了許多時間在確認空力效率上，但無從否認的是，那終究只是符合最低限度要求的能力罷了。因此ZTS一和「奧特穆拉號」會合後，立刻就展開處理這個問題的作業。

在偵測到異常振動時，駕駛員會即時收到警告資訊。若是屬於微震動等級，因為駕駛艙有著架設於外殼本身的緩衝阻尼器支撐，所以能直接吸收掉這類震動，況且駕駛員是坐在浮動式座椅上，實際上幾乎完全感受不到任何震動。不過就前述問題的例子來說，振動頻率和振幅已超過容許範圍，中央電腦會判斷為「異常」狀況，再加上經由空氣傳播的「聲音」會直接在駕駛員耳邊響起，得以正確地掌握住狀況。

對於在太空中出生的駕駛員來說，僅能透過模擬訓練累積在各種氣象條件下飛行的經驗。一旦遭遇到需要使力抗衡的重力、空氣黏滯性等唯有親身體驗才曉得的感覺時，在發現原因何在之前，通常會陷入驚慌狀態。明明什麼都沒做，卻往地面方向吸過去（墜落）的感覺、眼睛無從看見的重力作用，這些對於在太空中成長的人都有著極大威脅性。即使已經掌握住操縱感，但只要處於必須讓引擎持續噴射才能飛行的大氣層內，無論是加減速或改變行進方向，所需的推力運用都和在軌道上時截然不同。不過卡密兒本身已經是第二次空降到地球上了，得以極力冷靜對應。總之他先調降輸出功率，試著降低高度觀察情況。結果該現象立刻就獲得緩解。但令人驚訝的是，卡密兒接下來並未聽從「奧特穆拉號」的管制，反而試著重現先前的條件。當時盤據在他腦海中的，顯然是前述那種屬於技術人員特有的好奇心。他嘗試改變速度和高度等條件，收集到許多數據資料。後來在實用高度域觀測到三種頻率的振動現象。

當時從AE社總公司調派至ZTS的馬卡・賽諾技術主任，曾表示過，等戰爭結束後不妨先邀請卡密兒・維登至AE社出自的技術專門學校就讀，再逐步循相關管道招募他進入AE社任職。卡密兒起初只把這當成是客套話，不過賽諾主任，曾再三遊說，顯然他這番話是認真的沒錯。

ZTS根據那份數據資料改良飛行程式，使平衡推進翼的主翼封套部位在該特定條件下能自動往內收約2度。另外，為了慎重起見，主翼也將可動部位需要承受氣流處前方，亦即主翼封套處的整流罩往後延長5公分，經過變更設計而提高基座處剛性的主翼是由總公司進行製造，然後透過羅商會運送給「奧特穆拉號」。

後來在設計著重於大氣層內運用的三號機時，試驗性地搭載可經由程式操控抵銷該振動的系統。這方面利用MSZ-006本身為TMS的特質，也就是為了避免可動部位產生的振動傳導至機身各處，於是讓關節機構本身發揮振動阻尼器機能的概念。因此亦有人認為，唯有到了三號機這套司掌驅動部位的控制程式版本完成時，MSZ-006整體才算是達到真正完成的境界。

相較於標準的MSZ-006，雖然三號機在飛行時的電力消耗量提升到130%，不過從利用空氣冷卻機體以提高整體運作效率的層面來看，綜合來看仍是下降的。讓該系統達到實用階段一事，使AE社得以在進軍大氣層內用TMS領域打下深厚根基。

Z鋼彈所留下的技術資產

打從運用之初，MSZ-006就備妥了比一般MS更為「充沛」支援體制。這一方面是基於MSZ-006具有如同前述的旗機身分，另一方面則是因為這是一場對幽谷和AE社來說都絕對不能輸的仗，不過它實質上尚屬研發途中的機體亦是一大關鍵所在。

「阿含號」不僅前往在地心軌道航行的「玫瑰人生號」進行補給，還透過各種手段頻繁地領收各種物資，但MSZ-006的相關零組件在其中也占了不少分量。雖然MSZ-006打從一開始就發揮了設計理論中的高性能，但若是以個別部位為單位來看，那麼發生故障的頻率其實會比MSA-003「尼摩」等主力MS還高，因此得視情況換裝經過改良或特別處理的零件，更必須逐一驗證其效果才行。另外，要是不更換心零件的話，亦有著可能無法維持高性能的問題存在。就這點來說，隨著變更規格和翻新材質，以及施加為驅動程式更新升級等處理，總算是獲得了緩解，雖然在更換頻率和平均故障間隔等穩定性方面還是不如「尼摩」，卻也已經比當初好了近一倍之多。至於更換下來的零件則是毫無遺漏地送往月面格拉納達工廠，以便試著經由比對戰鬥數據資料進行徹底的分析。

當時TMS處於剛興起的階段，雖然包含MSZ-006在內，起初僅被視為局地戰用MS看待，不過AE社後來也成功地賦予MSZ-006系統和其他局地戰用MS一定程度的「通用性」。與其稱這是靠著過剩性能做到的成果，不如說這是AE社製MS普遍具備的基礎能力來得貼切，這方面後來也在「傑鋼」型MS身上開花結果。在相對於聯邦製MS建立起優勢的同時，亦成為了自U.C.0090年代起彰顯AE社信譽和技術的基礎所在。這也代表著格里普斯戰役時期所累積的技術「資產」獲得了充分發揮。

不過這條道路並非MSZ-006所打造出來的，催生MSZ-006的Z

照片為吉力馬札羅攻略作戰中為配合卡拉巴，因此從「阿含號」出動展開佯攻的幽谷MS部隊。Z鋼彈在這之後於意料之外的情況下執行衝入大氣層的程序。

計畫本身才是高瞻遠矚，把如何建立企業未來地位納入考量的遠大計畫。MSZ-006的誕生，只能說是這條道路上的里程碑之一，「百式」和「梅塔斯」，以及繼MSZ-006之後完成部署的MSZ-010「ZZ鋼彈」，也均可說是經由研發和投入實戰這條路所獲得的成果。不過像MSZ-006運用初期一樣，在人力和物資上就某方面來說都極為「充沛」的「幸福」支援體制，到了日後終究不復以往（反過來說，正是因為有了在直到格里普斯戰役結束前這段期間得到的寶貴經驗，在第一次新吉翁戰爭期間才能夠以最低限度的人力運用鋼彈隊）。

MSZ-006就某方面來說是一架特別的MS，不過當我們在現今回顧相關紀錄後會發現，就綜合戰鬥力來說，它在同時代各式MS中稱不上有著格外突出的性能。無論是地球聯邦軍也好，阿克西斯陣營也罷，甚至是帕普提瑪斯・西羅克率領的「朱比特里斯號」勢力也一樣，其實尚有著諸多同等優秀的MS存在。不過正因為如此，想要憑藉少數戰力對抗這些機體的話，維持其性能就會是不可或缺的關鍵要事。性能上的劣勢能靠著數量來抗衡，但幽谷並不具備那種「數量」，因此個別MS的運作率和初期性能一旦偏低，必然會形成攸關組織存亡的問題。

隨著時間邁入U.C.0088年，緊接著爆發第一次新吉翁戰爭（哈曼戰爭）時，MSZ-006的整備體制一度弱化，陷入只能靠「阿含號」上僅存的備用零件勉強維持的狀況。AE社方面並沒有多少與當時（U.C.0088年3月到7月這段期間）整備狀況相關的資料，現今只剩下那段期間在「阿含號」上負責整備的臨時機工長路亞斯・阪下筆下的整備日誌，以及阿斯特納吉上士的筆記可供參考。就那些資料來看，MSZ-006僅勉強維持在可出擊的狀態，也無法像之前一樣發揮十足的性能。儘管如此，當時「阿含號」上僅剩下MSZ-006和「梅塔斯」這兩架MS，MSZ-006幾乎算是唯一能保護「阿含號」的戰力，剩下的整備人員當然也就把所有心力放在這架機體上。接下來也一路擔任他的後盾，讓這架機體能在第一線持續活躍到第一次新吉翁戰爭的最後期階段。

附帶一提，ZTS在SIDE 1的殖民地「香格里拉」暫且離開「阿含號」，雖然有一部分人員後來隨著部署MSZ-010「ZZ鋼彈」所需而重返「阿含號」，不過其他人則是回到月面再度投入各式新型MS的研發作業。

雖然是題外話，不過「阿含號」所部署的MSZ-006，亦即一號機最後在阿克西斯內部爆發的戰鬥中因為與克雷米勢力旗下機體「昆曼沙」而受到重創，只好將機體拋棄在戰場上。不過據說有非官方資訊指出，後來在AE社月面工廠舉辦「Re-GZ」的出廠典禮時，在會場中有展出和原先面貌一模一樣的同系機體。這究竟是該公司所保管的備用機呢，還是不以運作為前提，純粹是用剩餘零件拼裝出來的空殼展示機呢？亦或是當真由「阿含號」艦載機修復而成？真相至今仍然不明。

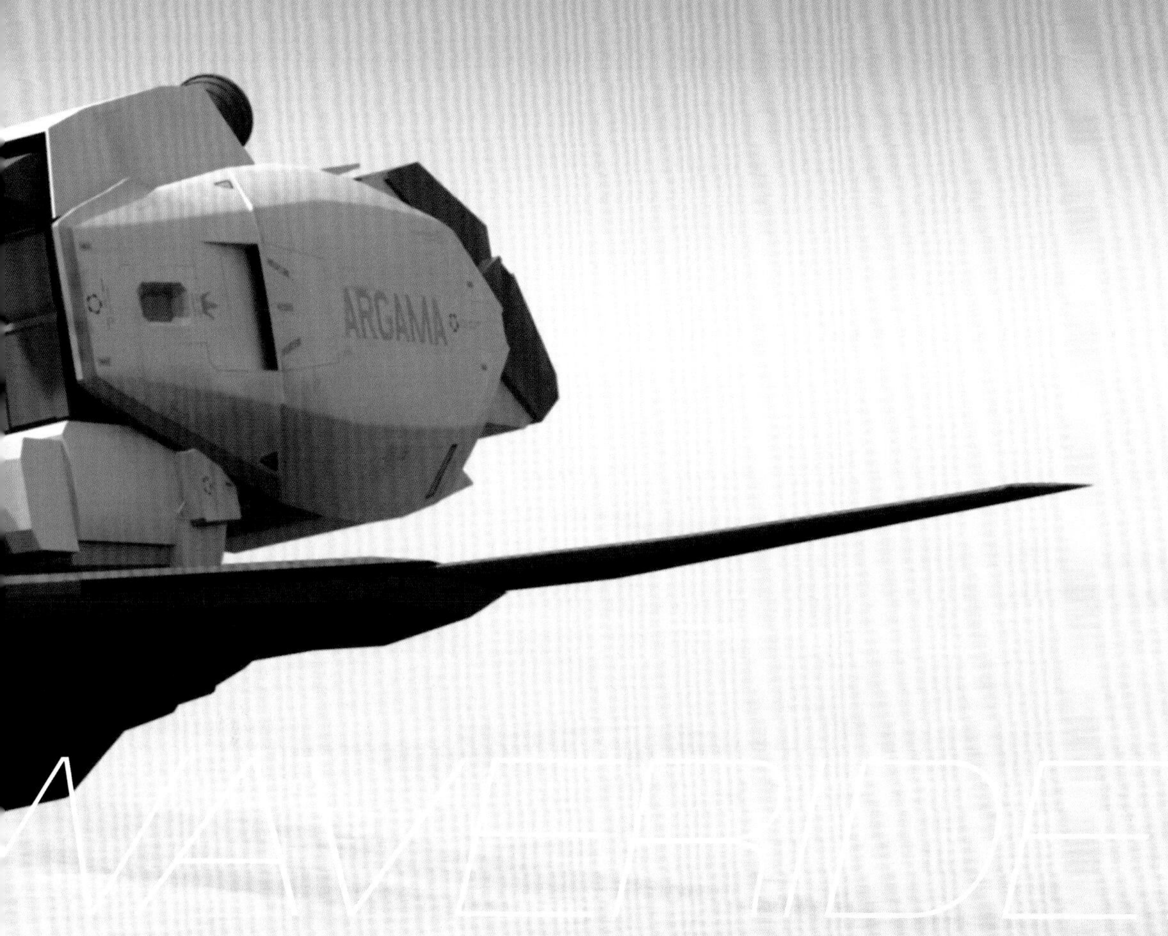

作為飛機的Z

MSZ-006「Z鋼彈」所具備的衝入大氣層能力，以及突破熱氣層後的空力飛行能力，原本是出自幽谷要求的據點攻擊所需規格。雖然也有過單獨就MS形態賦予這些能力的方案，不過最後經由搭配平衡推進翼和變形機構的形式，以名為穿波機（以下簡稱為WR）形態的面貌實現了這些能力。

不過正如其他章節中所詳述的，要讓該可變機構達到實用階段一事其實極為困難，因此WR模式不僅要能用來在大氣層內飛行，亦非得成為本機體在軌道上行動和運用時的優勢不可。在這層經緯下，必須同時附加作為軌道上用航宙戰鬥機的能力才行，可說是令設計門檻變得更高了。

所幸就採取的設計方針來說，並未侷限於將所有必要功能都整合到本機體的基本設計中，而是打從一開始就打算透過附加機能的形式來實現。藉由將可說是第三組肢體的平衡推進翼這個概念應用於此，使得MSZ-006獲得異於以往MS的獨特能力。不僅如此，本機體在軌道上的巡航能力、衝入大氣層能力、大氣層內飛行能力這三者均尚可個別進一步特化。

接下來將會就賦予MSZ-006獨特性，得以實現飛行、巡航、衝入大氣層能力的平衡推進翼系統，以及其相關事項進行說明。

■由於Z鋼彈在U.C.0087年11月時首度空降到地球，因此意外獲得在地面上運用的機會。早已研發、備妥大氣層內飛行用裝備的亞納海姆電子公司也連忙請地球總公司、羅商會等管道提供協助，將大量零組件送抵卡拉巴的「奧特穆拉號」，在可進行測試飛行的短暫期間內收集各種必要資訊。

■同年11月16日，在幽谷和卡拉巴的合作行動下，暫時占領聯邦議會所在的達卡。確保空優原本是MS不擅長的部分，不過這方面反而令Z鋼彈得以充分發揮潛力。據說卡拉巴自此時開始更認真地思考引進此機種，還立刻安排洽談商借MSZ-006-3號機。

ARGAMA

平衡推進翼

雖然平衡推進翼式推進背包起初被視為相當另類的裝備而受到注目，不過對於基本上是靠著手腳來發揮效用的AMBAC來説，這是足以擴充機能的另一組移動質量，更能作為搭載大型推進器的平台使用，後來也就演變為構成第二世代MS的基本要素之一。MSZ-006亦採用這個概念，由於兼具在MS形態時可用來進行包含AMBAC在內的動態控制，但在WR形態時則是可發揮截然不同用途的相異機能，因此相較於打從一開始就將其用途予以特化的MSN-00100「百式」，在運用效率上確實差了許多。説得極端點，MSZ-006備有平衡推進翼沒錯，卻幾乎不具備任何平衡推進翼應有的機能性。

就提升MS本身機動性的層面來看，平衡推進翼可説是有著諸多優點，但實際上亦有著導致整備&調整的工程變得更加龐大，必須耗費更多人力在這方面、生產成本高昂，以及相較於其他艦載MS占用更多的艦內容積等缺點。另外，就像一年戰爭中所謂的特裝規格機一樣，只有一般操縱技術的人是否足以駕馭也是個問題。不過對於在戰略與宣傳雙方面都居於重要地位的「阿含號」來説，搭載AE社的旗機一事確實有其意義存在。「阿含號」起初也只有確定由克瓦特羅・巴吉納上尉（當時）搭乘的「百式」，以及預定將配合衝入大氣層作戰部署的實驗機MSZ-006「Z鋼彈」這兩架機體有配備平衡推進翼。

MSZ-006的平衡推進翼有數種版本存在，根據本機體原有運用構想所設計的衝入大氣層用裝備兼大氣層內飛行用裝備，亦即飛行裝甲當然也包含在其中。

除此之外，亦試作針對大氣層內飛行能力特化，採用VG翼形式的飛行裝甲。

FXA-00飛行裝甲

AE社供MS用而少量生產的衝入大氣層輔助飛行系統「FXA-00飛行裝甲」，可説是MSZ-006「Z鋼彈」的「WR模式」原型所在。FXA-00試作一號機在幽谷於U.C.0087年5月進行的賈布羅基地空降作戰中首度投入實戰，當時所收集到的數據資料對於研發MSZ-006來説極具參考價值。其實亦有資料指出，這架FXA-00原本就是研發用來驗證MSZ-006的衝入大氣層技術。在研發上也和「阿含號」一樣利用了聯邦軍的預算，説穿了就是搭上聯邦軍發包新型「衝入大氣層用裝備」研發計畫的順風車。FXA-00本身是備有三角翼的飛機型組件，在中央區塊設有酬載座，可利用該處讓MS用趴臥的姿勢搭乘。

主翼在設置上具有較大的下反角，藉此利用底面產生的衝擊波產生升力，亦即發揮穿波機所需的「乘波體」效果，不過在開始衝入大氣層時，為了讓降落速度能配合其他靠著隔熱傘系統衝入的MS，得像太空梭一樣拉大仰角以確保能充分減速才行。因此有別於一般的乘波體，必須具備與太空梭同等的耐熱構造。在平安地突破熱氣層後，FXA-00即可在平流層上層靠著「乘波體」效應進行高速空力飛行，不過進入平流層以下的高度時，過大的下反角反而成為弱點，無論怎麼用電腦控制，空力控制依然顯得不

■就像AE社先前向卡拉巴宣揚MSZ-006「Z鋼彈」有多麼值得期待，趁著測試飛行以及在達卡參與實戰這個千載難逢的機會，這架機體也充分展現出其精湛的性能。

穩定，唯有靠著氣墊行進用引擎才能讓下方推力維持穩定。

FXA-00在低空時的空力特性相當差，雖然FXA-00試作一號機所搭載的RX-178「鋼彈Mk-II」確實平安抵達地表，但一號機本身也被迫當場拋棄而以全毀的形式收場。AE社取得RX-178記錄的數據資料後立刻進行分析，並運用在當時仍在研發中的MSZ-006設計平衡推進翼上。不過設計也因此必須大幅動更動才行。

「WR模式」的研發

MSZ-006的平衡推進翼起初在MS模式時只被視為呆重，因此僅設計成在大氣層內飛行所需的最低限度大小。另外，亦考慮過和FXA-00一樣搭載搭載氣墊行進用的小型熱核融合噴射引擎，不過這終究是機能極為侷限的特殊用途裝備，使得設計團隊對於該如何規劃搭載位置和輸出功率規模感到苦惱不已。畢竟他們也曉得，以「WR模式」原案的飛行機能來說，在突破熱氣層之後，只要維持既有的5～7馬赫這等高速，即可做到相對穩定的飛行，不過一旦降低到平流層以下的高度，那麼空氣阻力和下反角就會導致這個飛機形態飛得越來越不穩定。

既然在MS模式會成為呆重，WR模式也只能在有限的高度範圍內發揮正常機能，那麼搭載這個機構也就毫無意義可言了。在這種狀況下，MSZ-006設計團隊不得不大幅更動平衡推進翼的設計。

第一階段的變更之處，在於讓原本為固定的下反角能經由電腦控制做到無段式調整。在為用來連接平衡推進翼與身體的連接臂上增設一個可動軸後，總算得以做到這點。不過經此修改後，用來裝設平衡推進翼的連接機構在剛性上也變差了，為了確保足以承受空降時產生的強大G力，因此把平衡推進翼和WR模式時的中央機身底面，亦即護盾之間的固定用扣鎖機構由4處增加至8處。

不僅如此，設計團隊更做了一個英明的決定，那就是加大平衡推進翼的尺寸。但這樣一來，在MS模式時除了會增加呆重之外，光是背後掛載著大面積平衡推進翼就可能增加被敵人發現的機會，更有著中彈率會變高的問題。即使如此卻還是加大平衡推進翼尺寸的理由，據說以這是為了顧及來自幽谷地面支援組織卡拉巴的強烈要求一事最具可信力。畢竟MSZ-006的一號機降落至地球上後，確實在卡拉巴的協助下，針對多種形狀不同的平衡推進翼（包含後述的FXA-01K飛行裝甲）進行過測試，接著也據此研發出著重於大氣層內機動性能的MSZ-006A/B/C「Z改」。

對當時的卡拉巴來說，增強航空戰力是不可或缺的要事，確實很有可能打從該時期開始就相當關注MSZ-006「Z鋼彈」的發展。但即使已決定加大尺寸，在面積上還是不足以達到可供像一般飛機一樣能穩定飛行的大小，這也是很明顯的事情。另外，就MS模式來看，過大的平衡推進翼亦會導致機動力顯著變差。畢竟一旦在偏離機體中心的位置裝設大質量物體，那麼基於慣性定律，要停下動作必然得消耗更多的能量，亦得花費更多的時間才行。雖然也考慮過將平衡推進翼設計成摺疊式的方案，但這樣一來在強度和耐熱能力上都會有所不足。歷經篩選留下來的最後評估方案，乃是採用類似方式的伸縮滑移機構設計案。這是一個將平衡推進翼設計成三層構造，讓中央層能因應需求往外滑移伸出的方案。以這種設計方式來說，不僅能確保必要的面積，在MS模式時也能將面積縮小至不會對機動性造成影響的範圍內。而且經由模擬測試可知，伸縮滑移式的強度比摺疊式更高。但相對地，加大尺寸和更為複雜的機構也令重量增加許多。

由於這樣一來會令重量達到計畫之初的兩倍以上，因此腿部引擎不得不更換成輸出功率更高一等的才行，就連平衡推進翼本身也非得搭載複合循環型的熱核融合引擎不可。不過發展至此，MSZ-006的設計總算也在歷經重重困難後進入最後階段，而且等不及設計全數完成就已著手製造試作機。附帶一提，後來發現這個過重問題對機體來說並非全然都是壞處。

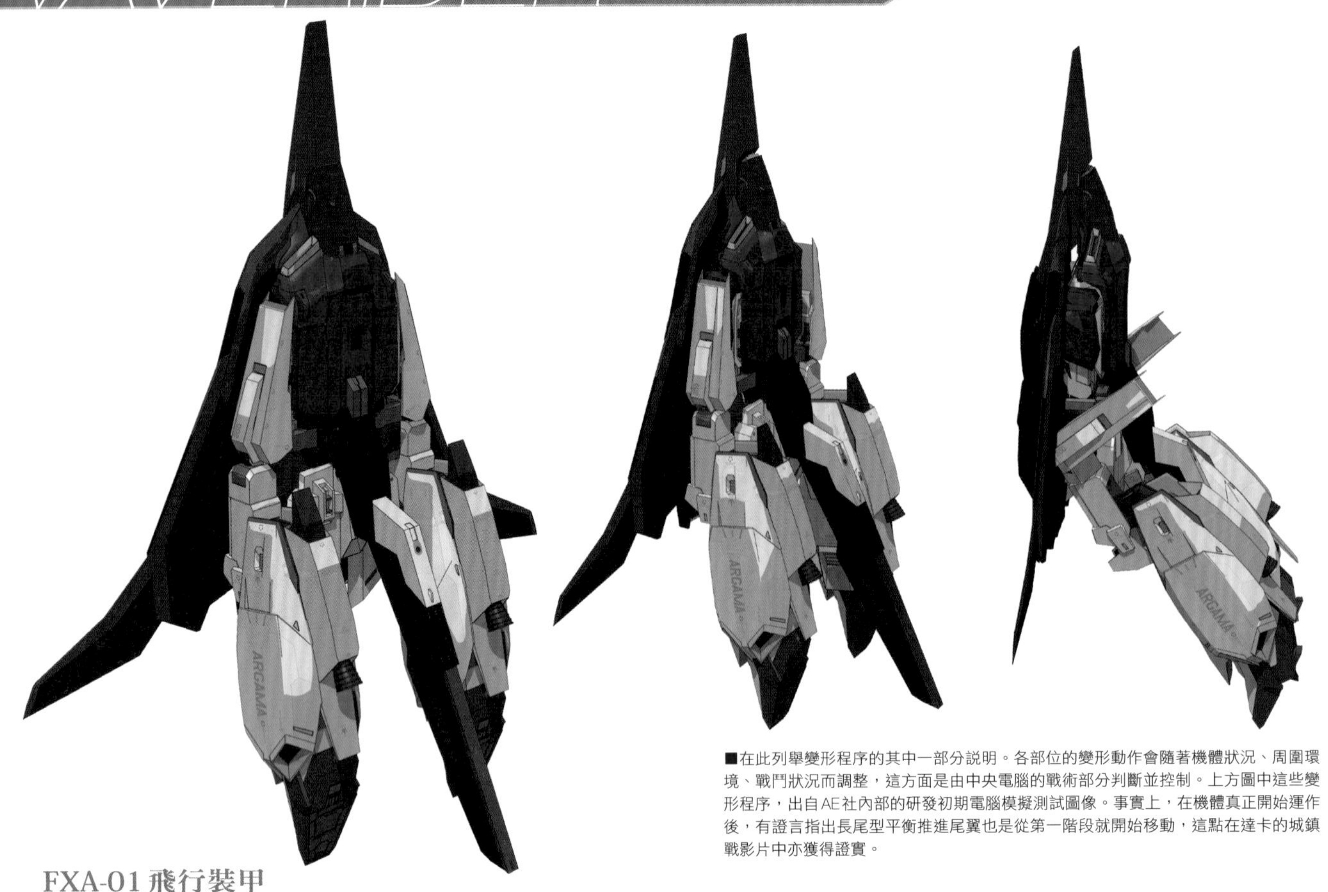

■在此列舉變形程序的其中一部分說明。各部位的變形動作會隨著機體狀況、周圍環境、戰鬥狀況而調整，這方面是由中央電腦的戰術部分判斷並控制。上方圖中這些變形程序，出自AE社內部的研發初期電腦模擬測試圖像。事實上，在機體真正開始運作後，有證言指出長尾型平衡推進尾翼也是從第一階段就開始移動，這點在達卡的城鎮戰影片中亦獲得證實。

FXA-01飛行裝甲

這種飛行裝甲將作為飛行形狀的主體構造從正中央「縱向分割」開來，得以在MS模式時當作如同平衡推進翼的裝備使用。至於左右兩側之間則是可供摺疊收納後述的長尾型平衡推進尾翼。

既然採用飛行裝甲，那麼首要問題就在於變形時的質量位移會相當顯著，這樣一來在太空中即使僅花費了些微時間就完成變形，亦有可能導致大幅偏離原訂行進路線。另外，在大氣層內變形之際，由於受到的阻力較強，因此飛行裝甲的支撐＆驅動軸必然承受更大負荷。偏離行進路線可以靠著程式在變形後經由自動控制噴射推進器來修正軌道，不過一旦承受物理上的負荷就相當難以復原，除了盡可能強化構造以外，實在沒有其他可行的對策。

飛行裝甲採用和股關節一樣的補強型合金來製造支撐＆驅動軸，但即使這麼做，骨架本身在反覆使用後還是免不了會產生扭曲變形或受損，只好為這裡設下使用次數上限，並且列為必須經常性進行整備的部位。由於欠缺治本的方法，因此在能夠使用與膝關節相同的重組強化合金之前，僅能頻繁地更換零件，除此以外別無他法。

在MS模式時，飛行裝甲會移動到在如同緊貼於機體背面的位置上，可發揮如同增裝裝甲的功能。在太空中要以體軸為中心改變姿勢時，靠著AMBAC和機體各部位噴射推進器即可順利地完成，不過在重力下想要改變姿勢，亦即做出轉身動作的話，那麼這部分對可動範圍造成的限制會比同世代其他MS更大，導致有著當攻擊來自後方時，可能會來不及反應的顧慮。就算在資訊收集上毫無死角，但可動範圍有所限制也會對物理上的反應行動造成影響（就實際運用的狀況來看，由於主電腦經過學習後能對駕駛員提出預警，再加上能進行自動對應，因此幾乎不成問題）。因此在MS模式時，飛行裝甲也被預期能如同「鎧甲」般發揮就算中彈了，亦可避免MS主體受損的效果。當然視中彈的程度而定，可能會無法再度變形為飛行形態，但就算是這樣也比損失MS本身來得好。

就適合平衡推進翼原有用途的形狀來說，裝設基座的可動範圍應該要大一點，使搭載的推進器能靈活改變推力軸線，進而發揮十足的機動行進效果。不過MSZ-006遷就於變形需求，導致在MS模式時噴嘴朝向上方，再加上能靈活調整方向的可動幅度相當小，難以發揮AMBAC效果，因此幾乎毫無平衡推進翼真正的機能。

無須多言，飛行裝甲主體為鋼彈合金γ製，由於打從設計之初便設想到衝入大氣層的需求，因此施加厚度達極限的超耐熱金屬陶瓷複合材質覆膜。基於滿足剛性與耐熱性兩者的考量，採用重疊數層物理性質相異的多種材質，並運用表面活化常溫接合技術，達到從分子等級連為一體的製造方法。受限於製造方法，其實不適合生產一體成形的大型零件，因此飛行裝甲的部分只好比照舊世紀的太空梭，採用拼裝排列許多小型材料片組成的架構。雖然原始造價相當高，不過這種方式就算只有一部分的小型材料片受損，亦較便於個別更換，就運轉費用的層面來看還是相當划算。

可收納進內部的機翼也是相同材質，不過覆膜較厚時也有可能對機翼構造產生影響，因此該覆膜的厚度其實有著上限存在，把機翼在衝入大氣層時會在高熱下燃燒消耗或剝落的情況納入考量後，反向計算出既薄到極限又符合安全數值的覆膜厚度為何。在機翼的耐熱覆膜層幾乎完全消耗殆盡後，銜接鋼彈合金主體與覆膜層的中層皮膜會在氧氣作用下失去黏合機能，導致在大氣層內成了呆重的耐熱覆膜在空氣阻力和風壓造成摩擦下剝落。當鋼彈合金打造的機翼主體開始外露時，機體也會展開減速程序，經由自動確認作為滑翔機的機能已可充分進行運作，在飛行機能上也沒有嚴重障礙後，引擎才會點火啟動。在這個時間點要是發現在機能上有嚴重的障礙，判斷已不適於作為飛機運用，亦無法恢復正常運作的話，那麼就會強制變形為MS形態並減速，在調整成觸地姿勢之餘，機體各部位還會依序強制排除分離，然後執行駕駛艙逃生程序。

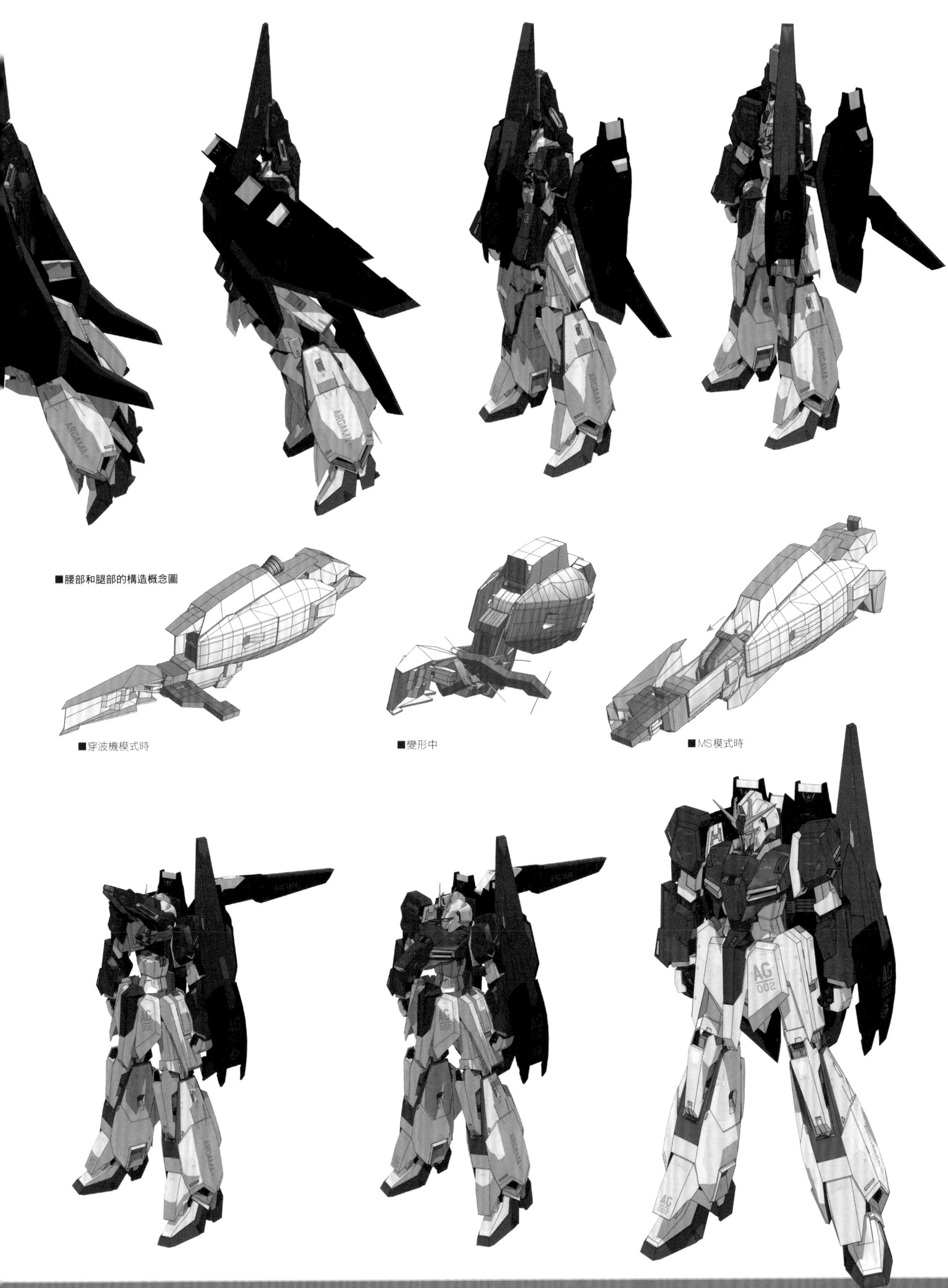

■腰部和腿部的構造概念圖

■穿波機模式時

■變形中

■MS模式時

隊徽

無線電呼叫代號

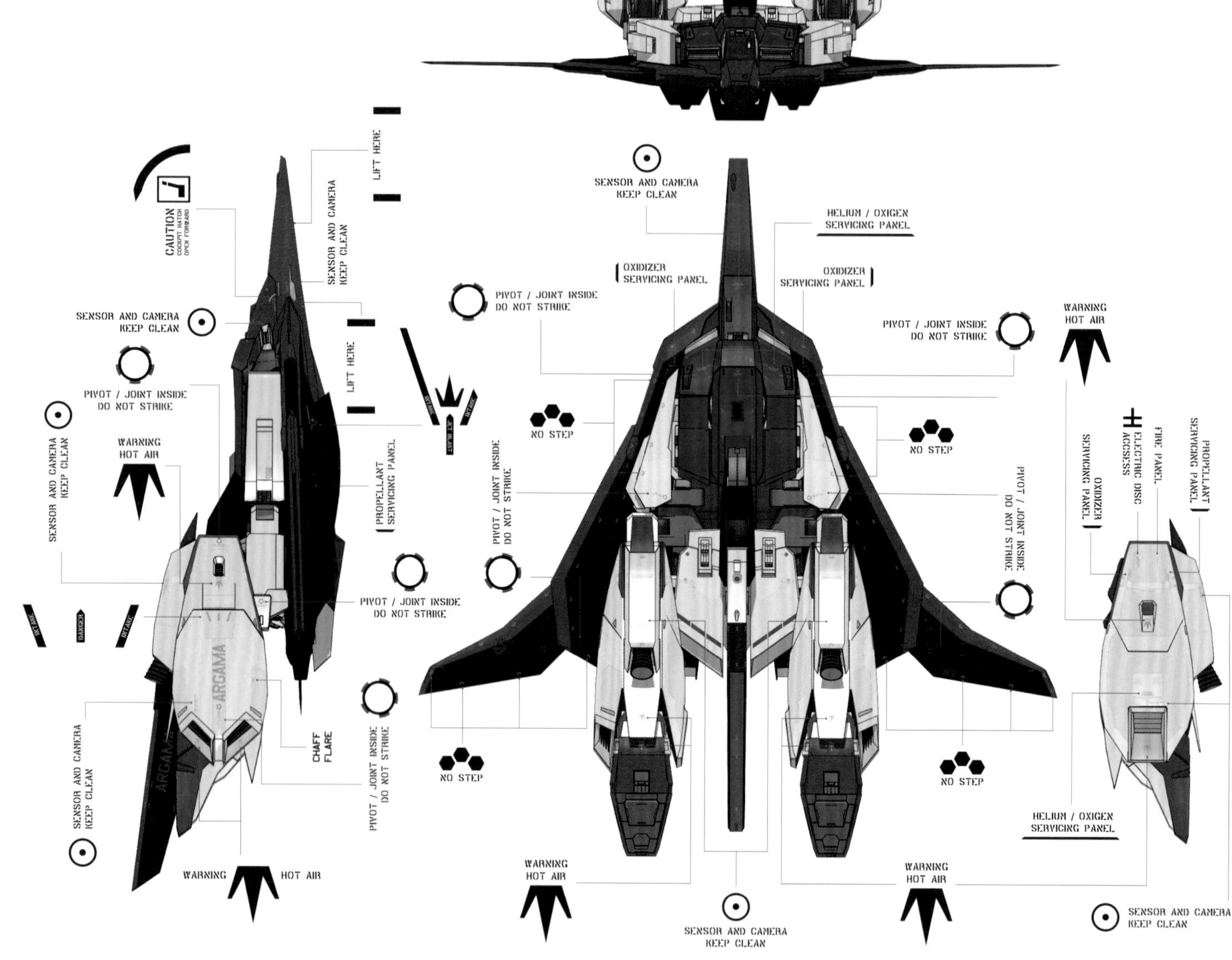

主推進器

FXA-01採用屬於大氣層內外兩用的複合循環熱核融合引擎，亦即RE-M86-Tw作為主推進器。這種引擎在設計上是供MSZ-006的平衡推進翼專用，首要特徵在於兩側的開口部位可經由切換供進氣或噴射使用。

RE-M86-Tw在大氣層外時是作為熱核火箭引擎使用，降落至大氣層內後進行高速域飛行之際則是作為衝壓噴射引擎使用，甚至能作為適合低速度域飛行的渦輪噴射引擎使用。一般來說，大氣層內用渦輪噴射引擎在構造上備有能在吸入空氣後予以壓縮的壓縮機葉片，不過RE-M86-Tw是藉由應用米諾夫斯基物理學產生的模擬重力波（Para-Gravitational Wave，PGW）來取代這個部分。多重設置成環狀的PGW能夠將空氣予以壓縮並送往引擎內部，接著藉由將化為高溫氣體的壓縮空氣往後方排出以獲得推力。附帶一提，在太空中當成推進劑作為排出質量使用的，其實是原本用來冷卻機體且已蓄熱過的冷卻劑。

在運用PGW的狀況下，就算是MS模式也能在空中藉由噴射進行姿勢控制，不過變形為WR模式後，由於飛行形態能為引擎內部供給更為高壓的空氣，因此能在高速度域進行巡航。在能夠把高溫化空氣作為推進之用的情況下，以無須考慮到戰鬥機動的巡航狀態來說，其實不必使用到燃料，只要能為引擎供給電力，即可持續飛行下去。

推進器的噴嘴（WR模式時的後側噴嘴）能稍微前後移動，亦能藉由兼具整流板功用的推力偏轉板發揮些許推力偏轉機能。在大氣層內要進行迴旋、上升、下降時，其實和普通飛機一樣，要靠著設置在展開狀態機翼上的副翼和襟翼進行操作，為了減速至可操作速

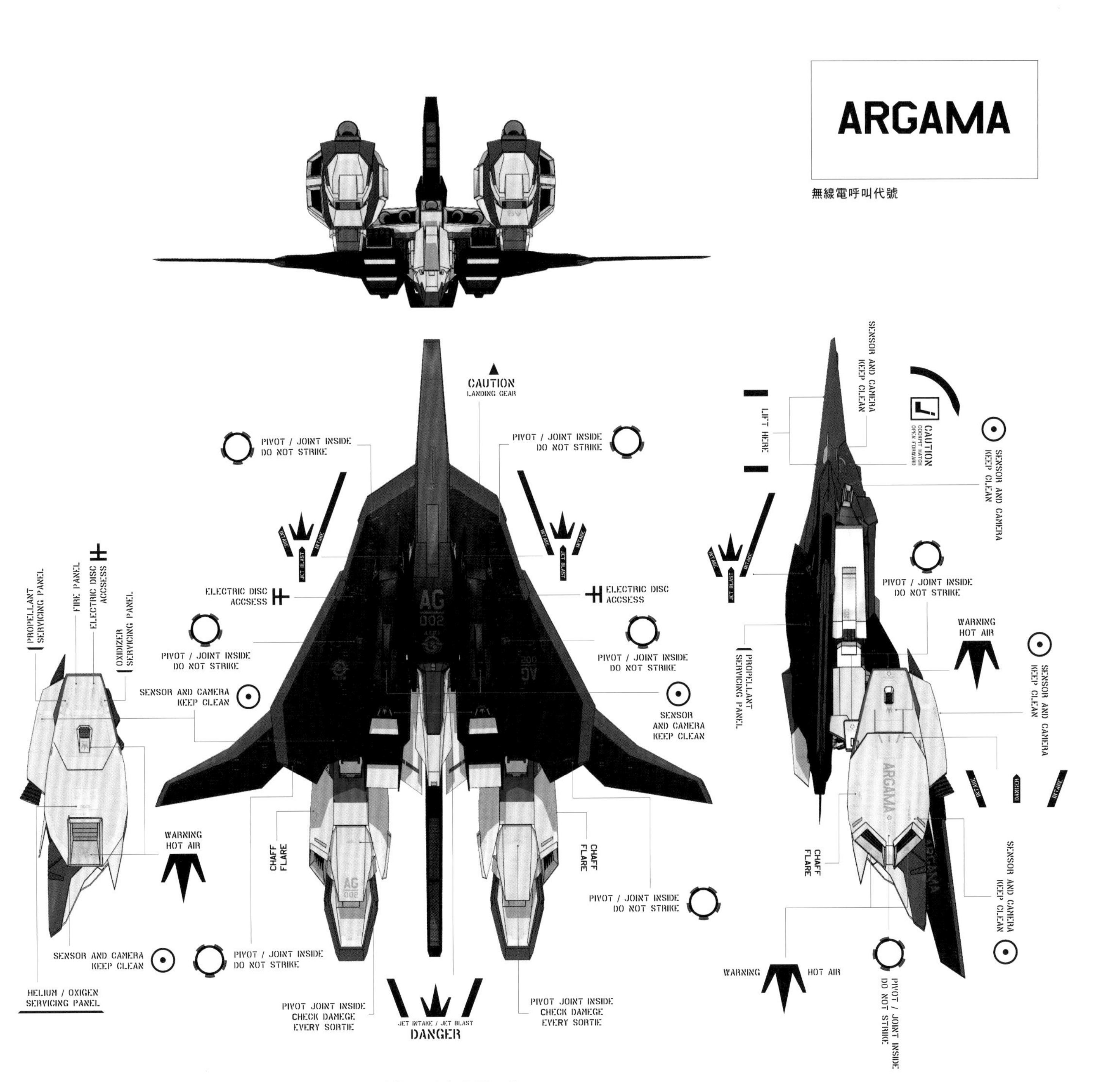

度，原本摺疊至極限、緊貼著機體的腿部和平衡推進尾翼會展開，藉此做出能增加空氣阻力的動作，這時推力反向器機構也會一併運作。起初也有在小腿部位側面，亦或是平衡推進尾翼側面設置空氣制動器的方案，但追加過多可動機構不僅會增加重量，亦會讓整備作業變得更費事，因此連試作機也沒有設置這些機構。

就理論上來說，不管是在什麼狀況下都能切換前後的噴射方向，不過用WR模式進行高速飛行時，由於來自前方的衝壓會造成大幅度阻力，因此不會朝向前方噴射，只會作為推力反向器使用。在軌道上行進之際，前側的進氣口能切換為對外噴射，此舉對WR模式來說能發揮減速效果，MS模式則是可用來進行上升機動。

雖然左右兩側各設有一具引擎，不過後側噴嘴分為上下兩層是特徵所在。這一方面是與MS形態取得協調，另一方面也是基於引擎有著設置在底面的必要性，不過噴嘴也有著必須設置在後端處凸起狀結構物內側的限制。該凸起結構並非供噴嘴整流用，而是用來在WR形態時形成能保護腳尖的衝擊波面，因此在形狀上原本就不能任意設計。在這層限制下，只好在引擎噴嘴內設置導流風葉作為向量噴嘴使用，藉此發揮大致為可朝上達15度、朝下達30度的推力偏轉效果。附帶一提，凸起結構在末端設有線性尖錐引擎，可供無須大推力的姿勢控制之用。

考量到突破熱氣層後的機體對地速度，以及進場角的適當數值，進氣口是採取稍微偏向內部的角度設置開口。不僅如此，在藉由內部的可變導流風葉讓進氣能發揮最高效率之餘，作為噴嘴使用時亦可對噴射方向進行向量控制。

■穿波機
大型飛行平衡推進翼是Z鋼彈在外觀上的首要特徵，這部分在WR形態時兼具作為搭載推進用引擎的引擎吊艙，以及產生升力的升力體機能。
FXA-01系飛行平衡推進翼，採用具有大小兩種前緣後掠角的重三角翼式構型。雖然遷就於採用可和MS形態相互變形的系統，必須區分為展開部位和收納部位，因此才會選擇設計成這種形狀。不過就基本特性來說，隨著內翼和和外翼的翼弦長改變，亦有可控制在大攻角時產生的空氣渦流之效。由內翼產生的空氣渦流，可發揮抑制外翼頂面氣流分離的效果。

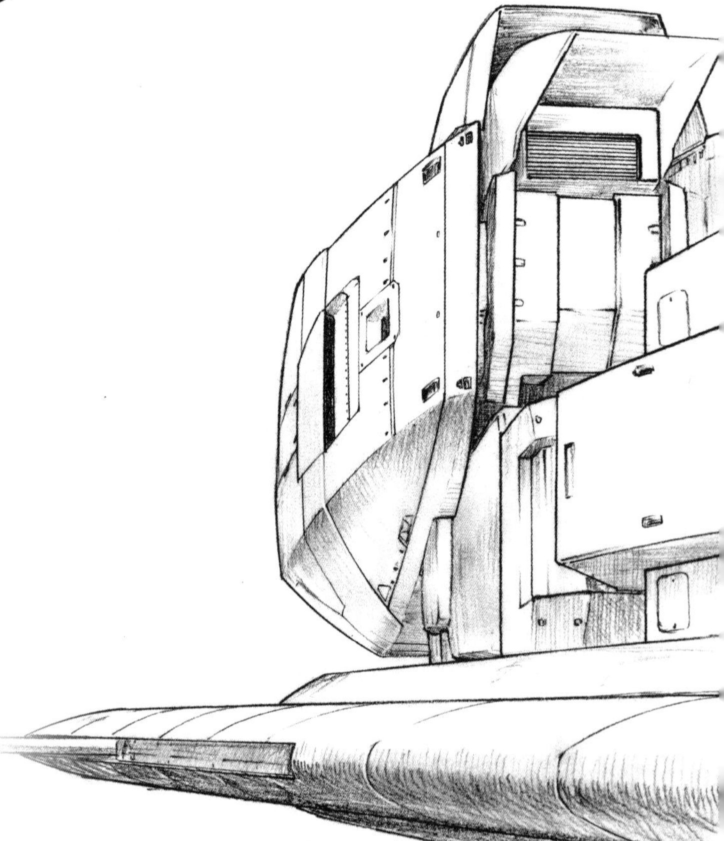

主翼

FXA-01主翼部位具有從中央開始呈現不同後掠角的雙三角翼構型。主翼內側的後掠角與平衡推進翼處翼套部位一致，連同這部分在內形成了雙重後掠角。

即使是在展開主翼的狀態下，平衡推進翼這邊的翼套後掠角可變範圍也只有約10度，主翼同樣是利用設置在基座處的力場馬達從翼套內往外展開，在飛行中亦能發揮作為可變翼的機能，可經由自動控制調整至最適當的角度。主要控制面是以使用將單側主翼後緣分割為2片的襟副翼為主，主翼前側還設有可作為次控制面的前緣縫翼。另外，在左右兩側機翼末端還分別設置航行燈和編隊燈。

平衡推進翼的下反角、翼套以主翼後掠角與其長度之間的均衡幅度，在設計時是經由模擬測試來決定，都可進行若干調整。在大氣層內做機動行進時，下反角的角度對於穩定性，還有與其相對的敏捷機動性，在影響幅度上都格外地大；就實際運用來說，這部分是經由透過主電腦自我學習來自動控制。

另外，主翼末端部位搭載紅外線感測器，可應用機體本身的尺寸對目標進行三角測量（同樣的感測器也有設置在腿部末端，這部分主要是用來進行後方偵察的）。因此為了避免衝入大氣層時的高熱和衝擊損及感測器，衝入時最好是採取將主翼收納進飛行平衡推進翼裡的方式進入大氣層。

MSZ-006在做機動行進時，可一併運用各部位的噴射推進器、線性尖錐引擎等機構，沒有必要僅用主翼和其動翼來變更機動行進方向。不過當環境達到一定的空氣密度或速度域時，搭配空力作用更能發揮莫大效果，因此早已遠遠超越原本衝入大氣層用防禦裝備的範疇，使MSZ-006獲得作為飛機所不可或缺的機動性。

附帶一提，由於使WR維持這個形態直接參與戰鬥行動乃是必要條件之一，因此在平衡推進翼和主翼底面設有多具可供掛載兵器用的武裝掛架。這些部位平時會以裝甲填塞板完全遮擋，在抵達運用據點時，可配合後續戰略，按照一般程序取下裝甲填塞板，改裝設罩蓋。可供掛載的兵器包含一般型號飛彈、導向炸彈、光束兵器等各式各樣的裝備。即使早已設想到這類需求而預先輸入運用程式，但要是有不足之處，當然還是得另行追加輸入相關程式。

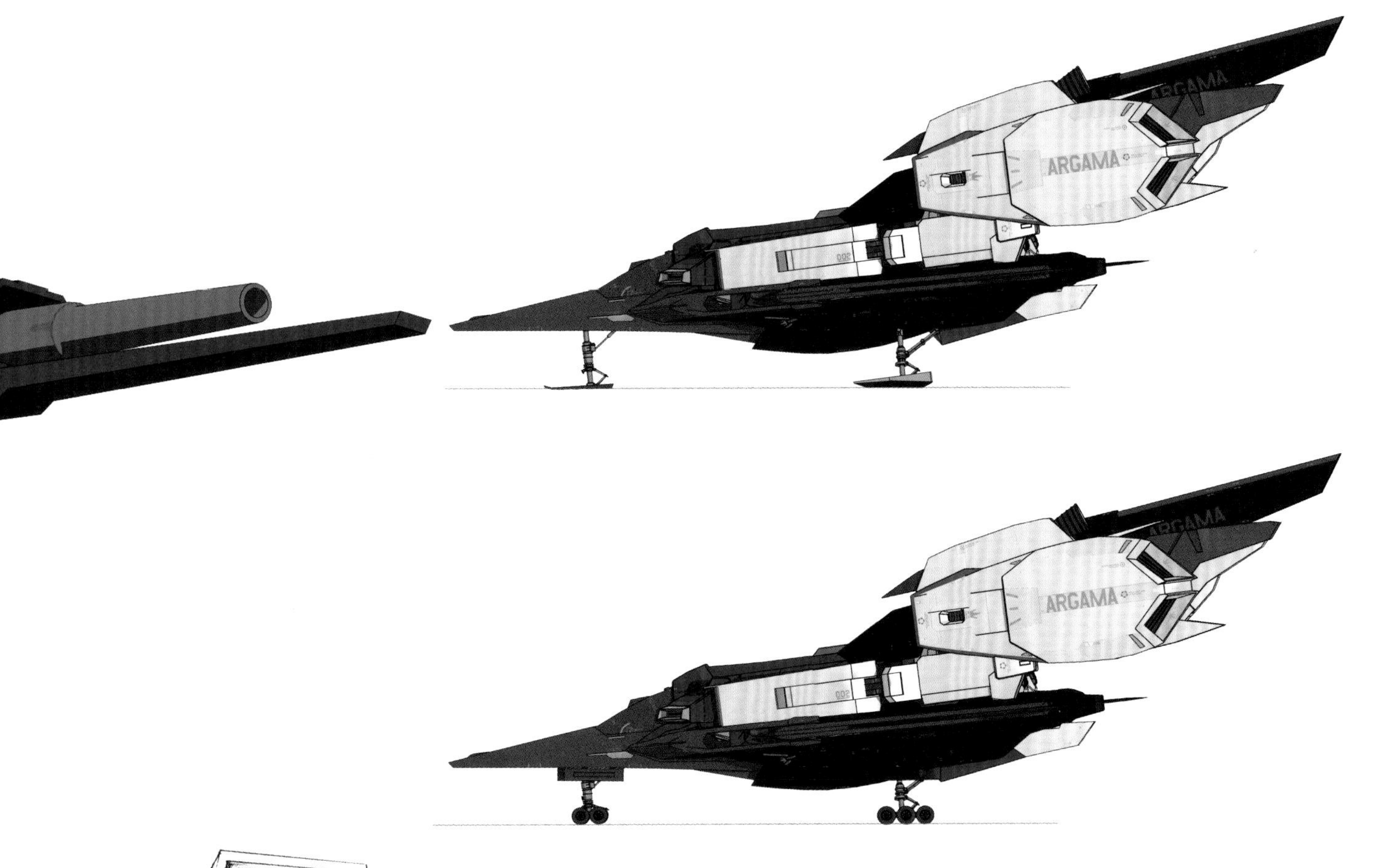

起落架

MSZ-006基本上是以MS形態進行起飛離艦＆著艦降落為前提，不過亦能像飛機一樣起降。因此引擎吊艙處把可供WR狀態降落用的起落橇（主起落架）列為標準裝備。研發之初確實也有人提出起落橇／架之類機構在戰鬥時完全形同呆重，根本沒有必要搭載的意見。況且以「阿含號」等設想到MS搭載需求的船艦來說，基本上會讓MS保持直立狀態停放和進行整備，這亦是規劃艦內容積和運用設計上的前提所在。

不過MSZ-006的WR形態在兵器搭載量上會比MS形態更多。以需要藉由設置於平衡推進翼底面處武裝掛架掛載飛彈、據點攻擊用鑽地炸彈等裝備的情況來說，顯然就必須在WR形態下進行武裝作業。況且就MSZ-006原有的研發想法來看，要是在降落至地球上後的運用層面上有所不足，那只能說是本末倒置，因此研發團隊姑且先研發在構造上較單純，增加重量也僅控制在最低限度內的起落橇，後來則是又接著研發起落架。

就這個階段來看，有了起落橇就足以在地面上運用時掛載最低限度的轟炸裝備，不過若是改為配備可在跑道上滑行的起落架，那麼兵裝搭載量也會更多。不過以這個狀況來說，達到傳統戰鬥機3倍以上的機體重量會是個問題。因此護盾內的機鼻起落架採用雙排四輪式構型，左右兩側平衡推進翼的主起落架均採用3排六輪式構型，架體構造本身也毫不吝惜地使用鋼彈合金γ來提高強度。研發MSZ-006用起落架其實是源自卡拉巴的要求，直到為MSZ-006-3號機進行測試時，總算有了已達實際運用階段的成果。接著還實際搭載轟炸裝備進行飛行測試，後來這種起落架裝備也納入「Z改」系列的規格中。

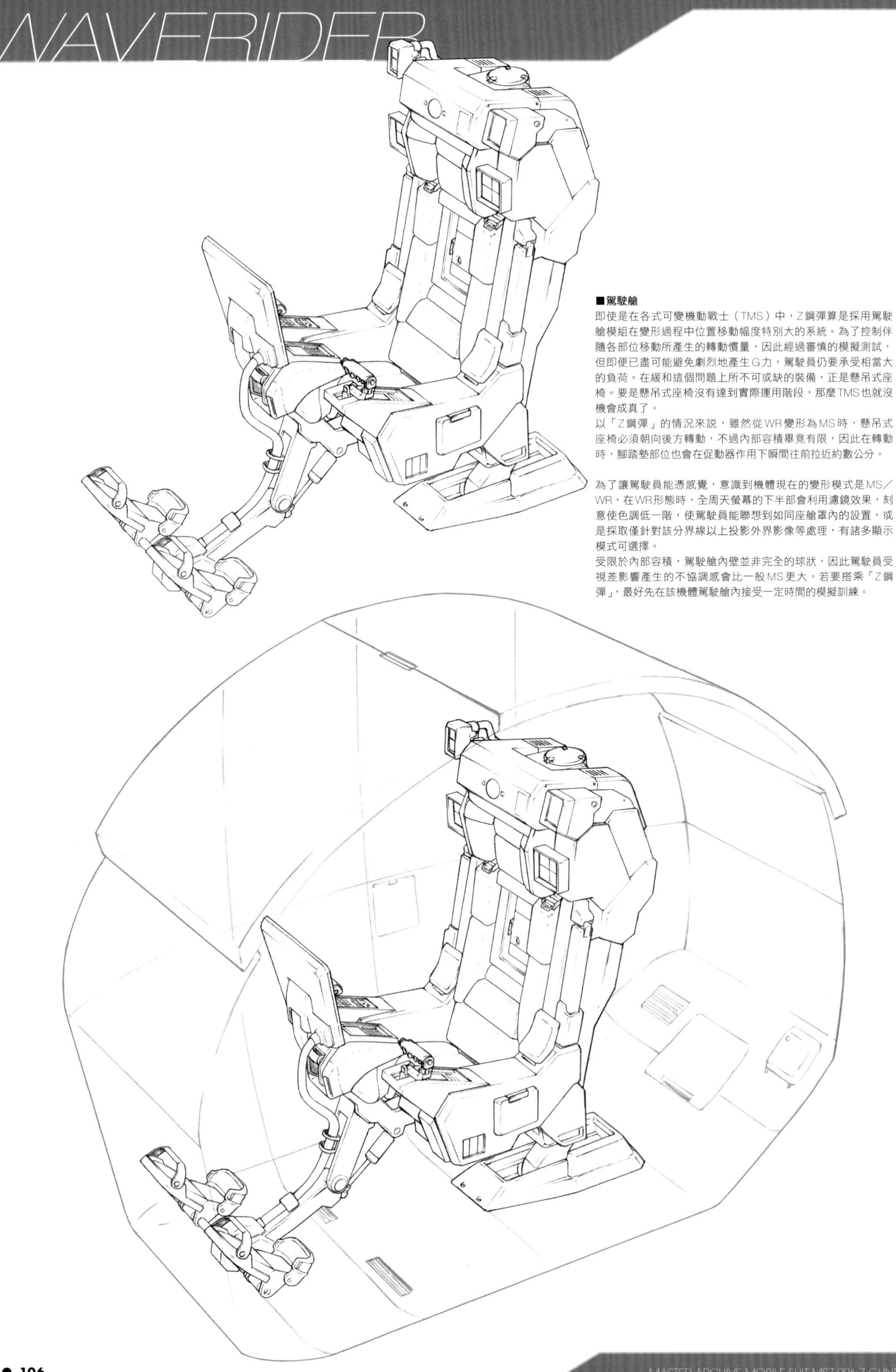

■駕駛艙
即使是在各式可變機動戰士（TMS）中，Z鋼彈算是採用駕駛艙模組在變形過程中位置移動幅度特別大的系統。為了控制伴隨各部位移動所產生的轉動慣量，因此經過審慎的模擬測試，但即便已盡可能避免劇烈地產生G力，駕駛員仍要承受相當大的負荷。在緩和這個問題上所不可或缺的裝備，正是懸吊式座椅。要是懸吊式座椅沒有達到實際運用階段，那麼TMS也就沒機會成真了。
以「Z鋼彈」的情況來說，雖然從WR變形為MS時，懸吊式座椅必須朝向後方轉動，不過內部容積畢竟有限，因此在轉動時，腳踏墊部位也會在促動器作用下瞬間往前拉近約數公分。

為了讓駕駛員能憑感覺，意識到機體現在的變形模式是MS／WR，在WR形態時，全周天螢幕的下半部會利用濾鏡效果，刻意使色調低一階，使駕駛員能聯想到如同座艙罩內的設置，或是採取僅針對該分界線以上投影外界影像等處理，有諸多顯示模式可選擇。
受限於內部容積，駕駛艙內壁並非完全的球狀，因此駕駛員受視差影響產生的不協調感會比一般MS更大。若要搭乘「Z鋼彈」，最好先在該機體駕駛艙內接受一定時間的模擬訓練。

長尾型平衡推進翼

提到長尾型平衡推進翼，這個裝備的搭載必要性其實打從一開始就引發很大的爭論。畢竟以在太空運用的條件來說，無論是飛行形態或MS形態，均可視為進行AMBAC時的移動質量源，若是與飛行裝甲連動，顯然足以對應複雜的機動行進。這一點也確實如同原先的預估試算，與四肢動作相互連動後，的確能辦到複雜的軌道更動。

不過到了大氣層內後，以作為垂直尾翼的機能來說，正面產生的阻力實在過大，因此催生出是否該減少厚度，亦或是將正面設計成銳角狀的提案。在研發的過程中，基於讓飛行形態能夠就行進方向和側面獲得更清晰視覺資訊的需求，這個部位也被列入感測器設置處的候補名單中。於是在人型時可供補充後方視界，在衝入大氣層後能作為阻力體使用，藉此發揮減速功能的平衡推進尾翼就這樣完成初期設計。搭載的感測裝置在多樣化方面足以與頭部相匹敵，尤其是為了全面包辦飛行形態的感測機能起見，更是搭載影像雷達、雷射雷達，以及通信用適形天線等裝置。光學資訊感測機材當然也包含在其中。

雖然原本預定在大氣層內時會為前緣套上整流罩，不過畢竟只要有萬全的調整，那麼還是能夠純粹靠著強大推力飛行，因此也就姑且維持原樣使用了。只是為了更充分發揮出作為飛機的性能起見，還是重新評估是否必要裝設前緣整流罩，後來決定列為選配式零件視情況裝設。整流罩上相當於感測器正面的部位當然會採用透明護罩來製造。

就作為噴射推進器的機能來說，基本上能向後方產生與前緣處直線部位之間呈現40度夾角的推力線。這個噴射方向除了能藉由平衡推進尾翼本身的可動性調整角度之外，亦能控制內部導流風葉，做出上下約10度範圍的向量噴射，其實足以涵蓋廣達180度的範圍。由於完全無法讓推力往左右方向偏轉，平衡推進尾翼本身也僅能往垂直方向調整角度，因此亦有著「升降推進翼」的俗稱（*譯註：升降推進翼＝平衡推進翼＋升降機），不過這個尾翼的可動範圍在WR形態時也有所限制，升降只是極為侷限的機能，就這點來看，或許純粹稱為平衡推進翼會比較妥當吧。

護盾

護盾同樣已知有著不同用途的多種版本存在。以衝入大氣層的用途來說，其實另有準備表面比照平衡推進翼主體黏貼相同材料片的版本，不過就算是一般太空戰鬥用版本亦具有足以承受一次衝入行動的能力。在這種狀況下，一般型護盾在平安進入大氣層後就會完全失去作為護盾所需的強度。

不僅是材質，護盾尚有著具備感測裝置、空力附加物、能量彈匣、武裝等複合機能的多種方案，亦有使用過外形明顯相異的版本進行過測試。其中最具代表性的，就屬MSZ-006-3號機配備的內含推進組件版本。護盾亦是能賦予MSZ-006擴充性之一的組件沒錯，經由摸索各種可能性之後，供「Z改」配備的版本正是成果所在。總之，MSZ-006用護盾絕非純粹的防禦性裝置，而是屬於輔助飛行系統的一部分。

護盾也跟平衡推進翼和主翼一樣設有武裝掛架，這部位在衝入大氣層時會用裝甲填塞板遮擋住，等降落至地球上後再更換為裝甲罩蓋，這方面的流程和其他同類形部位一樣。

Z鋼彈的巡航形態

以一般的非變形MS來說，採取讓體軸往前方傾斜45度的巡航姿勢可說是「慣例」。這樣做與其稱是考量到視覺資訊感測主系統集中於頭部，不如說是要在該層限制內，讓朝著行進方向的正面投影面積盡可能小一點（並非僅限於雷射，對光學系的感測方式亦可發揮效果），這才是目的所在。基於相同的理由，在設計上也會以推進背包和質量最為集中的胸部為準，將主推力軸線設置在這兩者相連而成的直線上（腿部等末端部位的噴射推進器是用來構成輔助推力軸線）。

以MSZ-006來說，WR形態是基於在軌道上巡航所需才引進的設計，靠著WR形態往返作戰空域（或作戰宙域）才是原有的運用方式。不過考量到配合僚機的行進速度等狀況，亦可經由駕駛員自行判斷，改為採取和一般MS相同的巡航姿勢。

就這種狀況來說，為了讓被飛行裝甲遮擋住，設置於後裙甲內的主推進器能發揮最大效率，應該要讓機體擺出與該推力軸線相符的姿勢才對，但這樣一來就會呈現異於傳統MS的「前臥」姿勢。若是傳統MS（某些舊吉翁MS例外）用該姿勢巡航的話，那麼會無法充分收集到行進方向上的資訊；不過對MSZ-006而言，確保變形時使用的資訊感測系統能有效運作後，在機動行進上就不會有任何不妥之處。另外，基於緩和隨著駕駛艙座椅移動位置，導致駕駛員會對上下感覺產生混淆的狀況，MSZ-006在人型時的巡航移動只要採取前臥姿勢就不至於造成問題。況且飛行裝甲內之所以會搭載推進器，原本也是為了在太空中供巡航形態發揮制動效果才配備，既然能作為推力反向器使用，肯定也能用在著重瞬間爆發性的增強推力上。但該部位終究不是供長時間使用的機構，這點相信已用不著再贅言敘述。

當必須讓機體擺出前臥姿勢進行移動時，飛行裝甲會往上掀到最大極限並固定在該位置，以免阻擋到設置在後裙甲內的推進器，更能利用推力反向器的推力偏轉板發揮輔助推力，以便配合後裙甲角度調整機體的推力軸方向，但即使如此，從水平位置往上抬起20度就已是極限，若要進一步抬起身體，那麼就得仰賴小腿側面和小腿肚處推進器的推進力了。靠著後裙甲處推進器和腿部主引擎的複合輸出功率，加上飛行裝甲處推力反向器的推力相搭配，確實能讓機體前臥角度做出某種程度的調整，不過這些並非出自機體搭載電腦內建的機動控制程式，而是駕駛員卡密兒．維登憑藉操縱經驗附加的機動行進模式，其實是非正規的操縱方法。

Z鋼彈的大氣層內飛行

U.C.0087年7月，MSZ-006的一號機出廠後僅進行簡易系統確認，接著就為了進行實戰測試而運送給幽谷的突擊巡洋艦「阿含號」。該艦選擇由名為卡密兒・維登的少年擔任主駕駛員，他本身也正是在奪取迪坦斯製機體RX-178「鋼彈Mk-II」時，協助將該機種帶回幽谷的功臣一事而為人所知。

雖然MSZ-006在「阿含號」上並沒有發生過特別嚴重的問題，卡密兒本身也能如同運用自身手腳般操縱MSZ-006，更立下諸多戰果，不過面對衝入大氣層的測試則是相當謹慎。即使卡密兒有著使用FXA-01飛行裝甲衝入大氣層的經驗，不過就MSZ-006來說，還是有著過多不明的參數得調整才行

但這一切還是在極為突然的狀況下發生。在卡拉巴於該年11月對聯邦軍吉力馬札羅基地發動攻擊時，「Z鋼彈」和「百式」原本在該地上空的衛星軌道上同步展開佯攻作戰，卻意外遭遇不得不衝入大氣層的狀況。眼見本身沒有單獨衝入大氣層的能力，更沒有配備隔熱傘系統的「百式」偏離軌道，開始往地球墜落，MSZ-006隨即前往救援。在變形為WR模式後，MSZ-006採取讓「百式」搭乘在背面的形式執行衝入大氣層程序。

雖然MSZ-006本身不成問題，但主電腦裡其實尚未完全建構好衝入大氣層用的程式。不過在卡密兒如同天才的操縱技術下，平安地突破空力加熱與減速G幅度最大的熱氣層。日後當然也將當時的操縱數據資料加入衝入大氣層用程式裡。

接著MSZ-006也仍載著「百式」穩定地持續飛行，更就此直接參與在吉力馬札羅基地爆發的戰鬥。AE社設計團隊分析當時的飛行數據資料後，發現之所以能在載著「百式」的情況下穩定地持續飛行，原因出在構造和系統修改得更複雜後所增加的重量上。以MSZ-006的WR模式來說，相對於重量，作為主翼的平衡推進翼在面積上顯得小了些，導致成了機翼負載較高的機體。原本在強大的引擎輸出功率下，有著雙腿和平衡推進尾翼等處會產生龐大空氣阻力，以及會在複雜的交錯作用下形成空氣渦流等問題，但前述狀況反而讓機體獲得能夠忽視這些不利要素的飛行特性。當然光是有著機翼負載較高這點，應該不足以造就這樣的機體才是，不過對平衡推進翼的空力特性和空力中心位置、各部位質量中心的平衡等要素進行細膩調整後，總算憑藉著這等精巧的設計化為現實。

以MSZ-006變形為WR模式在大氣層內飛行的性能來說，即使確實比同期投入實戰的ORX-005「蓋布蘭」、NRX-044「亞席瑪」等，其他能在大氣層內飛行的可變機動裝甲（以下簡稱MA）更為卓越，但終究還是不如一般戰鬥機等載具，箇中差距有如雲泥之別。畢竟，就重量來看其實和裝滿炸彈的戰鬥轟炸機差不了多少；純粹就空力控制層面比較，也無從和輕盈的戰鬥機相抗衡。不過歷經多次戰鬥後，原本僅能在MS模式發揮AMBAC系統效用的平衡推進尾翼，亦能於WR模式展現相同機能，甚至把本來只能在太空中發揮姿勢控制效果的各部位噴射推進器轉用於空中機動，透過主電腦進行無數次試誤後，總算造就在實戰中也能派上十足用場的機體。就這個成果來說，卡密兒・維登絕對是厥功甚偉。

FXA-01K飛行裝甲

MSZ-006成功地衝入大氣層後，WR模式在飛行感上就有如完全憑藉龐大推力的火箭動力飛機一樣。考量到在大氣層內的實用性後，發現有必要補強低速域的巡航穩定性，因此亦準備了大氣層內專用規格，並且趁著MSZ-006降落到地球上之便，委由卡拉巴進行試驗性的運用。

既然MSZ-006暫時性地納入卡拉巴管轄下，那麼原本就很希望擁有可在大氣層內高速移動用MS的卡拉巴當然不會放過這個良機。雖然在卡拉巴旗下運用的時間相當有限，不過已知MSZ-006的平衡推進翼在這段期間內至少更換過二次。其中之一就是以針對MSZ-006的調查，加上AE社提供的片段設計資料為基礎，由卡拉巴設計＆製造的加大尺寸版本FXA-01K飛行裝甲。這個版本和原有平衡推進翼在基本構造和形狀上都大致相同，僅將翼展稍加延長。這很明顯地是以能在大氣層內更穩定地飛行為目的。隨著加大了尺寸，在升力方面也變得更充裕，得以在引擎輸出控制亦游刃有餘的狀況下進行操縱，機動性能當然也獲得提升。即使終究還是會有遭到腿部等處空氣阻力拉扯的問題，卻也藉由將從機翼末端伸出的操舵用小翼一併加大尺寸，以及替腿部、胸部、平衡推進尾翼這幾個部位設置渦旋產生器作為解決策略。就綜合性的結果來看，幾乎是已取得最佳的均衡性。雖然這種平衡推進翼只在實戰中使用過數次，不過就算是在MS模式下，機動性變差的幅度亦不及WR模式，況且中彈率也沒有變得特別高，因此這種平衡推進翼也就列為日後MSZ-006原型機群的標準規格了。

另一種為FXA-01K-VW，有著與後續機種「Z改」同規格的VG翼。這種平衡推進翼僅裝設在MSZ-006上進

行數次測試飛行，並沒有參與過實戰，不過測試的結果非常不錯，卡拉巴也基於這份成果決定研發「Z改」。雖然MSZ-006的平衡推進翼原本就有研發衝入大氣層和大氣層內長程飛行用等相異版本，不過卡拉巴較關注長程飛行能力。讓MS就算不使用運輸機或「德戴改」、「基座承載機」之類的輔助飛行系統，亦能獨自飛行運輸，這點在戰略上極具意義。不過卡拉巴著眼於要能比MSZ-006-1號機在更為低空的領域進行機動戰鬥，在以進一步提升空力性能為目標所設想出的方案，正是這種VG翼型平衡推進翼。

FXA-01K-VW和一般配備VG翼的飛機一樣，能夠自動配合速度調整至最佳的後掠角，因此具備可從低速到超音速以上的寬廣速度域，有著極為出色的空力特性。但相對地，在構造上會無法像原有的平衡推進翼一樣搭載熱核融合引擎，不得不改為搭載輸出功率規模較小的引擎。在這層經緯下，藉由一號機進行測試後，果然確認就整體輸出功率來說，會有所不足的問題。雖然配備了FXA-01K-VW的一號機基於這方面考量而並未參與實戰，不過卡拉巴還是認為具有實用性，也就根據測試結果決定要正式採用「Z改」。

繼一號機之後，三號機也配備屬於改良型的FXA-01K-VW2進行測試，雖然有文獻稱這個形態為「打擊型Z」，但這並非正式名稱。針對配備FXA-01K-VW2會造成輸出功率不足的問題，採取提高腿部引擎輸出功率，以及為WR模式時構成中央機身的護盾搭載熱核噴射引擎這兩種方案來解決。另外，在MS模式時，FXA-01K-VW2還具有能輔助平衡推進尾翼進行AMBAC的機能。平衡推進翼在MS模式時原本被視為呆重，如今卻得以納入控制MS上不可或缺的系統一環，這點可說是特別值得記上一筆。

附帶一提，MSZ-006配備FXA-01K-VW系時，為了區分其飛行形態和原有的WR模式，因此又將前者稱為「貫波機（WS）」模式。「貫波機」本身是自創名詞，典故有可能是源自「穿浪型雙體船」這類水上船艦的名稱。不過同樣配備FXA-01K-VW系VG翼型平衡推進翼的「Z改」，就沒有刻意使用WS模式之類的名稱和WR模式做出區分。

XBR-M-87A2 BEAM RIFLE

■XBR-M-87A2 光束步槍
光束步槍時E彈匣輸出功率／5.7MW
光束刺刀時輸出功率／0.8MW
裝彈數／7（最大輸出功率）

可裝設與RX-178「鋼彈Mk-II」用光束步槍XBR-87-C共通的E彈匣，保有互換性之餘，亦實現了達到5.7MW的高輸出功率。由於MSZ-006具備出色的射控能力，以及可靈活使用大質量兵裝的機動性，因此得以配備高輸出功率型的大尺寸光束步槍。變形為WR模式時，槍管會向後滑移收縮起來，整挺槍則改為裝設在後裙甲的武器掛架上，而且在這個狀態下亦可進行射擊（由於無法靠著機體的姿勢控制改變射角，因此不適合進行精密射擊）。
另外，亦可在槍口處形成光束刃，藉此作為光束刺刀使用。包含這個技術在內，都是由當時作為幽谷主力光束步槍的BR-M-87發展而來。

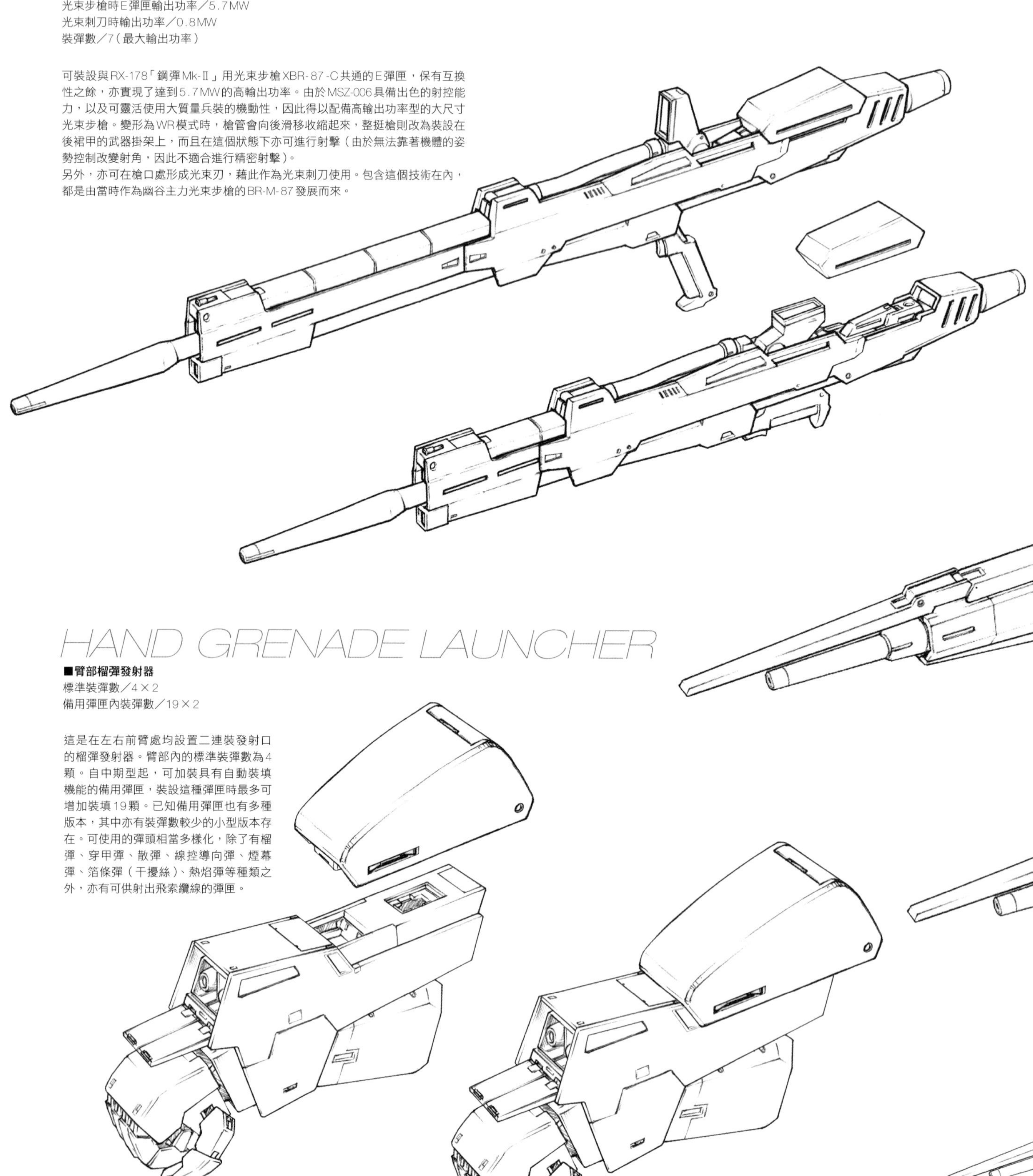

HAND GRENADE LAUNCHER

■臂部榴彈發射器
標準裝彈數／4×2
備用彈匣內裝彈數／19×2

這是在左右前臂處均設置二連裝發射口的榴彈發射器。臂部內的標準裝彈數為4顆。自中期型起，可加裝具有自動裝填機能的備用彈匣，裝設這種彈匣時最多可增加裝填19顆。已知備用彈匣也有多種版本，其中亦有裝彈數較少的小型版本存在。可使用的彈頭相當多樣化，除了有榴彈、穿甲彈、散彈、線控導向彈、煙幕彈、箔條彈（干擾絲）、熱焰彈等種類之外，亦有可供射出飛索纜線的彈匣。

FXA-03M2 HYPER MEGA LAUNCHER

■FXA-03M2超絕MEGA巨砲
超絕MEGA巨砲時輸出功率／8.3MW
光束刺刀時輸出功率／0.8MW

超絕MEGA巨砲與光砲快艇、MEGA火箭巨砲為系出同源的大型MEGA粒子砲。這是全長比MS更為龐大的砲，能憑藉內藏發動機達到8.3MW的輸出功率。由於質量比列為標準武裝、使用頻率較高的XBR-M-87A2光束步槍大上許多，供一般MS使用時，會導致機動性顯著變差，因此就實質來說是MSZ-006的專用兵器。即使是穿波機形態，亦可藉由裝設在武器掛架上掛載於機身底面。雖然沒有在這個狀態下參與實戰開火的實例，不過連接規格本身和XBR-M-87A2是共通的，就規格上來看應該能直接開火才是。另外，FXA-03M2的砲口也能形成光束刃使用。

這可說是一種讓戰艦搭載等級MEGA粒子砲，更接近目標距離，暗中精確狙擊的武裝。話雖如此，當以使用超絕MEGA巨砲進行長程狙擊為前提時，如何確保長程攻擊下的命中精準度就是課題所在了（MEGA粒子的聚焦率與破壞力成正比，但相對地，聚焦率也和命中率成反比。在藉由擴散提高命中率時，如果目標為戰艦之類的物體，很有可能會遭到對方的防禦手段阻擋）。因此射擊時得視情況，使用輔助或主要的感測裝置才行。Z系MS能夠將來自外部設置感測器的資訊進行整合，並且交由機體的射控系統處理，更能由機體進行追蹤目標等微調操作。當部隊的其他MS執行這類作戰時，除了能擔任護衛和監視周圍狀況，亦能經由連線，與負責狙擊的機體共享感測器所得資訊，憑藉更為正確的感測資料提供支援。

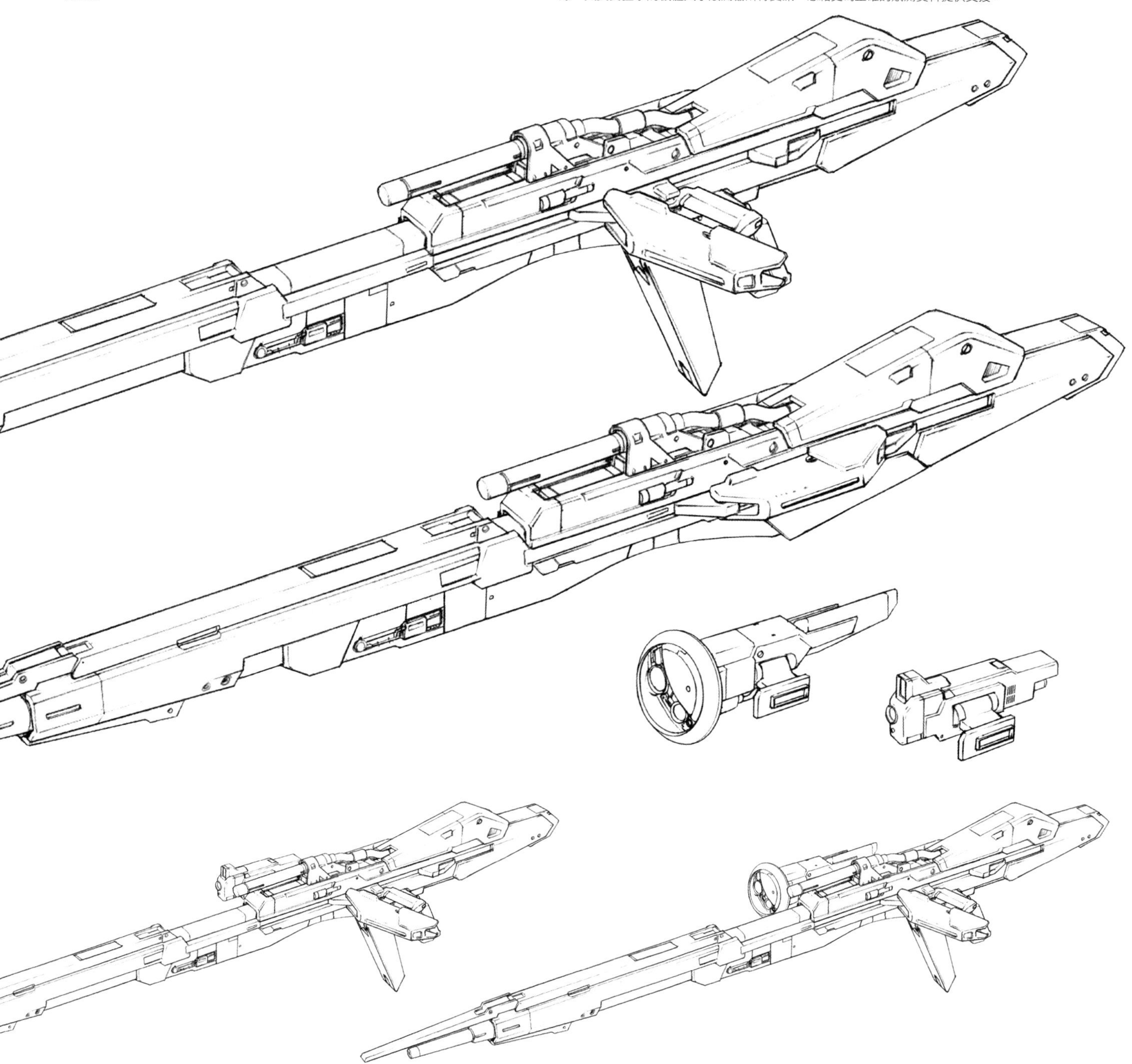

■照片為在衛星軌道上由「阿含號」彈射甲板出擊的MSZ-006「Z鋼彈」。這架機體在一般狀態下都是以MS模式出擊。

突擊巡洋艦阿含號

突擊巡洋艦「阿含號」是在格里普斯戰役至第一次新吉翁戰爭（哈曼戰爭）期間，在幽谷艦隊中作為旗艦運用的阿含級一號艦（命名艦），這也是搭載MSZ-006「Z鋼彈」和其他幽谷旗機級MS部隊的航宙MS母艦。船艦本身的概念是繼承自於一年戰爭中服役，亦在該場戰爭中沉沒的飛馬級突擊登陸艦SCV-70「白色基地」，就連名稱「阿含」也是源自梵文，有「輾轉傳來」之意（意指諸佛輾轉傳來的涅槃之道）。雖然是由亞納海姆電子公司（以下簡稱AE社）負責建造，不過該公司在一年戰爭後也曾參與飛馬級七號艦「亞爾比翁號」的建造事宜，因此無論是基於設計概念或是為運用上「討吉利」的立場，可説是名副其實地期盼「白色基地」能再現於世。

■阿含號

■拉迪修號

■白色基地

■「阿含號」具備高速巡洋艦的優秀性能，在軌道高度上的變軌速度和續航力都相當出色。為了迅速就地球圈整體展開部署，因此較少與行進速度較慢的傳統型船艦聯合行動，多半是與屬於發展型愛爾蘭級「拉迪修號」合作行動。

「阿含號」研發經緯

影子飛馬計畫

一年戰爭結束後，軍需産業針對已經瓦解的舊吉翁公國，吸收旗下企業所持技術、技術人員等資產之餘，聯邦軍本身的「工廠」和其他民營企業也轉為彼此競爭的關係，上演互挖牆角的劇碼。AE社更是趁著這個機會，陸續將舊吉翁公國軍的吉翁尼克公司、茲瑪德公司的一部分人員，以及曾經為地球聯邦軍研發「核心戰機」的赫維克公司，紛紛收歸納入旗下，要是U.C.0083年沒有發生迪拉茲紛爭的話，肯定能以當時強力推動的GP計畫為基礎，憑此參與地球聯邦軍的主力MS研發才是。雖然該事件導致約翰・柯文中將失勢，AE社在此局面下仍然能以與聯邦軍格拉納達基地合作的形式，承包研發RMS-106「高性能薩克」。但這件研發委託本身其實也象徵著AE社早已遭排除在主流之外，而且聯邦軍確實也無視於AE社的存在，開始獨自著手研發RX-178「鋼彈Mk-II」。

AE社本身是在地球上設有總公司的企業，不過這件事成了促使該公司往太空居民陣營靠攏的契機。雖然早在GP計畫那時，他們的活動據點就已經在太空中，不過這種將眼界擴及整個地球圈的思維，或許和可謂屈辱的處境有著密切關係。AE社願意成為幽谷的贊助商是出自複數緣由，希望以企業身分掌握軍需產業主導權是目的之一，就戰略層面來說應該是以希望取得夏亞・阿茲納布爾（當時自稱克瓦特羅・巴吉納上尉）帶來的鋼彈合金γ技術為契機，不過在背後顯然還有幽谷提倡的「太空居民自治」這個理念作為強大後盾。即使企業本身被視為冷酷的「死亡商人」，至少在AE社工作的人們心中仍懷抱著這種革命思想，會長梅拉尼・修・凱巴因也就利用這點作為政治宣傳手段。

無論如何，光是擁有MS，仍不足以令幽谷成為AE社的私設軍隊，還必須要有能夠充分運用這些戰力的母艦才行。於是身為幽谷中心人物的布雷克斯・弗拉准將，隨後便以挪用聯邦軍預算來製造全新戰艦的方式，祕密和AE社共同擬定某項研發計畫。那正是名為「影子飛馬」的戰艦打造計畫。

幽谷遭迪坦斯構陷為組成分子都是些聯邦軍內的叛徒，但當時組織的架構尚十分脆弱，因此亟欲需要擁有名副其實的「旗艦」。這不僅是展開軍事行動時不可或缺的基礎，亦是以反抗組織身分博得世間認可，並且爭取志同道合夥伴加入所需的「神轎」。對於幽谷這個正在以太空居民為中心凝聚向心力的反地球聯邦軍地下組織來說，為了軍隊組織的領導統帥，以及有秩序地展開部隊行動所需，勢必得盡可能地多拉攏一些軍官加入，不過正規軍人肯定都不會想把性命託付在這種連一般戰艦都沒有，充其量只能算是游擊隊的組織上吧。

影子飛馬計畫正是為了大膽地建造全新戰艦所擬定的策略。用不著多說，這當然亦是包含奪取現有船艦使用在內，摸索過各方可能性之後才做出的結論。如同前述，當年承包GP計畫之際，AE社就有著建造鋼彈型MS用母艦，亦即飛馬級MSC-07「亞爾比翁號」的經驗，因此便以當時的資料為基礎來設計新型機動巡洋艦。

幽谷的終極目標，在於把太空和地球上的迪坦斯勢力給掃蕩殆盡，因此針對據點進行攻略會是最具可行的戰略。就這點來說，可列為目標的包含格里普斯（舊SIDE 7）、月神二號，以及賈布羅等處，但要進攻這類地點的話，勢必得發動近乎突襲的突擊作戰才行，也就是最好要能以單艦或數量少到和這沒兩樣的機動艦隊執行這類任務（畢竟幽谷本來也就不具備足以組織大型艦隊的力量）。當然也還得要有能力運用數量達到某種程度的MS才行。也就是說，飛馬級所具備的能力正好符合這些需求。

不過暫且不論調度MS等級的軍備，建造船艦必須要有正規的預算才做得到。全靠AE社出資的壓力過於龐大，於是隸屬於地球聯邦軍參謀本部的布雷克斯・弗拉准將和聯邦政府內幽谷派人士共謀，挪用建造木星往返艦的預算作為資金。雖然准將致使議會內部同志陷入無法脫身的狀況，但這點對准將本身來說也是一樣的，因此有著得趕在會計審計單位介入前展開行動，設法在體制內獲得主導地位的必要性。

在這層經緯下，位於L2的甘泉※開始暗中（檯面上的名義是木星往返船艦）製造一號艦。

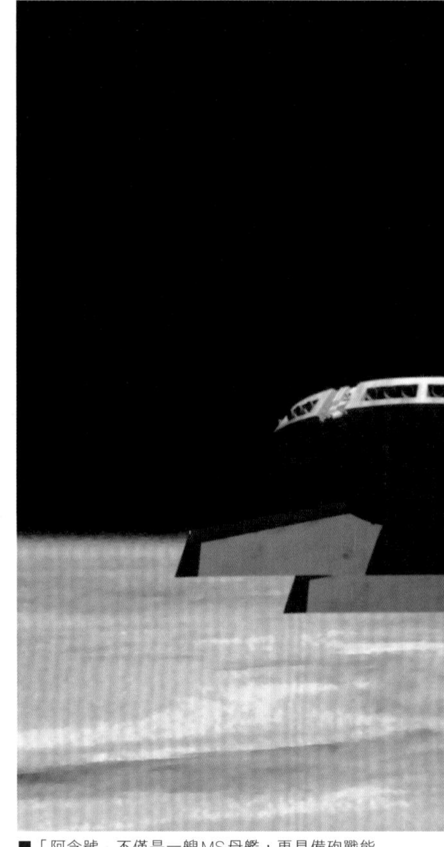

■「阿含號」不僅是一艘MS母艦，更具備砲戰能力和豐富的自衛兵裝。除了備有主＆副MEGA粒子砲，亦設置機槍座和飛彈發射台等武裝。另外，如同上方照片所示，後側中央船身在艦底處還備有可供掛載彈道飛彈，或燃料槽之類裝備的多功能選配式酬載架（2具）。

※甘泉
甘泉是留有太空站時代的影子，有著甜甜圈般外形的史丹佛環面式太空殖民地，過去曾是SIDE 3的建設基地。附帶一提，U.C.0090年代於L2全新建造的難民收容用殖民地，亦採用相同的名稱。該地後來遭新吉翁占領，作為據點使用。

阿含級的概要

阿含級不僅繼承一年戰爭時由白色基地級奠定的變通設計方法，更為了縮短工期和節約預算而沿用當年「亞爾比翁號」的資材。另外，隨著採用開放型的彈射甲板，得以省略原本用以確保外殼夠堅固牢靠的構件，船身得以更為輕盈且便於整備。以MS甲板設置於船身中央區塊，有效保護重要防禦部位為前提，使得阿含級在獲得與白色基地級同等的能力之餘，亦具備高速巡洋艦的高速性。

在確保能委由AE社的船塢艦進行整備的前提下，船身規模控制在300米級，最低限度運用人員數量約為200名。不過該人數其實會隨著MS的搭載數量和種類而有所變動；再加上若是把損害控管納入考量的話，照理來説乘組員的數量最好是300名左右。用不著多説，人員和補給間隔向來是太空船艦在運用上的兩難問題，但相對於能安排諸多人員輪班，亦能頻繁地進行補給的正規軍，反抗軍在人才和物資方面都極為有限，面臨的情況可説是天差地遠。就這點來看，一號艦「阿含號」顯然總是得在無法滿足最低限度運用人員的情況下行動。因此乘組員雖然名義上是採取三班輪班制，但實際上多半得兼任其他職務。打著理想口號進行的反抗活動終究有其限度，況且也非得顧及乘組員在低重力環境下的身心健康極限不可。就這方面來説，勢必得盡快分出勝負才行。

阿含級原本也設想到降落至地球上的需求，亦為此賦予進攻地面時可作為MS母艦使用的能力。因此除了配備太空專用艦不會搭載的高輸出功率型米諾夫斯基推進器，更基於長期行動所需，設置具備離心力式人工重力產生系統的居住區塊，但這也導致建造費用比灰色幽靈型等其他同規模船艦增加約五成。不過米諾夫斯基推進器的升力，還有外裝部位耐熱性均不及可在無選配式裝備下衝入大氣層的白色基地級，因而以搭配隔熱傘系統輔助為前提。畢竟若當真要具備和白色基地級同等的能力，建造費用肯定會再高出許多。

如同前述，基於得兼具作為幽谷旗艦的象徵性意義，還有運用層面上的獨特性這兩大要求，使得阿含級可説是以繼承諸多白色基地級遺產的形式誕生。布雷克斯准將原本想為這艘新造船艦取個能更直接地和「白色基地」扯上關係的名字，不過最後還是由梅拉尼會長取名為「阿含號」。一號艦於U.C.0087年2月開始服役，就此成為幽谷在格里普斯戰役期間的旗艦。

一號艦「阿含號」

歷經約一年半的工期建造完成後，「阿含號」幾乎在進宙的同時也就做好了實戰部署。

「阿含號」在領收3架甫出廠不久的RMS-099「里克・迪亞斯」之後，隨即趁著熟習飛行訓練時展開幽谷的第一場軍事作戰行動，亦即對青翠綠洲展開強行偵察。由於乘組員大多數都曾在一年戰爭中參與過實戰，或是在戰後有著於軌道上執行巡邏任務的經驗，再加上領收到新造船艦和主力MS也令士氣大振，因此很快地就具備精良的素質。雖然船艦本身尚未真正艤裝完整，裝備方面也有不少是乘組員首度接觸，不過這些均靠著夙夜匪懈的訓練獲得克服，甚至還為即將展開的實戰建構出運用技能。

艦長為具有指揮薩拉米斯級太空巡洋艦經驗的漢肯・貝肯南中校（當時），布雷克斯准將也同行乘艦。MS部隊當然是以在一年戰爭期間從軍的克瓦特羅・巴吉納上尉為中心，加上有著吉翁公國軍背景的軍人所組成。

最初的偵察行動，是根據迪坦斯在其據點青翠綠洲（SIDE 7）研發新型鋼彈這份情報所擬定。當時迪坦斯正陸續把在地球出生成長的駕駛員集中到格里普斯，打算在完成戰艦「德格斯・基亞號」之後，連同新型鋼彈部隊一同派駐至月面都市格拉納達，藉此發揮震懾太空居民之效。由克瓦特羅上尉率領的幽谷MS部隊正是要去確認新型鋼彈是否存在，而且假如狀況許可的話，那麼就奪取該機體，或是直接予以摧毀。基於這個任務目的，他們試著入侵青翠綠洲一號和二號。就結果來說，這場行動成了被稱為格里普斯戰役的一連串事件開端所在。

U.C.0087年4月，幽谷參謀本部評估過制壓格里普斯和制壓賈布羅這兩者的可行性後，決定以加強和地球上的反地球聯邦組織卡拉巴相互合作為前提，執行賈布羅制壓作戰。不過原訂的「阿含號」空降地球一事除外。雖然這場投入幽谷MS戰力達三分之二的作戰最後成了白費工夫，卻也靠著留在軌道上的「阿含號」維持住戰線，接著不僅和迪坦斯發動的阿波羅作戰※相對抗，甚至更成功阻止了對SIDE 2第二十五號殖民地灌注毒氣的作戰。附帶一提，「阿含號」後來請到曾在一年戰爭中負責指揮「白色基地」的布萊特・諾亞中校（當時）擔任新艦長，可說是名副其實地重現傳奇。至於漢肯中校則是轉調至「拉迪修號」上擔任艦長。

在克瓦特羅上尉於地球聯邦議會中公開自己是吉翁・茲姆・戴昆之子，亦即先前以夏亞・阿茲納布爾為名的凱斯巴爾・雷姆・戴昆一事，並且發表知名的「達卡宣言」後，格里普斯戰役的情勢可說是急轉直下。隨著作為吉翁殘黨聚集地的小行星阿克西斯抵達地球圈，演變成了幽谷、迪坦斯、阿克西斯三方相爭的局面，在奪下被改造為殖民地雷射砲的格里普斯二，且發動著眼於毀滅迪坦斯艦隊的漩渦作戰後，雖然付出龐大的犧牲，但幽谷總算是完成當初訂下的目標。

格里普斯戰役結束後，緊接著就是對抗企圖趁著地球圈陷入混亂掌握霸權的哈曼・坎恩旗下阿克西斯勢力。雖然幽谷這時已經掌握地球聯邦政府和聯邦軍的主導權，但布雷克斯准將在格里普斯戰役中遭暗殺身亡，接任代表地位的夏亞・阿茲納布爾也在決戰時失蹤，在欠缺中心人物的情況下，組織本身已形同空殼。「阿含號」也只剩下MSZ-006「Z鋼彈」和MSA-005「梅塔斯」這兩架機體可作為主戰力。不過隨著在SIDE 1第一號殖民地「香格里拉」錄用平民擔任臨時乘組員，並且陸續領收最新銳機體MSZ-010「ZZ鋼彈」，以及重新部署的「鋼彈

■為了讓乘組員能負荷長期航海任務，「阿含號」備有特殊的居住設施，當處於戰鬥期間以外的巡航狀態時，居住區塊會往外伸出，並進行以船身中央為圓心的旋轉運動，藉此產生人工重力。至於旋轉時產生的力矩問題，據說是利用該艦所搭載的米諾夫斯基推進器來抵銷。

Mk-II」和「百式」之後，成為對抗阿克西斯的游擊戰力。

U.C.0088年8月，阿克西斯自命為新吉翁，在吸收迪坦斯殘黨後，占據地球聯邦政府首都達卡。為了追擊新吉翁主力艦隊，「阿含號」終於也降落到地球上。然而在哈曼的懷柔政策與武力威脅下，地球聯邦軍眾高官根本無意和新吉翁交戰，使得掌控地球圈的實權等同落入哈曼手中。在這種狀況下，「阿含號」仍為了阻止新吉翁讓殖民地墜落至都柏林而奔走，在受創後返回位於挪威的卡拉巴總部。不過這時「阿含號」已無力再重返太空，相關任務改由後繼船艦「類・阿含號」接棒執行。交給卡拉巴之後，「阿含號」不僅仍在地球上從事作戰行動，更作為提供給卡拉巴的試作MS進行測試之用。隨著第一次新吉翁戰爭結束，「阿含號」納入聯邦軍的管轄下，自此之後也同樣在地球上進行運用。

二號艦「飛馬Ⅲ號」

名為「飛馬Ⅲ號」的二號艦比一號艦「阿含號」神祕許多。即使時至今日，也無從得知關於此艦的建造場所和建造時期這方面的資訊。僅知是在地球上而非太空中的船塢製造。U.C.0088年時，連同4艘僚艦從貝科奴發射基地一同發射到軌道上，然後經由作為太空船塢兼連絡站的「五芒星」取道前往小行星「培曾」。

已知「飛馬Ⅲ號」在這個階段就已由幽谷交給地球聯邦軍管轄，並且供為了討伐迪坦斯派反地球聯邦組織「紐迪賽斯」而編組的α任務部隊當作旗艦使用，就此參與實戰。當時不僅紐迪賽斯做出激烈抵抗，原訂於隔月會抵達的援軍X分遣艦隊竟也宣告脫離地球聯邦軍，轉為加入紐迪賽斯，導致情勢更加惡化。因此培曾攻略戰可說是困難重重。「飛馬Ⅲ號」持續進行作戰，後來總算將紐迪賽斯逼到自我引爆培曾的地步。

在那之後，紐迪賽斯展開將月面都市艾亞茲當地民眾也捲入其中的頑抗，率領α任務部隊的「飛馬Ⅲ號」亦展開追擊戰並進行鎮壓。

到了隔月，紐迪賽斯從新吉翁手中取得大型MA，於是決定將該機體作為質量炸彈使用，打算藉此攻擊作為地球聯邦軍總司令部預定的遷址地點拉薩。「飛馬Ⅲ號」重新奪回遭到紐迪賽斯占據的低軌道聯絡太空站「五芒星」，接著更擊毀往拉薩墜落的巨型MA「佐迪亞克」，任務至此宣告完成。

※阿波羅作戰
U.C.0087年8月，迪坦斯發動阿波羅作戰行動，率領吉翁共和國軍艦隊對月面都市馮・布朗進行武力制壓。雖然後來迪坦斯又進一步令殖民地往格拉納達墜落，所幸在「阿含號」的努力下，最後殖民地並未墜落到都市上。

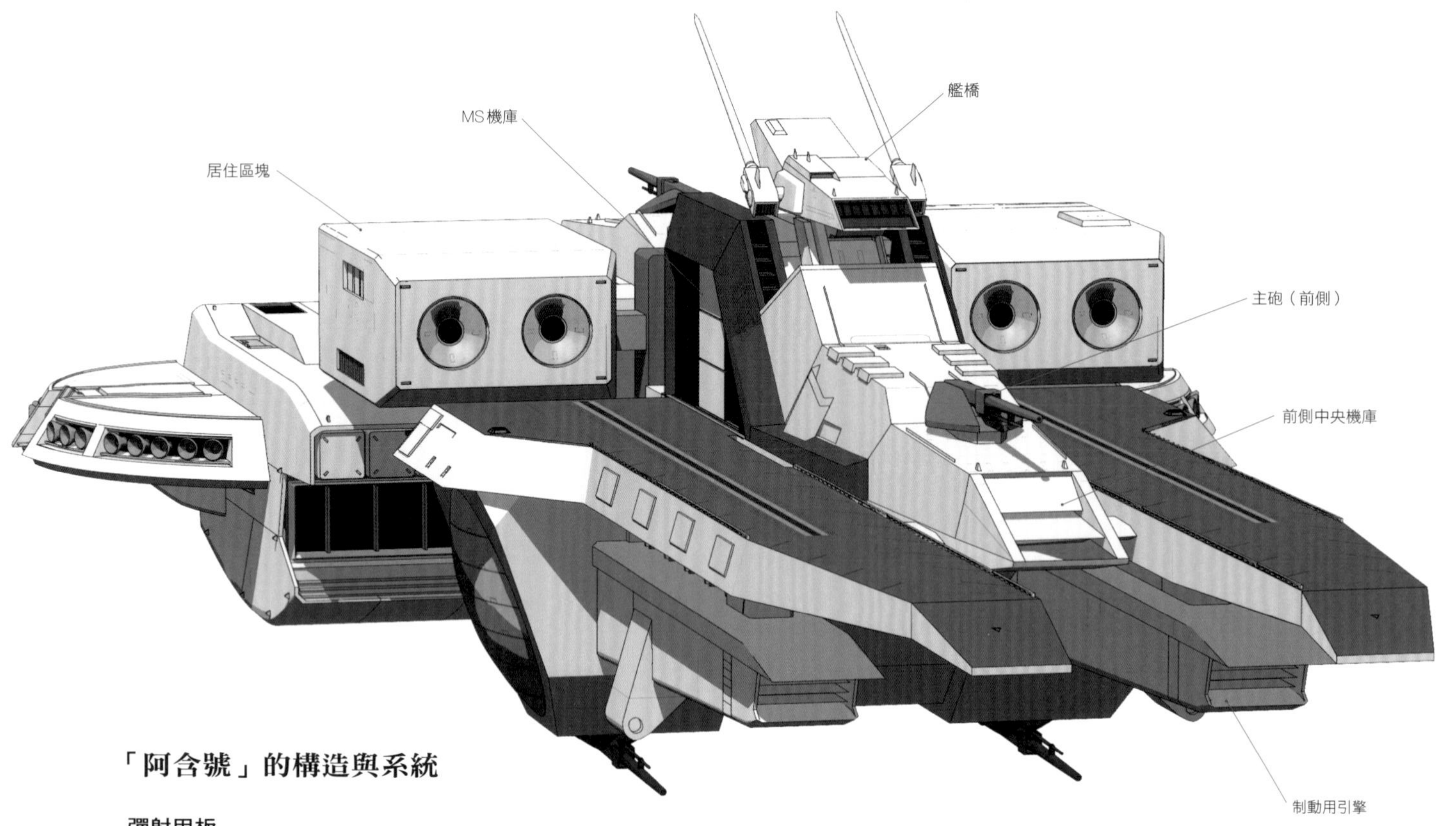

「阿含號」的構造與系統

彈射甲板

相較於設想到對殖民地或船艦進行臨檢時需要「突擊登陸」的白色基地級，「阿含號」可說是與以運用MS作為攻擊主體的航宙母艦較為相近。

船身頂面在左右舷各設有一座往前方延伸的開放式彈射甲板。MS基本上要將腳部固定在彈射器發射座上才能彈射出去。就在軌道上的運用來說，由於得根據對方的高度差距和速度來計算彈射速度和彈射角度，因此未必會正對著敵方進行彈射。視狀況而定，有時也會採取背向敵人的方式進行彈射（藉由減速令軌道高度降低，同時相對地提高軌道速度）。

彈射器為電磁式，彈射器發射座會自動測量準備彈射的MS重量為何，據此計算出最佳的彈射速度。由於這部分也和船艦當時的運行狀況密切相關，因此會和船艦的主電腦連線，有時船艦也會在彈射前同步進行姿勢控制。雖然通常會由個別MS自行修正軌道和速度，不過亦可由船艦方面提供這類資訊，駕駛員再根據其導航資料經由自動或手動方式調整到預定軌道上。

無論是要減速或加速，經由彈射器進行彈射對於讓MS獲得初速來說都極為重要，若是純粹只靠MS本身的能力，那麼會連接敵都非常困難。即使是與白色基地級相較，彈射甲板的長度也達1.5倍之多，其實已達到船身全長的二分之一以上。光是這點就能廣泛地配合提供各種初速所需，50噸級MS最高可以用5.2G彈射出去。彈射器在加速性能上甚至足以與船身全長為近兩倍的「德格斯・基亞號」相匹敵（因為相對於船身全長，德格斯・基亞級的彈射甲板其實比較短）。雖然就理論來說，彈射器的彈射輸出功率還可以再往上提升，不過還就於採用了僅固定住腳掌局部的彈射器發射座式彈射機構，導致在MS的構造上有所限制，因此至少就這個時代來說，阿含級和德格斯・基亞級已算是擁有最高性能的彈射器了（要是胡亂地提高彈射速度，腳部可能會被扯斷）。

彈射器發射座採用從前後兩側夾住MS腳部的固定方式，只要不是設計獨特的MS，均可在無須轉接器的情況下連接固定。此時，駕駛員要將MS的導航程式設置為彈射器彈射模式，母艦上的飛航管制官確認這點後，就會執行彈射程序。彈射開始約一秒後，前側的扣鎖就會解開，MS只要像跳躍時一樣啟動推進背包和腿部的推力，即可飛離彈射器發射座。

要彈射FXA-05D「G防禦機」或降落地球用太空梭等MS以外的機具時，彈射器發射座必須先移動到較前方的位置，藉此將機鼻起落架的彈射器發射桿，亦或是起落橇本身給固定在發射座上，以便進行彈射。固定時是使用設置在發射座中央的掛架扣鎖，武裝和裝備通常也都內藏有可供固定在該掛架扣鎖上的插栓（平時會用艙蓋遮住）。雖然該機構就規格來說和設置在MS裝甲上的掛架共通，不過因為必須在適當時機和角度將固定住的裝備給解開，所以設置成較為特殊的樣式。

相較於白色基地級和飛馬級所採用的實質上為2層，若連同底面則為3層的箱式主機庫甲板，開放型彈射甲板往往被指出投入戰鬥時，在對應緊急著艦降落、重新起飛出擊等狀況的能力仍有所不足。

※箱式主機庫甲板方式
阿含級並未比照地球聯邦軍自特拉法爾加級航艦起，飛馬級突擊登陸艦和尼爾森級輕航艦也都有採用的擴充型箱式主機庫甲板方式設置飛行甲板，而是改採用開放甲板式的飛行甲板。箱式甲板的特徵，在於備有如同屋頂的構造，防禦力較為出色；若是把屋頂面當作著艦降落甲板運用，即可避免妨礙起飛離艦作業等項目。不過亦有還就於構造本身重量而連帶產生缺點，例如相較於船身規模，卻無法設置從長度來看更為充分的彈射甲板。

艦橋

作為戰鬥與航宙指揮所的艦橋，位在中央區塊，亦即MS甲板的上方，在外形上有著如同飛馬級命名典故的木馬狀頭部這個特色。相較於白色基地級，指揮所本身在尺寸上小得多，給人較為狹窄的印象，不過這也可說是基於少數人員即可運用的前提才如此設計。即時到了這個時代，一般航行時的艦外偵察，以及監視障礙物等任務也多半還是得實際派人員到太空中進行觀測，不過為了獲得更為寬廣的視野，相當於頸部處備有在一般狀態時可向上伸長的構造。當然並非一切都得仰賴人力，艦橋側面亦備有球形斥候攝影機之類的裝置。

頂部外側設有電波通信天線和收信用雷射天線。另外，後側可作為微波能量收信面板，還具有能調整收信角度的可動機能。艦橋正面設有防放射線＆濾紫外線用的四重屏幕。不僅如此，該處在戰鬥或衝入大氣層時可進一步降下實體閘門以充分地提供防禦。

在最頂部設有艦長樓層，雖然設有艦長室和以此為準的艙室，不過畢竟是太空船艦，這些艙室的空間都很有限，在戰鬥配置中（包含準戰鬥配置）也會作為公共空間使用。由於這裡並不具備人工重力產生系統，因此亦設想到另行在後述的居住區塊為艦長或艦隊司令預留艙室作為起居之用。

在艦橋正下方設有升降通道、緊急通道，以及船艦主電腦區塊。雖然不及月神二號之類基地的設備，據説卻也具備更勝於一年戰爭時期機種「鋼培利SGT」（鋼培利突擊型）的電戰＆分析設備。

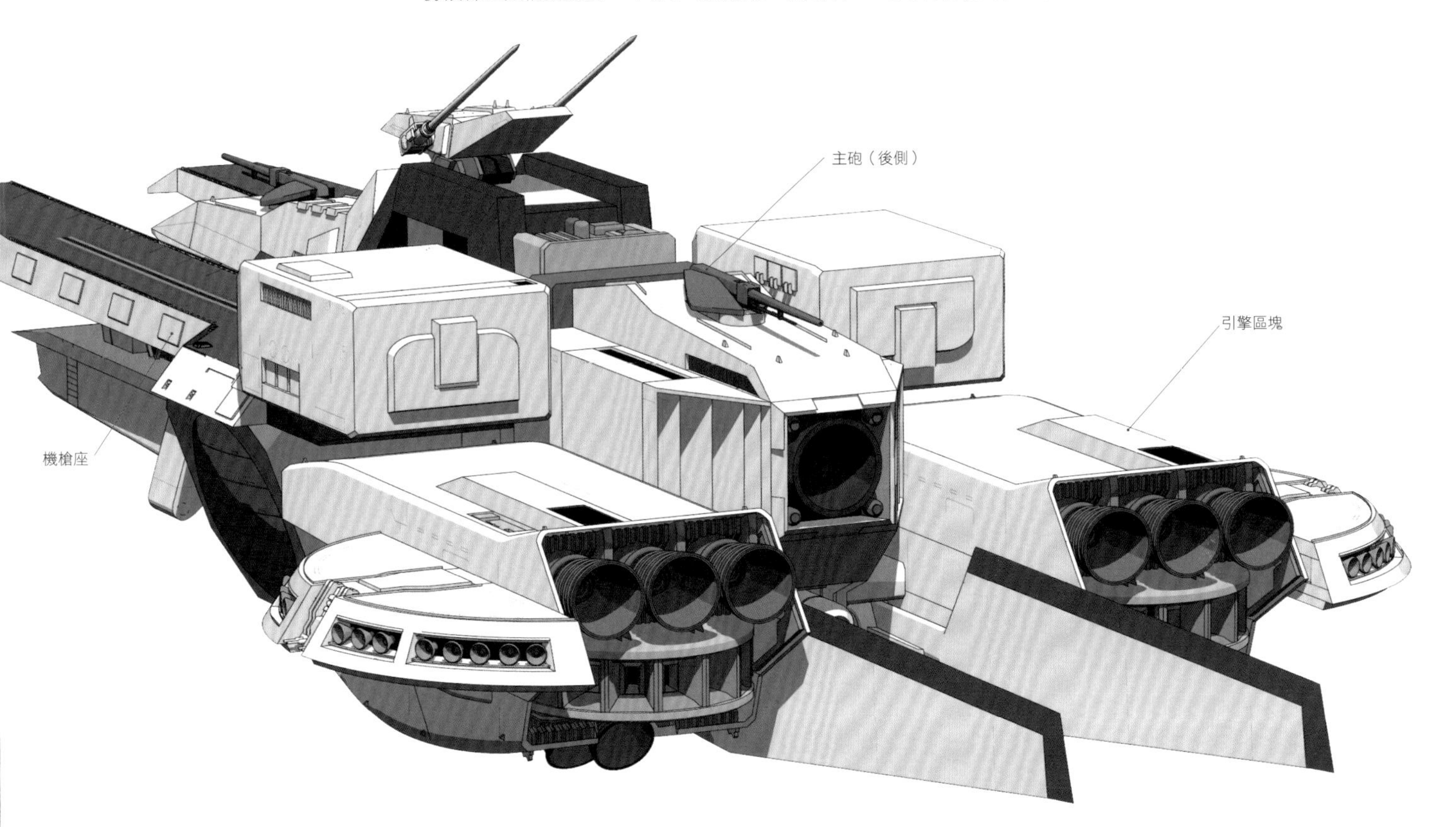

前側中央船身

前側中央船身主要是由前側中央機庫和主砲區塊所構成。雖然船身下側的左右兩邊都設有武裝收納庫，不過直到在第一次新吉翁戰爭期間的U.C.0088年4月經由改裝換成搭載超絕MEGA粒子砲之前，該處都是配備一般的MEGA粒子砲。該MEGA粒子砲與主砲採用的型號不同，屬於射角和光束聚焦度可藉由I力場偏向調整的形式，除了能使用在對艦戰上之外，亦可發揮在消滅障礙物和太空垃圾等用途上。至於圓形艙門部位則是太陽能發電用面板。

在作為副砲的MEGA粒子砲上方，內藏有制動用熱核噴射／火箭兼用式引擎系統。

前側中央船身的最前方上側內部側有車庫，雖然相對於收納MS和支援戰鬥機的主機庫甲板，該處被視為第二甲板，不過因為收納太空小艇所需，所以僅剩下能收納數輛輕型車輛的空間。

前側中央船身在頂面設有一門作為「阿含號」主砲的對艦MEGA粒子砲，在搭載超絕MEGA粒子砲之前，就輸出功率來說是同級之中最高的火砲。另外，在後側、左右兩側武裝收納庫底面，也都各設有一門同型的單裝MEGA粒子砲。

■U.C.0087年8月，迪坦斯發動阿波羅作戰，制壓馮·布朗市。這張照片拍攝於緊接著展開的奪回作戰前後，並且刊載於幽谷的新聞媒體上。雖然出擊中的MS部隊裡有拍攝到RX-178「鋼彈Mk-II」，不過該機體在此後隨即納入僚艦「拉迪修號」的管轄下。

後側中央船身

阿含級後側中央船身是由作為主動力源的熱核融合爐和米諾夫斯基推進引擎（MCE）所構成。熱核融合爐共設有2具主機和4具輔機，供給系統也有主／輔助之分。在可由MCE本身供給艦內使用的電力等能量之餘，阿含級亦備有太陽電池發電，以及可利用微波能量收信面板進行微波發電的系統，因此在生還性能方面比傳統太空船艦更高。

雖然MCE是打從服役之初就搭載，並且運用在變更軌道和於月面上進行慣性控制這方面，後來卻也以這份實際運用成績為基礎，在實施地球空降作戰可能性與日遽增的情況下，於U.C.0088年7月在格拉納達施加改裝。

有如圍住後側噴嘴組件四周的隔熱傘收納區塊呈現向外突出狀，在確認後側噴嘴呈非運作狀態後，該區塊就會進一步朝後方伸出，並且執行展開隔熱傘程序。該隔熱傘系統曾在格里普斯戰役期間使用過兩次，亦於哈曼戰爭期間使用過一次，不過隔熱傘本身是拋棄式裝備，因此使用後必須盡快到補給據點重新裝設才行。

底面設有2具筒狀的選配式酬載架。可用來收納推進劑（水）、物資、彈道飛彈發射台之類的，這個部分亦能因應目的更換為其他裝備。

引擎區塊

後側引擎區塊和白色基地級一樣，採用裝設在後側中央船身兩側的設計。左右個別搭載三連裝和產生垂直推力用的引擎，這部分均為熱核噴射／火箭兼用式引擎系統，可供一般航行和衝入大氣層時進行減速＆姿勢控制之用。由於可搭配後側甲板的主引擎提供輸出，因此相對於船艦重量的推力效率比其他船艦更高，這方面是特別針對常常需要變更軌道高度的機動作戰需求設計而成。另外，就算是降落到地球上之後，上升機動力也比傳統大型船艦高出許多，這點可以從比起直接降落至地球上的新吉翁太空船艦，阿含級更擅

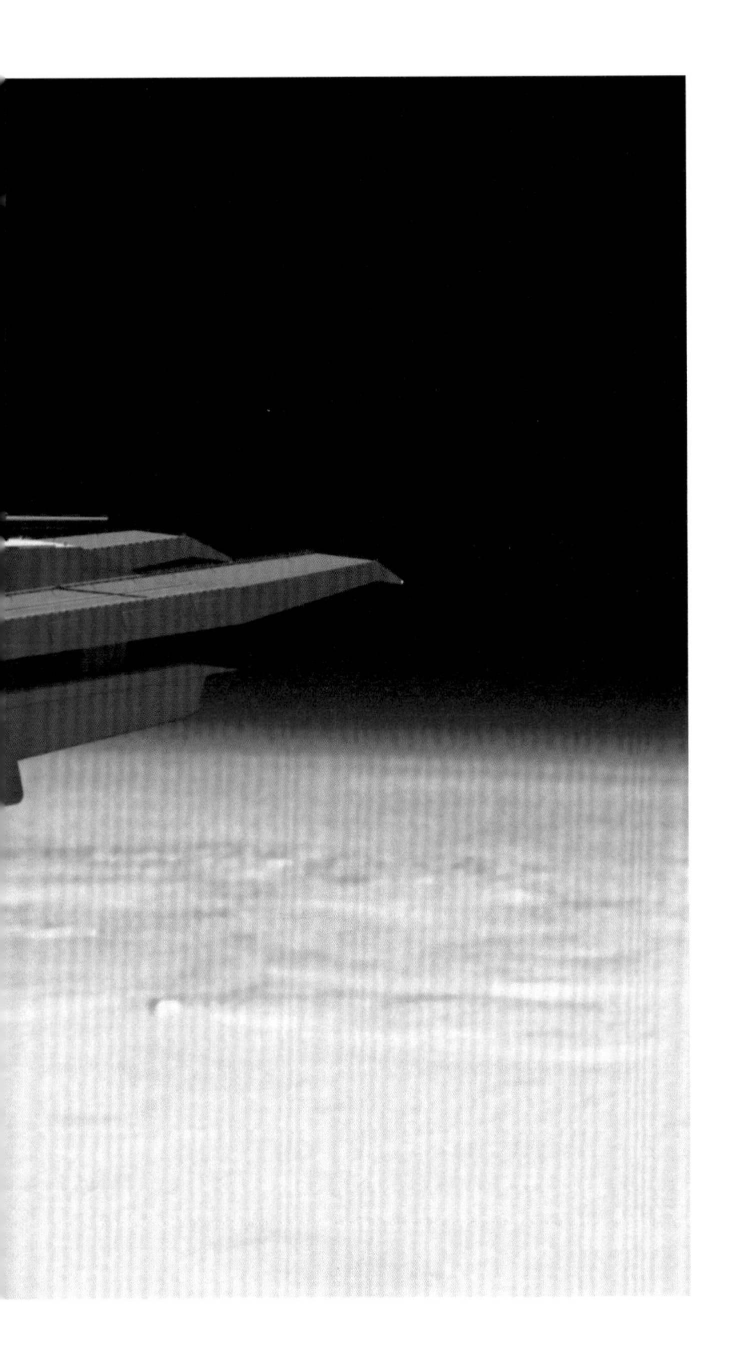

長機動戰鬥此一事實上獲得佐證。

左右兩側的突出部位採取圓弧狀排列方式，設置姿勢控制用火箭引擎，可藉此進行細膩的水平姿勢控制。

設置在後側甲板區塊底面處的腹翅內，藏有通信天線、後方警戒雷達等器材。另外，在藉由米諾夫斯基推進引擎產生的力場營造出「升力」時，亦能利用該部位來確保滾轉和偏航方向的姿勢穩定。承受力場的強度可經由腹翅處力場產生輸出裝置進行調整。不僅如此，在大氣層內也能經由調整這個強度發揮如同壓艙的效果。

除此之外，後側甲板區塊底面還設有可和其他船艦連接的接舷用吊臂。這部分是按照國際宇宙規格製造的，收容聯邦軍人員運輸太空梭（勸誘號）時就是利用這個裝備進行作業。

MS機庫

MS機庫（主機庫甲板、MS甲板）位於前側甲板區塊的後方，近乎位於船艦構造體的中央。與作為構想藍本的白色基地級大相逕庭，這部分完全彙整在中央船身裡，而且還與彈射甲板完全分離開來。在設計上其實比較接近薩拉米斯改級的船身內藏式構造。

這個部位為上下雙層式構造，無論是一般狀態或戰鬥期間，上側甲板都能收納2架機體。雖然下側甲板的標準收納能力為6架，但若是不把整備之類的需求納入考量，純粹就積載量來算的話，那麼最多可容納12架。由於MS的出擊間隔會隨著整備人員的數量之類狀況進行調整，不能一概而論，不過就替所有搭載機體進行一般整備來說，至少需要花上12個小時才行。

整備機體用整備架和地球聯邦軍在戰後採用的規格完全相同，除了某些機體以外，足以用來固定住18～25米級的機體。以整備架的基本構造來說，可利用連接臂來銜接設置於股關節區塊底面處外露骨架部位的內藏式掛架，藉此固定住機體，並且輔助性地另行扣住肩部等處，在構造上其實並不會特別複雜。側面支柱除了用來撐住MS之外，亦可供作業用通道或登降梯作為固定或調整位置之用。附帶一提，由於MS的推進背包在形狀上不盡相同，因此背部底板亦可調整裝設位置予以對應。

MS整備架基本上是固定在各甲板的壁面上，不過亦可利用滑軌進行前後5公尺幅度的位置調整。如果是無法用站姿停放的MS以外機具（MA或變形後的MSZ-006、MSZ-010等機體），那麼就得先沿著設置在地板處的滑軌移動，停放到可利用線性馬達驅動的樓層平台上之後，再用棧板和繫物鉤等物品加以固定，然後才能進行整備。

位於下層MS甲板的機體準備出擊時，亦是利用該作業平台移動到位於甲板前側的升降機上，然後連同樓層平台整個運送到上層。作業平台本身是設計成與彈射甲板之間毫無高低落差，可以直接嵌入該處的形式，MS停放到這個樓層平台上時，其實也就能一併完成固定在彈射器發射機上的作業。接著就是透過左右任一側的開放式艙門滑移至彈射甲板上，以便待命彈射出擊。雖然並非正規的流程，不過為了縮短出擊間隔起見，從排在第三架待命彈射出擊的MS開始會步行移動到下層升降機前方等候，等到結束彈射出擊作業的樓層平台一下降回到這裡，即可立刻上前進行彈射器發射機的固定作業，以便盡快搭乘升降機到上層去。由於這一連串流程能夠左右交互進行，因此能夠有效率地進行彈射出擊作業。

為了順利進行上述流程，原則上會讓MS優先出擊，除此以外的戰鬥機形態之類機組則是會排在最後。

為了讓同一個出擊口和彈射甲板適用於所有艦載機體，阿含級把開放式艙門外框設計成了上窄下寬的梯形。底部的長度為25公尺以上，無論是備有龐大長管步槍的「G防禦機」或MEGA火箭巨砲之類武裝，均可流暢地維持待命彈射狀態運送至彈射甲板處。雖然照理來說，採用的MS應該都要配合該開放式艙門尺寸進行設計才對，不過以「梅塔斯」來說，由於推進背包頂端已超過26公尺，因此必須用彎腰屈膝的姿勢進出才行。

如果是擔綱直接掩護船艦任務的MS，那麼就不會使用到彈射甲板，可以直接開啟位於前側甲板區塊底部的艙門前往艦外。

受到設有開放式艙門的影響，MS甲板和白色基地級一樣，在戰鬥時會完全失去氣密性。由於這裡平時就會維持減壓狀態，因此基本上只要是在MS甲板就有穿著標準服的義務；至於下層甲板則是能提供最低限度的供壓，不過在這個情況下，與上層之間的隔艙壁會完全緊閉。當發布第二級戰鬥配置的命令，更換裝備的準備時間也結束之後，減壓程序就會開始進行，接下來除了已穿上標準服的人員以外，其餘乘組員都不得進入。

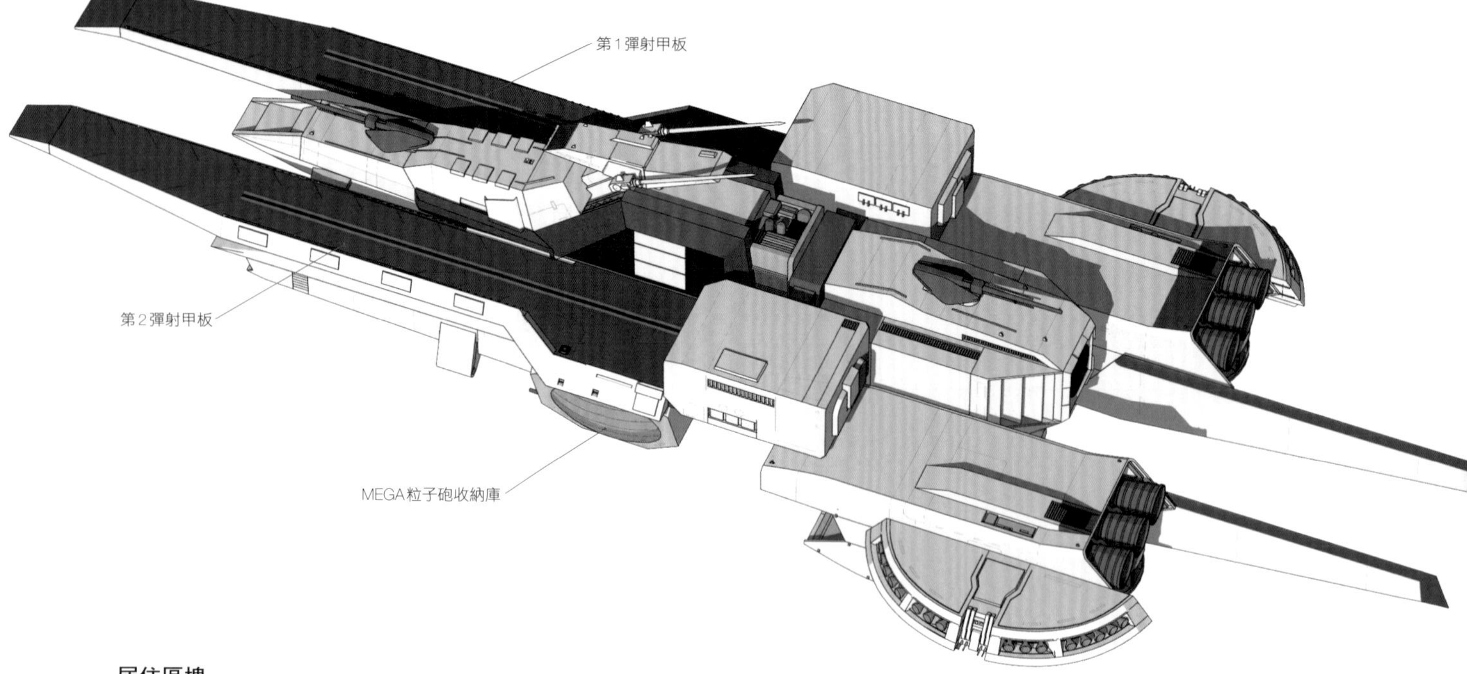

居住區塊

為了讓乘組員能渡過長期太空航行生活，因此阿含級的居住區塊採用離心力式的人工重力產生系統。

有別於太空殖民地，太空船不可能設置可完全回收&循環利用空氣、水、排泄物之類的系統，因此無從避免和補給據點進行定期聯絡。在這種狀況下所進行的長期行動，其實並不是指毫無補給的單獨行動，對於人才有限、難以確保有充分人員可輪班的幽谷來說，其實是著重於同一批乘組員需要長期在船上一起生活的意思。

採用離心力式人工重力，顯然違反要使船艦小巧些的宗旨，因此採用該區塊在戰鬥時能緊貼著船身，一般航行時則是能藉由連接臂往外伸出去的折衷方式。不過就構造上來說，旋轉部位的前後兩側實質上是與船身完全分開，因此存有該部位成為船艦最為脆弱之處的顧慮。所幸，隨著應用在太空殖民地建造過程中培育出來的材料技術，得以賦予該處不至於稱作脆弱的構造強度。

旋轉部位方面，銜接起船艦前後區塊的構造體外側，是用線性式環狀驅動機構圍起。基於強度考量，中央連接構造體本身採用如同纏繞4根單一結晶金屬柱的方式架設桁材，而且還能與外板結合為一體的半單殼式構造。附帶一提，旋轉是採順時鐘方向轉動。

居住區塊內部設有4根直徑約5公尺的圓筒，一根管狀構造物橫貫其中（可供艦外的伸縮臂通往艦內）。圓筒內採直列方式緊密設置許多艙室，地板方向可隨著轉動調整90度；艙室的艙門全都面朝通道，均可通往中央的管狀構造物。該管狀構造也備有電梯井，能夠利用電梯艙在與中央船身相連的連接臂內部通道裡移動。

這個電梯的設計，是當電梯艙（也稱為居住區電梯）於電梯井裡開始移動後，在沿著如同圍繞船身中央構造外圍設置的內部空間裡移動之餘，亦會經由減速程序與船身的轉動逐漸達成同步。達到完全同步之際，電梯也會剛好抵達乘降口，等電梯門一打開，乘組員即可進入船身主體內。

中央通道分岔出去後銜接MS甲板，可搭乘電梯前往艦橋，甚至是船身後側。前往MS甲板的通道途中設有標準服更衣室，分為整備員和MS駕駛員兩間。再繼續往下走，就是氣閘區和前往艦橋的電梯；簡報室則位在前方，供作戰前和返航後使用。

居住區塊本身是箱形的，內部沿著居住用圓筒之間的空隙並列設置複數生命維持模組（包含水循環利用設備、空氣循環系統等）。該圓筒在構造上也相當堅固牢靠，而且與外板之間也預留2公尺以上的空隙，因此就算外板在戰鬥等情況下破了個洞，亦不會立刻對氣密性造成影響。附帶一提，居住區塊內備有樹脂氣囊填補系統，不需依靠人力就能即時修補氣密性。

在左右各4根，共計8根的居住用圓筒中，位於外側的4根為乘組員艙室。駕駛員可住在個人艙室，不過一般整備員等乘組員就得2人一間，甚至4人一間艙室了。每個艙室裡都設有完善的床鋪和沖澡間，但廁所是另行設置共用的。內側的2根圓筒則是設有軍官個人艙室，以及食堂和休閒娛樂室等公共空間。

附帶一提，在地球上建造的二號艦「飛馬Ⅲ號」並未配備這種離心力式居住區塊，而是改為設置純粹的箱形居住區塊。基於牢靠性和設計效率上的考量，構造本身和一號艦是共通的，在容納人數等方面也沒有差異。雖然標準容納人數是300名左右，不過若是僅限於短期間的話，那麼亦可容納超過這個數字的人員。話雖如此，循環系統在負荷量上並沒有充裕到能增加到容許值的200%，頂多只能額外容納150名人員。

武裝

如同前述，在船身前側中央頂面設有作為主砲的MEGA粒子砲1門，船身後側也有1門，船身底部亦有2門，合計共4門，這些就是MS以外的船艦主兵裝。後來船身中央左舷處經由改裝搭載1門超絕MEGA粒子砲，成了就連火力也十分出色的船艦。超絕MEGA粒子砲的威力更是格外驚人，據說輸出功率竟達殖民地雷射砲級的25%。只是消耗的電力也極為龐大，有證言指出甫發射後會產生足以妨礙船艦運作的狀況。

單裝MEGA粒子砲所採用的，其實是早一步開始建造的愛爾蘭級戰艦用單裝MEGA粒子副砲同型裝備，就同時代的對船艦兵器來說已具有十足火力。在砲管下方設有著測距用感測器延伸出來。雖然各砲塔均可左右轉動達120度，不過遷就於居住區塊的位置，後側砲塔僅能左右轉動90度。

除此之外，船身各部位還備有對地飛彈、小型的反艦艇&MS用飛彈發射台，在彈射甲板側面、後側甲板側面，以及船身底部等處也都設有大量的防空機槍座。

■這張照片是由進行偵察警戒中的MSA-003「尼摩」拍攝。雖然攝影時間不明，但據推測應該是U.C.0087年5月左右。

RESOURCES

■瀧川虚至
Kyoshi Takigawa
All Mechanical Illustrations

■ナカジマアキラ
Akira Nakajima
CG Modeling; MSZ-006 Z Gundam (& variations), RX-178 Gundam Mk-II, MSN-00100 Hyakushiki, MSA-003 Nemo, Radish

■佐藤 始
Hajime Sato
CG Modeling; Argama, Audmura

■ハギハラシンイチ
Shinichi Hagihara(number4 graphics)
CG Finish Work, caution & marking design

■しらゆき昭士郎
Syoushirou Shirayuki
illustrations; p087 Pilot Suit

■志条ユキマサ
Yukimasa Shijyo
painting work of illustrations

ARGAMA

MASTER ARCHIVE MOBILE SUIT MSZ-006 Z GUNDAM

STAFF

Mechanical Illustrations
瀧川虚至 Kyoshi Takigawa

Writers
大脇千尋 Chihiro Owaki
石井 誠 Makoto Ishii
二宮茂幸 Shigeyuki Ninomiya (NYASA)
大里 元 Gen Osato
巻島顎人 Agito Makishima
橋村 空 Kuu Hashimura

CG Modeling Works
ナカジマアキラ Akira Nakajima
佐藤 始 Hajime Sato

Pilot Suit Illustrations
しらゆき昭士郎 Syoushirou Shirayuki

SFX Works
ハギハラシンイチ Shinichi Hagihara (number4 graphics)
GA Graphic編集部

Cover & Design Works
ハギハラシンイチ Shinichi Hagihara (number4 graphics)
河津潔範 Kiyonori Kawatsu

Editors
佐藤 元 Hajime Sato
村上 元 Hajime Murakami
小芝龍馬 Ryoma Koshiba

Adviser
巻島顎人 Agito Makishima

Special Thanks
株式会社サンライズ SUNRISE Inc.
小松原博之 Hiroyuki Komatsubara

※背景寫真提供
sammy sammy

※圖版彩色協助
志条ユキマサ Yukimasa Shijyo

機動戰士終極檔案MSZ-006 Z鋼彈

出版 楓樹林出版事業有限公司
地址 新北市板橋區信義路 163 巷 3 號 10 樓
郵政劃撥 19907596 楓書坊文化出版社
網址 www.maplebook.com.tw
電話 02-2957-6096
傳真 02-2957-6435
翻譯 FORTRESS
責任編輯 江婉瑄
內文排版 楊亞容
港澳經銷 泛華發行代理有限公司
定價 380 元
初版日期 2020年9月

國家圖書館出版品預行編目資料

機動戰士終極檔案MSZ-006 Z鋼彈 / GA Graphic作；FORTRESS翻譯. -- 初版. -- 新北市：楓樹林, 2020.09 面； 公分

ISBN 978-957-9501-87-3（平裝）

1. 玩具 2. 模型

479.8 109009605